普通高等教育"十二五"规划教材

现代表面工程技术

第2版

姜银方　王宏宇　主编

缪　宏　戈晓岚　朱元右　副主编

XIANDAI
BIAOMIAN
GONGCHENG
JISHU

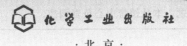

化学工业出版社

·北京·

本书系统阐述了各种表面工程技术的基础理论、应用及最新技术。首先，对表面工程技术的地位、科学体系、内涵和发展进行了阐述；继而，论述表面工程技术的基础理论，从介绍传统的表面处理技术入手，特别阐述了一些表面技术的新进展。具体内容包括：表面工程技术的基础理论，基体表面前处理技术，电镀、化学镀技术，表面涂敷技术，表面改性技术，气相沉积技术，复合表面处理技术，表面分析和性能测试，表面工程与再制造等。

本书可作为高等院校各相关专业本科生和研究生的教材及机械、材料、防腐等行业高级技术与管理人员的培训教材和自学参考书。

图书在版编目（CIP）数据

现代表面工程技术/姜银方，王宏宇主编. —2 版.
北京：化学工业出版社，2014.3（2024.8 重印）
普通高等教育"十二五"规划教材
ISBN 978-7-122-19578-4

Ⅰ.①现… Ⅱ.①姜…②王… Ⅲ.①金属表面保护-
高等学校-教材 Ⅳ.①TG17

中国版本图书馆 CIP 数据核字（2014）第 013936 号

责任编辑：刘俊之 陈 丽 装帧设计：韩 飞
责任校对：宋 玮

出版发行：化学工业出版社（北京市东城区青年湖南街 13 号 邮政编码 100011）
印 装：北京七彩京通数码快印有限公司
787mm×1092mm 1/16 印张 15 字数 373 千字 2024 年 8 月北京第 2 版第 7 次印刷

购书咨询：010-64518888 售后服务：010-64518899
网 址：http://www.cip.com.cn
凡购买本书，如有缺损质量问题，本社销售中心负责调换。

定 价：48.00 元

前言
FOREWORD

表面技术是研究表面现象和表面过程的一门科学技术，具有学科的综合性、手段的多样性、广泛的功能性、潜在的创新性、环境的保护性、很强的实用性和巨大的增效性，它不仅是一门广博精深和具有极高实用价值的基础技术，还是一门新兴的边缘性学科，丰富了材料科学、冶金学、机械学、电子学、物理学、化学等学科。现代工业的需求，是表面工程技术迅速发展的动力；资源短缺和能源供应紧张，是促进表面工程技术迅速发展的时代要求；现代科技成果，更是为表面工程技术的迅速发展提供了科技支撑。

本书自 2005 年 12 月出版发行以来，由于其内容的系统性、实用性和综合性且通俗易懂，深受广大读者的欢迎。应读者和出版社要求，编者对第 1 版进行了重新修订。本次再版，重新梳理了全书内容，对存在交叉或共性问题的章节进行了整合，并融入了表面工程技术近年来一些最新研究成果；同时，为了便于读者学习此次再版在每章中均增加了复习思考题。

本次再版由江苏大学姜银方和王宏宇任主编，扬州大学缪宏、江苏大学戈晓岚、南京工程学院朱元右任副主编，全书由姜银方负责统稿，江苏省金工研究会副理事长戈晓岚教授担任主审。再版过程中，姜银方修订了第一、二、三、六章；王宏宇修订了第五、十一章；江苏大学姜文帆修订了第九、十章；朱元右修订了七章；缪宏修订了第四、八章；江苏大学现代制造工程研究所的研究生李娟、潘禹等承担了文字、图片、文献检索及部分内容的编写工作。在再版编写过程中，还参阅了国内外相关的资料、文献和教材，征求了有关教师、学生以及从事表面科学与技术工作的科技人员和工程技术人员的意见和建议，在此一并表示衷心的感谢。

限于编者的学识水平，书中难免存在一些问题，恳请专家、学者和读者批评指正。

编者

2013 年 12 月

第一版前言

FOREWORD TO THE FIRST EDITION

表面现象和表面过程是自然界中普遍存在的，也是人们日常生活时时刻刻直接面对的。广义地说，表面科学与技术是研究表面现象和表面过程并为人类造福或被人们利用的科学技术。

表面技术具有学科的综合性、手段的多样性、广泛的功能性、很强的实用性和巨大的增效性。表面技术不仅是一门广博精深和具有极高实用价值的基础技术，还是一门新兴的边缘性学科；在学术上丰富了材料科学、冶金学、机械学、电子学、物理学、化学等学科，开辟了一系列新的研究领域，现代工业的需求是表面工程迅速发展的动力，是新材料、光电子、微电子等许多先进产业的基础技术；环境保护的紧迫性是促进表面工程迅速发展的时代要求；现代科技成果为表面工程的迅速发展提供了技术支撑。

现代表面工程技术在国民经济中起着不可估量的作用。表面工程技术是人类进步的里程碑，是尖端技术发展的基本条件，国民经济依赖于它的开发与应用。它促进和推动传统产业的技术进步，并引起产业结构的变化，是知识密集、技术密集的新产业。

本书以理论为指导，以技术应用为目标，把熟悉原理和掌握应用作为学习的基本要求。在内容上力求做到系统性、实用性和综合性，通俗易懂并具有实际指导意义。

本书系统阐述了各种表面工程技术的基础理论、应用及最新技术。首先对表面工程技术的内涵进行了阐述，继而简明扼要地论述了表面工程技术的理论与基础知识，为阅读本书奠定了一些理论基础；然后从介绍传统的表面处理技术入手，特别阐述了一些表面技术的新进展，对基体表面前处理技术给予重点介绍；还介绍和论述了电镀、化学镀新技术（包括非金属电镀）、表面涂敷新技术、表面改性新技术、气相沉积技术、复合表面处理技术和高分子表面金属化技术、表面细微加工技术、表面分析和性能测试、表面工程与再制造等方面的内容。

本书具有很强的可读性和可操作性，能适合不同的读者，既可作为高等院校相关专业的教材，又可作为技术人员和技术工人的培训教材。本书共分十一章，其中第一、三、七、九、十章以及第二章第四节由姜银方（江苏大学）执笔；第四、五、六、八章由朱元右（南京工程学院）执笔，第二章的一、二、三节以及第十一章由戈晓岚（江苏大学）执笔。参加编写的还有冯爱新、刘新佳、张洁、刘桂玲、袁国定、陆文龙等。全书由姜银方负责统稿审订。戈晓岚任全书的主审。本书在编写过程中参阅了国内外相关的资料、文献和教材，征求了有关教师、学生以及从事表面科学与技术工作的科技人员和工程技术人员的意见和建议，在此一并表示衷心的感谢。

由于时间仓促，编著的学识水平有限，加以表面科学与技术的发展迅速，书中必然存在不少问题，恳请各位专家和读者批评指正。

编者

2005 年 8 月

目录
CONTENTS

第一章　绪论　　　　　　　　　　　　　　　　　　　　　　　　　　**1**

第一节　表面工程技术的发展 …………………………………………… 1
　　一、表面工程技术迅速发展的原因 …………………………… 1
　　二、表面工程技术在国民经济中的地位和意义 ……………… 2
　　三、表面工程技术的发展趋势 ………………………………… 3
第二节　表面工程技术的学科体系 …………………………………… 5
第三节　表面工程技术的应用 ………………………………………… 6
　　一、表面技术在结构材料上的应用 …………………………… 6
　　二、表面技术在功能材料和元器件上的应用 ………………… 7
　　三、表面技术在人类适应、保护和优化环境方面的应用 …… 8
　　四、表面技术在研究和生产新型材料中的应用 ……………… 8
复习思考题 ……………………………………………………………… 10

第二章　表面工程技术的基础理论　　　　　　　　　　　　　　　　**11**

第一节　表面晶体学 …………………………………………………… 11
　　一、理想表面 …………………………………………………… 11
　　二、清洁表面 …………………………………………………… 12
　　三、覆盖表面 …………………………………………………… 16
　　四、金属表面的组织形貌 ……………………………………… 17
第二节　金属的表面现象 ……………………………………………… 18
　　一、吸附现象 …………………………………………………… 18
　　二、润湿及黏着 ………………………………………………… 22
　　三、金属表面反应 ……………………………………………… 24
第三节　表面缺陷与表面扩散 ………………………………………… 24
　　一、表面缺陷模型（TLK 模型）……………………………… 24
　　二、表面扩散 …………………………………………………… 25
第四节　涂层形成机制 ………………………………………………… 26
　　一、金属涂层形成机制 ………………………………………… 26
　　二、非金属涂层形成机制 ……………………………………… 31
复习思考题 ……………………………………………………………… 34

第三章 基体表面前处理技术　　35

第一节　表面整平 ··· 35
　　一、磨光 ·· 35
　　二、抛光 ·· 36
　　三、滚光 ·· 36
　　四、振动磨光 ·· 37
　　五、刷光 ·· 37
　　六、塑料整平 ·· 37
　　七、成批光饰 ·· 37
第二节　表面清洗 ··· 37
　　一、除油 ·· 38
　　二、除锈 ·· 42
　　三、除油除锈联合处理 ·· 43
第三节　化学抛光 ··· 44
　　一、低碳钢工件化学抛光 ·· 44
　　二、铝及其合金的化学抛光 ·· 44
第四节　电化学抛光 ·· 45
第五节　磷化处理 ··· 46
　　一、磷化膜的形成机理 ·· 46
　　二、磷化配方及工艺规范 ·· 46
　　三、影响磷化的因素 ·· 47
　　四、磷化膜的后处理 ·· 48
　　五、有色金属的磷化处理 ·· 48
第六节　金属表面的钝化及活化 ··· 48
　　一、金属表面钝化现象 ·· 48
　　二、钝化理论 ·· 49
　　三、铬酸盐处理 ··· 49
　　四、铜及铜合金的钝化 ·· 50
　　五、不锈钢钝化 ··· 51
　　六、金属表面的活化 ·· 51
第七节　空气火焰超音速喷砂、喷丸表面预处理 ······························· 52
　　一、超音速喷砂 ··· 52
　　二、超音速表面喷丸 ·· 53
复习思考题 ··· 54

第四章 电镀、化学镀新技术　　55

第一节　合金电镀 ··· 55
　　一、合金电镀基本知识 ·· 55

　　　　二、合金电镀工艺 ································· 59
　第二节　复合电镀 ····································· 64
　　　　一、复合电镀原理 ··························· 64
　　　　二、复合电镀工艺 ··························· 64
　第三节　非晶态合金电镀 ························· 66
　　　　一、电镀镍磷非晶态合金 ············· 67
　　　　二、电镀镍硫非晶态合金 ············· 67
　　　　三、电镀铁钼非晶态合金 ············· 67
　第四节　电刷镀新技术 ····························· 68
　　　　一、电刷镀基本原理 ····················· 68
　　　　二、电刷镀设备 ··························· 69
　　　　三、电刷镀工艺 ··························· 69
　　　　四、流镀 ··································· 70
　第五节　非金属电镀 ······························· 71
　　　　一、塑料电镀 ··························· 71
　　　　二、石膏和木材电镀 ····················· 72
　　　　三、玻璃和陶瓷电镀 ····················· 73
　第六节　化学镀与化学转化镀新技术 ········· 73
　　　　一、化学镀 ··························· 73
　　　　二、化学转化镀 ··························· 75
　第七节　表面着色新技术 ························· 76
　　　　一、铝及铝合金着色 ····················· 77
　　　　二、不锈钢着色 ··························· 79
　　　　三、铜及铜合金着色 ····················· 79
　复习思考题 ··· 79

第五章　表面涂敷新技术 ·· **81**

　第一节　表面涂装新技术 ························· 81
　　　　一、涂料 ··································· 81
　　　　二、涂装工艺 ··························· 82
　　　　三、静电喷涂 ··························· 83
　　　　四、电泳涂装 ··························· 83
　　　　五、粉末喷涂 ··························· 84
　　　　六、粘涂 ··································· 85
　第二节　热喷涂表面覆盖技术 ··················· 86
　　　　一、热喷涂原理 ··························· 86
　　　　二、热喷涂材料 ··························· 87
　　　　三、热喷涂工艺 ··························· 88
　第三节　堆焊和熔结 ······························· 90

一、 堆焊 ·· 90

二、 熔结 ·· 92

第四节 其他表面涂敷技术 ·································· 94

一、 电火花表面涂敷 ······································ 94

二、 热浸镀 ·· 96

三、 搪瓷涂敷 ·· 98

四、 陶瓷涂层 ·· 99

五、 塑料涂敷 ·· 100

复习思考题 ·· 102

第六章 表面改性新技术 ⬤103

第一节 激光表面处理技术 ·································· 103

一、 激光表面处理设备 ···································· 104

二、 激光表面处理工艺 ···································· 104

第二节 电子束表面处理 ···································· 106

一、 电子束表面处理原理 ·································· 106

二、 电子束表面处理设备 ·································· 107

三、 电子束表面处理工艺 ·································· 107

第三节 高密度太阳能表面处理 ······························ 108

一、 太阳能表面处理设备及特点 ···························· 108

二、 太阳能表面处理工艺 ·································· 109

三、 几种高能密度表面处理技术用于金属表面热处理的比较 ···· 109

第四节 表面扩渗新技术 ···································· 110

一、 渗金属、 渗硼、 渗硅、 渗硫 ······················ 110

二、 共渗与复合渗 ·· 112

三、 等离子体表面扩渗 ···································· 114

四、 电加热表面扩渗 ······································ 116

五、 电解表面扩渗 ·· 116

第五节 离子注入 ·· 116

一、 离子注入原理 ·· 117

二、 离子注入表面改性的机理 ······························ 119

三、 离子注入表面改性的应用 ······························ 120

第六节 小孔表面改性强化技术 ······························ 121

一、 紧固孔强化-寿命增益机制 ···························· 121

二、 紧固孔表面强化技术方法 ······························ 122

三、 各紧固孔表面强化技术的比较 ·························· 125

复习思考题 ·· 126

第一节　薄膜及其制备方法 ·· 127
　　一、薄膜的定义与类型 ··· 127
　　二、薄膜的应用 ··· 128
　　三、薄膜的制备方法 ··· 128
第二节　真空蒸镀 ·· 129
　　一、真空蒸镀原理 ··· 129
　　二、真空蒸镀设备 ··· 129
　　三、真空蒸镀工艺 ··· 130
第三节　溅射镀膜 ·· 133
　　一、溅射镀膜原理 ··· 133
　　二、溅射镀膜工艺 ··· 135
　　二、磁控溅射镀膜 ··· 137
第四节　离子镀膜 ·· 138
　　一、离子镀膜原理 ··· 138
　　二、离子镀膜工艺 ··· 139
　　三、反应离子镀 ··· 140
　　四、空心阴极放电离子镀 ······································· 141
　　五、多弧离子镀 ··· 143
第五节　化学气相沉积 ·· 143
　　一、化学气相沉积原理 ··· 144
　　二、化学气相沉积工艺 ··· 144
第六节　分子束外延 ·· 147
　　一、分子束外延的特点 ··· 148
　　二、分子束外延工艺 ··· 148
　　三、分子束外延技术的发展 ····································· 149
复习思考题 ·· 149

第一节　复合表面处理新技术 ·· 150
　　一、复合表面扩渗 ··· 150
　　二、碳氮共渗与氧化抛光复合处理 ······························· 151
　　三、表面热处理与表面扩渗的复合强化处理 ······················· 151
　　四、粘涂与电刷镀复合技术 ····································· 152
　　五、热处理与表面形变强化的复合处理工艺 ······················· 152
　　六、覆盖层与表面冶金化的复合处理工艺 ························· 152

七、 电镀与薄膜复合工艺 ……………………………………… 153

八、 激光、 电子束复合气相沉积和复合涂镀层 ……………… 153

九、 磁控溅射与油漆复合工艺 ………………………………… 154

十、 改善铁、 钛、 铝及其合金摩擦学特性的表面复合处理

工艺 ……………………………………………………… 155

十一、 多层涂层 ………………………………………………… 155

第二节 复合镀层 …………………………………………………… 156

一、 纤维增强金属复合材料镀层 …………………………… 156

二、 化合镀复合材料 ………………………………………… 157

三、 层状复合材料 …………………………………………… 158

四、 光学复合材料 …………………………………………… 158

第三节 镀覆层与热处理复合工艺 ………………………………… 159

一、 电镀与表面扩渗复合工艺 ……………………………… 159

二、 热处理与薄膜复合工艺 ………………………………… 160

三、 含铝复合处理 …………………………………………… 160

第四节 离子注入与气相沉积复合表面改性 ……………………… 161

一、 IAC 的原理与机理 ……………………………………… 161

二、 IAC 的方法 ……………………………………………… 162

三、 IAC 的应用 ……………………………………………… 163

复习思考题 …………………………………………………………… 165

第九章 表面细微加工技术 166

第一节 表面细微加工技术简介 …………………………………… 166

一、 激光束细微加工 ………………………………………… 166

二、 离子束细微加工 ………………………………………… 172

三、 电子束细微加工 ………………………………………… 173

四、 超声波细微加工 ………………………………………… 174

五、 电解细微加工 …………………………………………… 175

六、 电火花细微加工 ………………………………………… 176

七、 电铸细微加工 …………………………………………… 177

八、 光刻加工 ………………………………………………… 178

第二节 微电子细微加工技术 ……………………………………… 180

一、 细微加工技术对微电子技术发展的重大影响 ………… 180

二、 微电子细微加工技术的分类和内容 …………………… 181

第三节 微结构功能表面切削新技术 ……………………………… 184

复习思考题 …………………………………………………………… 185

第十章　表面分析和性能测试　186

　　第一节　表面分析 ································· 186

　　　　一、表面形貌和显微组织结构分析 ··········· 186

　　　　二、表面成分分析 ····················· 186

　　　　三、表面原子排列结构分析 ··············· 187

　　　　四、表面原子动态和受激态分析 ············· 187

　　　　五、表面的电子结构分析 ················· 188

　　第二节　表面分析仪器和测试技术简介 ············· 188

　　　　一、电子显微镜（TEM） ················ 188

　　　　二、扫描隧道显微镜（STM） ·············· 190

　　　　三、原子力显微镜（AFM） ··············· 191

　　　　四、X 射线衍射 ····················· 192

　　　　五、电子探针 ······················ 193

　　　　六、激光探针 ······················ 194

　　　　七、电子能谱仪 ····················· 194

　　第三节　表面检测 ······················· 195

　　　　一、外观检测 ······················ 195

　　　　二、镀、涂层或表面处理层厚度的测定 ········· 197

　　　　三、涂层的耐蚀性检验 ················· 199

　　　　四、涂层的耐磨性试验 ················· 201

　　　　五、涂层的孔隙率试验 ················· 202

　　　　六、涂层的硬度试验 ·················· 203

　　　　七、涂层的结合强度（附着力）试验 ·········· 203

　　第四节　薄膜弹性模量的测定——纳米压痕技术 ········ 207

　　　　一、问题的提出 ····················· 207

　　　　二、薄膜弹性模量和硬度的确定 ············· 208

　　　　三、纳米压痕系统的组成及工作原理 ·········· 209

　　　　四、纳米压痕技术的其他应用 ·············· 210

　　复习思考题 ··························· 211

第十一章　表面工程与再制造　212

　　第一节　再制造工程概论 ···················· 212

　　　　一、再制造工程的技术内涵 ··············· 212

　　　　二、再制造工程的学科体系 ··············· 214

　　第二节　再制造技术的应用 ·················· 215

一、 再制造与表面工程技术 …………………………………… 215
二、 再制造的其他技术 …………………………………… 217
三、 再制造技术的应用实例 …………………………………… 217
四、 再制造工程的发展与意义 …………………………………… 222
复习思考题………………………………………………………… 224

参考文献 225

第一章

绪　论

表面工程技术涉及面广，信息量大，是多种学科相互交叉、渗透与融合形成的一种通用性工程技术。它利用各种物理的、化学的、物理化学的、电化学的、冶金的以及机械的方法和技术，使材料表面得到我们所期望的成分、组织结构和性能或绚丽多彩的外观。其实质就是要得到一种特殊的表面功能，并使表面和基体性能达到最佳的配合。因此它是一种节材、节能的新型工程技术，综合运用了多学科的成果。

第一节　表面工程技术的发展

一、表面工程技术迅速发展的原因

表面工程技术的发展历史悠久，如中国古代的贴金或镏金技术、淬火技术、桐油漆防腐技术等。近代的摩擦学、界面力学与表面力学、材料失效与防护、金属热处理学、焊接学、腐蚀与防护学、光电子学等学科对多种表面工程技术的发展及其基础理论的研究都做出了巨大贡献，并成功地应用于工程之中。表面工程概念的提出始于 20 世纪 80 年代。1983 年，英国 T. Bel 教授首先提出了表面工程的概念。表面工程学科发展的重要标志是 1983 年英国伯明翰大学沃福森表面工程研究所的建立和 1985 年国际刊物《表面工程》的发行。1986 年 10 月，国际热处理联合会决定接受表面工程的概念，并把自己的会名改为国际热处理及表面工程联合会。

表面工程技术的应用对提高产品的性能、降低成本、节约资源具有十分重要的意义。表面工程技术将成为主导 21 世纪工业发展的关键技术之一。表面工程技术迅速而富有成效发展的原因主要如下。

首先，表面工程技术的属性是其迅速发展的基础。表面工程具有学科的综合性、手段的多样性、广泛的功能性、潜在的创新性、环境的保护性、很强的实用性和巨大的增效性而受到各行各业的重视。表面工程概念的提出是表面科学向生产力转化的要求，是人们对表面技术认识上的一次飞跃。表面工程技术既可对材料表面改性，制备多功能（防腐，耐磨，耐热，耐高温，耐疲劳，耐辐射，抗氧化以及光、热、磁、电等特殊功能）的涂、镀、渗、覆层，成倍延长机件的寿命，又可对产品进行装饰，还可对废旧机件进行修复。同时，由于其大幅度地提高产品的性能及附加值，故其平均效益高达投入的 5～20 倍以上。

其次，现代工业的需求是表面工程迅速发展的动力。现代工业的发展对机电产品提出了更高的要求，体积要小巧，外形要美观，而且能在高温、高速、重载以及腐蚀介质、恶劣环境下可靠持续地工作。例如，航空航天工业的需求促进了能够制备耐热、隔热涂层的等离子喷涂技术的发展；海上钻井平台的需求促进了钢结构表面防腐技术的发展；汽车工业的技术与艺术完善结合的追求促进了涂装技术的发展；电子信息技术的需求促进了薄膜技术的发展，等等。

再次，环境保护的紧迫性是促进表面工程迅速发展的时代要求。表面工程能大量节约能源、节省资源、保护和优化环境。表面工程最大的优势是能够以多种方法制备出优于基材性能的表面功能薄层。该薄层厚度一般从几十微米到几毫米，仅占工件厚度的几百分之一到几十分之一，却使工件具有了比基材更高的耐磨性、抗腐蚀性和耐高温性能。在热工设备及高温环境下，用表面处理技术在设备、管道及部件上施加隔热涂层，可以减少热损失。在高、中温炉内壁涂以远红外辐射涂层可节电约 30%。用表面沉积铬层的塑料部件替代汽车上某些金属部件如隔板等，可减轻汽车质量，增加单位燃料平均行驶里程，也可间接收到节能的效果。为了改善人工植入材料与肌体的生物相容性，可以在植入材料制成的器件上沉积第三种材料的薄膜。广泛应用的电镀工艺产生大量工业废水，造成环境污染，沉积新技术可部分取代电镀，有利于环境保护，促进了表面工程新技术的发展。

还有，现代科技成果为表面工程的迅速发展提供了技术支撑。计算机的广泛应用和推广，提高了表面工程技术设备的自动化程度，改善了表面涂层的制备效率和质量，使得表面工程技术设计可用数值模拟方法。新能源和新材料等技术的发展，加速了表面工程技术的发展。例如，离子束、电子束和激光束三束技术的发展，使得具有高效率和高质量的高密度能源的表面涂覆和强化的成本越来越低；采用纳米级材料添加剂的减摩技术可以在摩擦部件动态工作中智能地修复零件表面的缺陷，实现材料磨损部位原位自动修复，并使裂纹自愈合；用电刷镀制备含纳米金刚石粉末涂层的方法可以用来修复模具，延长使用寿命，是模具修复的一项突破；各种陶瓷材料、非晶态材料、高分子材料等也将不断地被应用于表面工程中。

二、表面工程技术在国民经济中的地位和意义

现代表面工程技术在国民经济中起着不可估量的作用。表面工程技术作为材料科学与工程的前沿，是人类文明进步的里程碑，是尖端技术发展的基本条件，国民经济依赖于它的开发与应用。它促进和推动传统产业的技术进步，并引起产业结构的变化，是知识密集、技术密集、保密性强的新产业。

现有的表面工程技术，面临着竞争和市场的挑战。科学技术为第一生产力。当代产品的竞争，归结为科技的竞争、质量与成本的竞争。表面工程新技术的应用，能使产品不断更新、物美价廉、占领市场并明显提高经济效益。产品的更新换代要求价廉物美、绚丽多彩的外观，各种机件、构件、管道、设备要求延长寿命，都使得表面工程技术面临着对传统、现有的表面处理技术进行革新。使镀（涂）层质量和性能有所突破，外观（表）绚丽多彩，五光十色、图纹生辉，并能使非金属材料金属化、金属材料非金属化，使各类产品新颖、美观、耐用并价格低廉才富有竞争力。这就要求各种新科技、新材料重新组合，相互交融、交叉渗透。这使传统的表面处理技术从工艺配方、装备、自动控制以及相应的分析、检测、鉴别、环保等环节都遇到了新的挑战。

表面工程技术涉及众多行业的通用共性技术，如机械、军工、模具、轻化工、仪器仪表、电子电器、建筑、桥梁、石油、航空航天、船舶车辆、基础结构工程、工业冷凝系统、化工反应系统以及为了适应海洋石油开采的港口设备、石油化工等。

现代表面工程技术的兴起同时也促进了新型表面工艺材料的发展。如镀（喷、涂、渗、粘、覆）层工艺材料，电镀、刷镀溶液，各种添加剂以及非金属材料（如陶瓷、高分子材料和复合材料）等应运而生，也为高科技、尖端技术提供一些特殊性能的材料，如非晶态、超

导、固体润滑材料，太阳能转换材料，金刚石薄膜等等。

三、表面工程技术的发展趋势

表面技术的使用，自古至今已经历了几千年或更漫长的岁月，每项表面技术的形成往往有着许多的试验和失败。各类表面技术的发展也是分别进行、互不相关的。近几十年来经济和科技的迅速发展，使这种状况有了很大的变化，人们开始将各类表面技术互相联系起来，探讨它们的共性，阐明各种表面现象和表面特性的本质，尤其是 20 世纪 60 年代末形成的表面科学为表面技术的开发和应用提供了更坚实的基础，并且与表面技术互相依存，彼此促进。从表面工程宏观发展分析，主要有以下几个方面的进展。

1. 研究复合表面技术

在单一表面技术发展的同时，综合运用两种或多种表面技术的复合表面技术（也称第二代表面技术）有了迅速的发展。复合表面技术通过最佳协同效益使工件材料表面体系在技术指标、可靠性、寿命、质量和经济性等方面获得最佳的效果，克服了单一表面技术存在的局限性，解决了一系列工业关键技术和高新技术发展中特殊的技术问题。强调多种表面工程技术的复合，是表面工程的重要特色之一。

目前，复合表面工程技术的研究和应用已取得了重大进展，如热喷涂和激光重熔的复合、热喷涂与刷镀的复合、化学热处理与电镀的复合、表面涂覆强化与喷丸强化的复合、表面强化与固体润滑层的复合、多层薄膜技术的复合、金属材料基体与非金属表面复合、镀锌或磷化与有机漆的复合、渗碳与钛沉积的复合等等。

2. 完善表面工程技术设计体系

表面工程技术设计是针对工程对象的工况条件和设备中零部件等寿命的要求，综合分析可能的失效形式与表面工程的进展水平，正确选择表面技术或多种表面技术的复合，合理确定涂层材料及工艺，预测使用寿命，评估技术经济性，必要时进行模拟实验，并编写表面工程技术设计书和工艺卡片。

目前，表面工程技术设计仍基本停留在经验设计阶段。有些行业和企业针对自己的工程问题开发出了表面工程技术设计软件，但局限性很大。随着计算机技术、仿真技术和虚拟技术的发展，建立有我国特色的表面工程技术设计体系既有条件又迫在眉睫。

3. 开发多种功能涂层

表面工程大量的任务是使零件、构件的表面延缓腐蚀，减少磨损，延长疲劳寿命。随着工业的发展，在治理这三种失效之外提出了许多特殊的表面功能要求。例如舰船上甲板需要有防滑涂层，现代装备需要有隐身涂层，军队官兵需要防激光致盲的镀膜眼镜，太阳能取暖和发电设备中需要高效的吸热涂层和光电转换涂层，录音机中需要有磁记录镀膜，不粘锅中需要有氟树脂涂层，建筑业中的玻璃幕墙需要有阳光控制膜等等。此外，隔热涂层、导电涂层、减振涂层、降噪涂层、催化涂层、金属染色技术等也有广泛的用途。在制备功能涂层方面，表面工程也可大显身手。

4. 研究开发新型涂层材料

表面涂层材料是表面技术解决工程问题的重要物质基础。当前发展的涂层新材料，有些是单独配制或熔炼而成的，有些则是在表面技术的加工过程中形成的，后一类涂层材料的诞生，进一步显示了表面工程的特殊功能。例如，轿车涂装技术中新发展的第五代阴极电泳涂料（ED5），其泳透力比前几代进一步提高，有机溶剂、颜料含量降低，且不含有害金属铅，代表了阴极电泳涂料的发展趋势；再如，以聚氯乙烯树脂为主要基料与增塑剂配成的无溶剂涂料，构成了现代汽车涂装中所用的抗石击涂料和焊缝密封胶，有效地防止了车身底板和焊缝出现过早腐蚀，并保证了车身的密封性。

5. 深化表面工程基础理论和测试方法的研究

摩擦学是表面工程的重要基础理论之一。近十几年来，针对具体的工程问题，摩擦学工作者做出了出色的成果，在摩擦副失效点判定、磨损失效的主要模式、磨损失效原因分析及对策等方面积累了丰富的经验，并在重大工程问题上作出了重要贡献。当前研究摩擦学问题的手段越来越齐全、先进，可以模拟各种条件进行试验研究，这些试验手段和已积累的研究方法、评估标准，有力地支持了表面工程的发展。

在腐蚀学研究方面，针对大气腐蚀、海洋环境腐蚀、化工储罐腐蚀、高温环境腐蚀、地下长输管线腐蚀、热交换设备腐蚀、建筑物中的钢筋水泥腐蚀等，应用各种现代材料进行了腐蚀机理和防护效果研究，提出了从结构到材料到维护一整套防腐治理措施。这些研究成果，对表面工程技术设计有很大的参考价值。

无论用什么表面技术在零件表面上制备涂覆层，必须掌握涂覆层与基体的结合强度、涂覆层的内应力等力学性能。这是表面工程技术设计的核心参数之一，也是研究和改进表面技术的重要依据。对于涂覆层厚度大于 0.15mm 的膜层（如热喷涂涂层），尚可用传统的机械方法进行测试，但是对于涂覆层厚度小于 0.15mm 的膜层（如气相沉积几个微米的膜层），传统的机械方法已无能为力。而气相沉积技术又发展得很快，应用面越来越广，这就使研究新的测试方法更加紧迫。

近十几年，一些学者用划痕法、X 射线衍射法、纳米压入法、基片弯曲法等思路和手段对薄膜的力学行为进行了深入研究，取得了长足的进步，但要达到形成相对严密自成体系的评价方法和技术指标尚有较大差距。

6. 扩展表面工程的应用领域

表面工程已经在机械产品、信息产品、家电产品和建筑装饰中获得富有成效的应用。但是其深度、广度仍很不够，不了解和不应用表面工程的单位和产品仍很普遍。表面工程的优越性和潜在效益仍未很好发挥，需要做大量的宣传推广工作。例如，表面工程在生物工程中的延伸已引起了人们的注意，前景亦十分广阔。例如髋关节的表面修补，最常用的复合材料是在超高密度高分子聚乙烯上再镀钴铬合金，使用寿命可达 15～25 年，近些年又发展了羟基磷灰石（简称 HAP）材料，它是一种重要的生物活性材料，与骨骼、牙齿的无机成分极为相似，具有良好的生物相容性，埋入人体后易与新生骨结合。但是 HAP 材料脆性大，有的学者就用表面工程技术使 HAP 粒子与金属 Ni 共沉积在不锈钢基体上，实现了牢固结合。

7. 向自动化、智能化的方向迈进

在表面处理时，自动化程度最高的是汽车行业和微电子行业。以神龙汽车公司的车身涂装线为例，涂装工艺采用三涂层体系（3C3B），即电泳低漆涂层、中间涂层、面漆涂层，涂层总厚度为 110～130μm。涂装厂房为三层，一层为辅助设备层，二层为工艺层，三层为空调机组层。厂房是全封闭式，通过空调系统调节工艺层内的温度和湿度，并始终保持室内对环境的微正压，保持室内清洁度，各工序间自动控制，流水作业，确保涂装高质量。随着机器人和自动控制技术的发展，在其他表面技术的施工中（如热喷涂）实现自动化和智能化已为期不远。

8. 降低对环保的负面效应

从宏观上讲，表面工程对节能、节材、环境保护有重大效能，但是对具体的表面技术，如涂装、电镀、热处理等均有"三废"的排放问题，仍会造成一定程度的污染。现在，有氰电镀已经基本上被无氰电镀所代替，一些有利于环保的镀液相继被研制出来。当前，在表面工程领域，提出了封闭循环，达到零排放，实现"三废"综合利用的目标。阴极电泳后的清洗，国际先进的做法是采用超滤系统（UF）与反渗透系统（RO）联合的全封闭清洗，为零排放奠定了基础。但是国内使用这些设备的厂家尚少。磷化处理中的废渣，现在可以压滤成渣块，但还不能逆向处理为有用之物，只能填埋。至于一些中小企业，距上述奋斗目标相距很远。总的来看，表面工程工作者在降低对环保负面效应方面，仍任重而艰巨。

第二节 表面工程技术的学科体系

表面工程技术是随着生产力的发展，以多个学科交叉、综合、复合、系统为特色，为适应生产的需要而形成并正在发展中的一门新兴学科，它以"表面"和"界面"为研究核心，在有关学科理论的基础上，根据材料表面的失效机制，以应用各种表面工程技术及其复合表面工程技术为特点，逐步形成了与其他学科密切相关的表面工程基础理论。关于表面工程技术的学科体系还在进行探讨和完善中，表面工程技术可以从不同的角度进行归纳分类。从材料科学的角度，按沉积物的尺寸进行，表面工程技术可以分为以下四种基本类型：

① 原子沉积。以原子、离子、分子和粒子集团等原子尺度的粒子形态在基体上凝聚，然后成核、长大，最终形成薄膜。被吸附的粒子处于快冷的非平衡态，沉积层中有大量结构缺陷。沉积层常和基体反应生成复杂的界面层。凝聚成核及长大的模式，决定着涂层的显微结构和晶型。电镀、化学镀、真空蒸镀、溅射、离子镀、物理气相沉积、化学气相沉积、等离子聚合、分子束外延等均属此类。

② 颗粒沉积。以宏观尺度的熔化液滴或细小固体颗粒在外力作用下于基体材料表面凝聚、沉积或烧结。涂层的显微结构取决于颗粒的凝固或烧结情况。热喷涂、搪瓷涂敷等都属此类。

③ 整体覆盖。欲涂覆的材料于同一时间施加于基体表面。如包箔、贴片、热浸镀、涂刷、堆焊等。

④ 表面改性。用离子处理、热处理、机械处理及化学处理等方法处理表面，改变材料表面的组成及性质。如化学转化镀、喷丸强化、激光表面处理、电子束表面处理、离子注入等。

我国冶金部钢铁研究总院的廖乾初教授将众多的表面工程技术概括为以下三类：

① 改善表面的显微组织——表面组织强化；

② 改善表面的化学成分——表面合金化；

③ 沉积到表面上形成薄膜——表面改性。

实际上，表面工程技术有着广泛的含义，综合来看，大致上可分为以下几个部分。

① 表面工程基础理论。它主要有表面失效分析理论、表面摩擦与磨损理论、表面腐蚀与防护理论、表面（界面）结合与复合理论等。它对表面工程技术的发展和应用有着直接的、重要的影响。

② 表面处理技术。它又包括表面覆盖技术、表面改性技术和复合表面处理技术三部分。表面覆盖技术主要有电镀、电刷镀、化学镀、涂装、黏结、堆焊、熔结、热喷涂、塑料涂敷、电火花涂敷、热浸镀、搪瓷涂敷、陶瓷涂敷、真空蒸镀、溅射镀、离子镀、化学气相沉积、分子束外延、离子束合成薄膜技术、化学转化镀、热烫印和暂时性覆盖处理等。表面改性技术主要有喷丸强化、表面扩渗、表面热处理、激光表面处理、电子束表面处理、高密度太阳能表面处理和离子注入等。复合表面处理技术是综合运用两种或更多种表面处理技术。

③ 表面加工技术。它主要有表面预处理加工、表面层的机械加工和表面层的特种加工等。

④ 表面分析和测试技术。它主要有表面形貌和显微组织结构的分析、表面成分分析、表面原子排列结构分析、表面原子动态和受激态分析、表面电子结构分析等。

⑤ 表面工程技术设计。它主要有表面层材料设计、表面层结构设计、表面工艺设计和表面工程经济分析等。

第三节　表面工程技术的应用

目前表面技术的应用极其广泛，已经遍及各行各业，包含的内容也十分广泛，可用于耐蚀、耐磨、修复、强化、装饰等，也可以是光、电、磁、声、热、化学、生物等方面的应用。表面技术所涉及的基体材料不仅有金属材料，也包括无机非金属材料、有机高分子材料及复合材料。表面技术的种类很多，把这些技术恰当地应用于构件、零部件和元器件，可以获得巨大的效益。

一、表面技术在结构材料上的应用

材料根据所起的作用大致可以分为结构材料和功能材料两大类。结构材料主要用来制造工程建筑中的构件、机械装备中的零部件以及工具、模具等，在性能上以力学性能为主，同时在许多场合又要求兼有良好的耐蚀性和装饰性。表面技术在这方面主要起着防护、耐磨、强化、修复、装饰等重要作用。

表面防护主要指材料表面防止化学腐蚀和电化学腐蚀等能力。腐蚀问题是普遍存在的。腐蚀给人们的生产和生活带来严重危害，对国民经济造成十分惊人的损失。据统计，世界现存钢铁及金属设备每年的腐蚀率约为10％，金属腐蚀的直接损失占国民经济总产值的1％，而发达国家高达2％～4％，超过水灾、火灾、地震和飓风等所造成的总和。金属腐蚀的间接损失不易计算，一般认为至少为直接损失的3～5倍。解决腐蚀问题的常用方法主要有：用价廉的金属定期更换旧的腐蚀件；使用表面技术或改变材料表面的成分和结构或施加覆盖层来显著提高材料或制件的防护能力。使用表面技术防止腐蚀是现代防腐的主要和根本方法。

耐磨主要指材料在一定摩擦条件下抵抗磨损的能力。同腐蚀一样，磨损也是从表面开始的，因此，采用各种表面技术是提高材料或制件耐磨性的有效途径之一。

强化主要指通过各种表面强化处理来提高材料表面抵御除腐蚀和磨损之外的环境作用的能力。疲劳破坏也是从材料表面开始的，通过各种表面技术可以显著提高材料疲劳强度。通过合理选材和表面强化处理，可以满足许多制品的表面强度和硬度高、芯部韧性好的长使用寿命的要求。

在工程上，许多零部件因表面强度、硬度、耐磨性等不足而逐渐磨损、剥落、锈蚀，使外形变小以致尺寸超差或强度降低，最后不能使用。许多表面技术如堆焊、电刷镀、热喷涂、电镀、黏结等，具有修复功能，不仅可修复尺寸精度，而且往往还可提高表面性能，延长使用寿命。

表面装饰主要包括光亮（镜面、全光亮、亚光、光亮缎状，无光亮缎状等）、色泽（各种颜色和多彩等）、花纹（各种平面花纹，刻花和浮雕等）、仿照（仿贵金属、仿大理石、仿花岗石等）等方面特性。用恰当的表面技术可对各种材料表面装饰，不仅方便、高效，而且美观、经济，故应用广泛。

二、表面技术在功能材料和元器件上的应用

功能材料主要指那些具有优良的物理、化学和生物等功能及其相互转化的功能，而被用于非结构目的的高技术材料。功能材料常用来制造各种装备中具有独特功能的核心部件。功能材料与结构材料相比，除了两者性能上的差异和用途不同之外，另一个重要特点是材料通常与元器件"一体化"，即功能材料常以元器件形式对其性能进行评价。确切地说，并非结构材料以外的材料都可称为功能材料。

材料的许多性质和功能与表面组织结构密切相关，因而通过各种表面技术可制备或改进一系列功能材料及其元器件。由于表面技术有了很大的改进，材料表面成分和结构可得到严格的控制，同时又能进行高精度的微细加工，因而许多电子元器件不仅可做得越来越小，大大缩小了产品的体积和减轻了重量，而且生产的重复性、成品率和产品的可靠性、稳定性都获得显著提高。

使用表面技术可制备或改进具有光学特性的功能材料及其元器件。如具有光的反射性的反射镜，具有光的防反射性的防炫零件，具有光的增透性的激光材料增透膜，具有光选择通过的反射红外线、透过可见光的透明隔热膜，具有分光性的用多层介质膜组成的分光镜，具有光选择吸收的太阳能选择吸收膜，具有偏光性的起偏器，能发光的光致发光材料，具有光记忆的薄膜光致材料等。

使用表面技术可制备或改进具有电学特性的功能材料及其元器件。如具有导电性的表面导电玻璃，具有超导性的用表面扩散制成的 Nb-Sn 线材，具有约瑟夫逊效应的约瑟夫逊器件，具有各种电阻特性的膜电阻材料，具有绝缘性的绝缘涂层，具有半导性的半导体材料（膜），具有波导性的波导管，具有低接触电阻特性的开关等。

使用表面技术可制备或改进具有磁学特性的功能材料及其元器件。如具有存储记忆的磁泡材料，具有磁记录的磁记录介质，具有电磁屏蔽的电磁屏蔽材料等。

使用表面技术可制备或改进具有声学特性的功能材料及其元器件。如具有声反射和声吸收的吸声涂层，具有声表面波的声表面波器件等。

使用表面技术可制备或改进具有热学特性的功能材料及其元器件。如具有导热性的散热材料，具有热反射性的热反射镀膜玻璃，具有耐热性和蓄热性的集热板，具有热膨胀性的双金属温度计，具有保温性和绝缘性的保温材料，具有耐热性的耐热涂层，具有吸热性的吸热材料等。

使用表面技术可制备或改进具有化学特性的功能材料及其元器件。如具有选择过滤性的分离膜材料，具有活性的活性剂，具有耐蚀性的防护涂层，具有防沾污性的医疗器件，具有杀菌性的餐具镀银等。

使用表面技术可制备或改进具有功能特性的功能材料及其元器件。如能进行光电转换的薄膜太阳能电池，能进行电光转换的电致发光器件，能进行热电转换的电阻式温度传感器，能进行电热转换的薄膜加热器，能进行光热转换的选择性涂层，能进行力热转换的减振膜，能进行力电转换的电容式压力传感器，能进行磁光转换的磁光存储器，能进行光磁转换的光磁记录材料等。

三、表面技术在人类适应、保护和优化环境方面的应用

表面技术在人类适应、保护和优化环境方面有着一系列应用，并且其重要性日益突出。

用涂覆和气相沉积等表面技术制成的催化剂载体等是净化大气的材料，可用来有效地处理 CO_2、NO_2、SO_2 等有害气体。

用表面技术制成的膜材料是重要的净化水质的材料，可用来处理污水、化学提纯、水质软化、海水淡化等。

TiO_2 光催化剂具有净化环境的功能，可以将一些污染的物质分解掉，使之无害，同时又因有粉状、粒状和薄膜等形状而易于利用。过渡金属 Ag、Pt、Cu、Zn 等元素能增强 TiO_2 的光催化作用，而且有抗菌和灭菌作用，特别是 Ag 和 Cu。日本已利用表面技术开发出一种把具有吸附蛋白质能力的磷灰石生长在 TiO_2 表面而制成的高功能 TiO_2 复合材料。它能够完全分解吸附的菌类物质，不仅可以半永久性使用，而且还可以制成纤维和纸，用作广泛的抗菌材料。

用表面技术制成的吸附剂，可以除去空气、水、溶液中的有害成分，并且具有除臭、吸湿等作用。在氨基甲酸乙酰泡沫上涂覆铁粉，经烧结后成为除臭剂，用于冰箱、厨房、厕所、汽车内。

用表面化学原理制成特定的组合电极，可用来除去发电厂沉淀池、热交换器、管道等内部的藻类污垢。

远红外线具有活化空气和水的功能，而活化的空气和水有利于人体健康。在水净化器中加上能活化水的远红外陶瓷涂层装置，取得很好的效果，已经投入实际应用。

具有一定的理化性质和生物相容性的生物医学材料已受到人们的高度重视，而使用医用涂层可在保持基体材料特性的基础上，或增进基体表面的生物学性质，或阻隔基材离子向周围组织溶出扩散，或提高基体表面的耐磨性、绝缘性等，有力促进了生物医学材料的发展。在金属材料上涂以生物陶瓷，用作人造骨、人造牙、植入装置导线的绝缘层等等。

用表面技术和其他技术制成的磁性涂层涂敷在人体的一定穴位，有治疗疼痛、高血压等功能。涂敷驻极体膜，具有促进骨裂愈合等功能。有人认为，频谱仪、远红外仪等设备能发出一定的电磁波，与生物体细胞发生共振，促进血液循环，活化细胞，治疗某些疾病。

目前大量使用的能源往往有严重的污染，因此今后要大力推广绿色能源，如太阳能电池、磁流体发电、热电半导体、海浪发电、风能发电等，以保护人类环境。表面技术是许多绿色能源装置如太阳能电池、太阳能集热管、半导体制冷器等制造的重要基础之一。

表面技术将在人类控制自然、优化环境上起很大的作用。人们正在积极研究能调光、调温的"智慧窗"，即通过涂敷或镀膜等方法，使窗可按人的意愿来调节光的透过率和光照温度。

四、表面技术在研究和生产新型材料中的应用

新型材料又称先进材料，为高技术的一个组成部分，是具有优异性能的材料，也是新技

术发展必要的物质基础。目前表面技术已在制备高 T_c（临界温度）超导膜、金刚石膜、纳米多层膜、纳米粉末、纳米晶体材料、多孔硅、碳 60 等新型材料中起关键作用。

利用化学气相沉积技术，在低压或常压条件就可制得的金刚石薄膜新材料（过去制备金刚石材料在高温高压下进行）为金刚石结构，硬度高达 80～100GPa，室温热导率为铜的 2.7 倍，有较好的绝缘性和化学稳定性，在很宽的光波段范围内透明，有比 Si、GaAs 等半导体材料更宽的禁带宽度，在微电子技术、超大规模集成电路、光学、光电子等领域有良好的应用前景，有可能是 Ge、Si、GaAs 以后的新一代的半导体材料。

利用化学气相沉积技术制备的类金刚石碳膜新材料，是一种具有非晶态和微晶结构的含氢碳化膜，其一些性能接近金刚石膜，如高硬度、高热导率、高绝缘性、良好的化学稳定性、从红外到紫外的高光学透过率等，可考虑用作光学器件上保护膜和增透膜、工具的耐磨层、真空润滑层等。

利用气相沉积技术制备的立方氮化硼薄膜新材料为立方结构，硬度仅次于金刚石，而耐氧化性、耐热性和化学稳定性优于金刚石，具有高电阻率、高热导率，掺入某些杂质可成为半导体，目前正逐步用于半导体、电路基板、光电开关及耐磨、耐热、耐蚀涂层。

主要利用物理气相沉积技术制备的超导薄膜新材料为非晶态，经高温氧化处理后转变为具有较高转变温度的晶态薄膜。用 YBaCuO 等高温超导薄膜可望制成微波调制、检测器件、超高灵敏度的电磁场探测器件，超高速开关存储器件，用于超高速计算机等。

将制备的有机高分子材料溶于某种易挥发的有机溶剂中，然后滴在水面或其他溶液上，待溶剂挥发后，液面保持恒温并施加一定的压力，溶质分子沿液面形成致密排列的单分子膜层，接着用适当装置将分子逐层转移，组装到固体载片，并按需要制备几层到数百层 LB 膜新材料，是有机分子器件的主要材料，是由羧酸及其盐、脂肪酸烷基族以及染料、蛋白质等有机物构成的分子薄膜，在分子聚合、光合作用、磁学、微电子、光电器件、激光、声表面波、红外检测、光学等领域中有广泛的应用。

利用表面技术制备的纳米颗粒新材料，尺寸范围大致为 1～100nm（大于 $10\mu m$ 的颗粒称为微粉，小于 1nm 的颗粒称为原子团簇），其表面效应、小尺寸效应和量子效应，使其在光学、热学、电学、磁学、力学、化学等方面有着许多奇异的特性，如能显著提高许多颗粒型材料的活性和催化率，增大磁性颗粒的磁记录密度，提高化学电池、燃料电池和光化学电池的效率，增大对不同波段电磁波的吸收能力等。它也可作为添加剂，制成导电的合成纤维、橡胶、塑料或者成为药剂的载体，提高药效等。

将利用表面技术制成的小于 15nm 的超微颗粒在高压下压制成型，或再经一定热处理工序后制成的具有超细组织的纳米固体新材料，按材料属性可分为纳米金属材料、纳米陶瓷材料、纳米复合材料和纳米半导体材料等，其界面体积分数很高，界面处原子间距分布与同成分普通固体材料有很大的差异，如纳米陶瓷有一定的塑性，可进行挤压和轧制，然后退火使晶粒尺寸长大到微米量级，又变成普通陶瓷，纳米陶瓷有优良的导热性；纳米金属有更高的强度等，因而有广泛的应用。

利用表面技术制备的超微颗粒膜新材料，是将超微颗粒嵌于薄膜中构成的复合薄膜，在电子、能源、检测、传感器等许多方面有良好的应用前景。

利用表面技术制备的非晶硅薄膜新材料，可用来制造太阳能电池、摄像管的靶、位敏检测器件和复印鼓等。

利用气相沉积技术制备的纳米硅新材料，又称纳米晶，尺寸在 10nm 左右，电子和空穴迁移率均高于非晶硅两个数量级以上，光吸收系数介于晶体硅和非晶硅之间，可取代掺氢的

SiC 作非晶硅太阳能电池的窗口材料以提高其转换效率，也可考虑制作异质结双极型晶体管、薄膜晶体管等。

利用表面技术制备的多孔硅新材料，孔隙度很大，一般为 60%～90%，可用蓝光激发它在室温下发出可见光，也能电致发光，可制成频带宽、量子效率高的光检测器，其禁带宽度明显超过晶体硅。

利用表面技术制备的碳 60 新材料，是由 60 个碳原子组成的空心圆球状、具有芳香性的分子，物理性质相对稳定，化学性质相对活泼，它和它的衍生物具有潜在的应用前景，可望成为一种高性能低成本的超导材料。

利用表面技术制备的纤维增强水泥基复合材料已获得实际应用，许多重要的纤维补强陶瓷基复合材料虽处于实验室阶段，但在一系列高新技术领域中有着良好的应用前景。

利用表面技术制备的梯度功能新材料，是连续、平稳变化的非均质材料，其组织连续变化，材料的功能随之变化，用于航空、航天领域，可有效地解决热应力缓和问题，获得耐热性与力学强度都优异的新功能，还可望在核工业、生物、传感器、发动机等许多领域有广泛的应用。

 复习思考题

1. 什么是表面工程技术？其实质是什么？

2. 从材料科学的角度，表面工程技术可分为哪几种类型？简要阐述各种类型的含义并举例。

3. 表面工程技术分为哪些部分？每部分又包括了哪些技术？

4. 什么是结构材料和功能材料？简述表面工程技术在其中的应用。

5. 简述表面防护、耐磨、强化、装饰的含义，并比较它们之间的异同。

6. 简述表面工程技术的发展趋势。

第二章

表面工程技术的基础理论

要了解材料表面的特性和获得要求的表面功能，本质上是要了解材料表面发生的物理和化学过程，即材料表面的结构、状态与特性问题。几埃［1 埃（Å）＝0.1nm］厚的材料表面层性质可以和其本体差别很大，而各种近代表面技术，包括气相沉积、高能束表面改性等都和这种表面性质密切相关，都是发生在表面的物理化学作用。因此，首先了解、认识"表面"（这里主要指金属或晶体表面）对近代表面技术的学习是非常重要的。

第一节　表面晶体学

固体可分为两大类：晶体和非晶体。从团体物理学的角度看，结晶固体的表面是晶体中原子的周期性排列发生大面积突然中止的地方，或者是从晶体内部的三维周期性结构开始破坏到真空之间的整个过渡区域。一般来讲，表面区域大致包括以表面原子终结平面为基准，分别向体内和真空方向延伸 1.0～1.5nm 的范围。因材料不同，所需研究的表面范围有所差异。金属表面通常只涉及最外几个原子层厚度。

为了描述实际表面的构成，早在 1936 年，西迈尔兹就把实际表面区分为两个部分：一部分是所谓"内表面层"，它包括基体材料和加工硬化层；另一部分是所谓"外表面层"，它包括吸附层、氧化层等（图 2-1）。对于约定条件下的表面，其实际组成及各层的厚度，与表面制备过程、环境（介质）以及材料本身的性质有关。因此，实际表面的结构及性质是很复杂的。

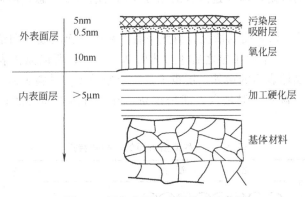

图 2-1　固体表面的实际构成示意图

固体表面可分为三类：理想表面、清洁表面和覆盖表面。

一、理想表面

当一块无限大的无缺陷的晶体被分成两个半无限大的晶体时（图 2-2），如果在分割面附近区域中的原子排列、电子的密度分布都和分割前一样，而且晶体在分割时没有原子进入或跑出分割面，这个分割面就是理想表面。

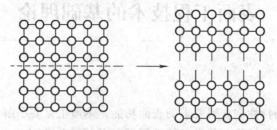

图 2-2　理想表面形成示意图

晶体表面是将位于其一侧的所有原子全部移走后产生的，表面原子偏离了能量最低的平衡位置，所以表面原子的能量大于晶体内部原子的能量。超出的能量和表面原子出现"断键"有关，即正比于减少的键数，这部分能量就是表面能。晶体密排面的原子密度最大，在垂直于密排面方向上的键数最少，于是，当密排面与表面重合时，表面能最低。系统总是力图占据能量最低的状态，所以在达到平衡时，晶体的自然状态应以密排面组成其外表面。一般认为，理想表面通过结点的低晶面指数的晶面（晶体的密排面，如面心立方晶体的 111 面，体心立方晶体的 110 面），而且表面是一个平坦的表面。

显然，理想表面是难以获得的，只不过是把它作为研究其他类型表面的一个基础。

二、清洁表面

清洁表面是指没有被任何其他东西所污染，也没有吸附任何不是表面组分的其他原子、分子的材料表面。清洁表面在近代表面技术中应用较多，各种表面技术中预处理工序的主要目的就是为了得到清洁的金属表面。

前已述及，晶体表面是原子排列面，有一侧无固体原子的键合，形成了附加的表面能。从热力学来看，表面附近的原子排列总是趋于能量最低的稳定状态。达到这个稳定态的方式有两种：一是自行调整，原子排列情况与材料内部明显不同；二是依靠表面的成分偏析和表面对外来原子或分子的吸附，以及这两者的相互作用而趋向稳定态，因而使表面组分与材料内部不同。

表 2-1 列出了几种清洁表面的情况，由此来看，晶体表面的成分和结构都不同于晶体内部，一般大约要经过 4～6 个原子层之后才与体内基本相似，所以晶体表面实际上只有几个原子层范围。另外，晶体表面的最外一层也不是一个原子级的平整表面，因为这样的熵值较小，尽管原子排列作了调整，但是自由能仍较高，所以清洁表面必然存在各种类型的表面缺陷。

表 2-1　几种清洁表面的结构和特点

序号	名　称	结 构 示 意 图	特　点
1	弛豫		表面最外层原子与第二层原子之间的距离不同于体内原子间距（缩小或增大；也可以是有些原子间距增大，有些减小）

序号	名 称	结 构 示 意 图	特 点
2	重构		在平行基底的表面上，原子的平移对称性与体内显著不同，原子位置作了较大幅度的调整
3	偏析		表面原子是从体内分凝出来的外来原子
4	化学吸附		外来原子(超高真空条件下主要是气体)吸附于表面并以化学键合
5	化合物		外来原子进入表面，并与表面原子键合形成化合物
6	台阶		表面不是原子级的平坦，表面原子可以形成台阶结构

（一）表面弛豫

表面原子由于失去表面上方的原子作用，必然会引起表面上电子分布的变化和表面原子在垂直于表面方向上的位置变化——表面弛豫效应。弛豫是指表面原子层之间以及表面和体内原子层之间的垂直间距 d_s 和体内原子层间距 d_0 相比有伸长或压缩的现象。如表 2-1 所示，它可能涉及几个原子层，而每一层间的相对膨胀或压缩可能是不同的，且离体内越远，变化越显著。

表面弛豫的最明显处是表面第一层原子与第二层之间距离的变化；越深入体相，弛豫效应越弱，并且是迅速消失。因此，通常只考虑第一层的弛豫效应。

表面弛豫主要取决于表面断键的情况，可以有压缩效应、弛豫效应和起伏效应。弛豫现象的存在表明，表面和真空之间并不是简单地以表面顶层的原子平面为绝对分界面，而是有一个尺寸与晶格常数差不多的过渡区，这个过渡区的形成主要是由于电子密度分布的变化而引起，在过渡区域中电子密度呈指数形式衰减而迅速减少。而且实际晶体的清洁表面的电子密度分布，相对于理想表面的电子密度分布，要向真空方向扩展了一些，也即发生了电子密度的纵向弛豫。

从半导体锗、硅等金刚石晶型清洁表面的二维点阵图（图2-3）中可以看出，其表面的最外层原子有一个键或一个价电子伸向真空方向，没有配对，这个键好像是被悬挂起来了。由于悬挂键不稳定，电子要和第二层原子中的电子配对，因此有些最外层的原子将被拉向第二层原子，使这些原子向晶体内部靠近，如图2-3(a)中箭头向下的那些原子。由于这些原子往下移动，必然挤压第二层中一些原子发生横向移动，如图2-3(a)中以〇号表示的原子。这些原子的横向移动又必然推斥另一些最外层的原子（以◎号表示）向真空方向移动。由于表面的这种弛豫运动（如图中短线所示的方向运动），结果使理想表面发生了形变。在图2-3(b)中，画出剖面AB处的弛豫情况。从图中可以看到，原来在理想解理表面是一层的原子层，现在弛豫成了两个子层了，上子层比理想层高0.017nm，下子层比理想层低0.013nm。即这两个子层移动的距离不是一样的。从图2-3(a)中还可看出，最外层原子中有3/4往下移，1/4往上移。

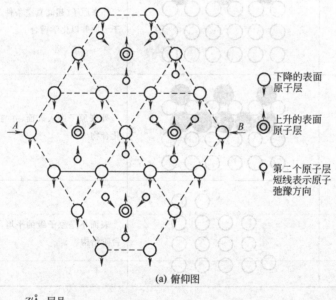

下降的表面原子层

上升的表面原子层

第二个原子层短线表示原子弛豫方向

(a) 俯仰图

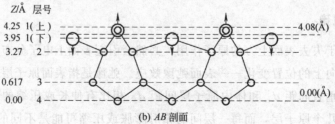

(b) AB剖面

图2-3　金刚石结构的锗的{111}清洁表面弛豫状况

1Å=0.1nm

实验还发现，对于同一个样品，它所经历的过程不同，表面的弛豫方式和弛豫的距离也不同。对于清洁表面，从原子的尺度来说，它的外层并不是一个平面，而是一个有原子隆起的高低不平的表面，而通常把在这样一个表面上发生的微观物理化学过程当作在平面上发生的过程来处理只不过是一种非常粗糙的近似而已。

对于单一原子组成的晶体（如上述讨论的锗），表面区域发生了垂直表面方向上的收缩或扩张。对于由多原子组成的晶体，则因为每种原子收缩或扩张的情况不一致，表面区域中发生更复杂的变化，使纵向弛豫也更复杂一些。

（二）表面重构

由上述顶层原子纵向弛豫的讨论可以看到，由于表面顶层原子的纵向弛豫，必然要引起原子在平行表面方向的排列发生变化。如锗、硅金刚石结构一类由单原子构成的晶体表面，由于表面弛豫，表面层的外子层原子，只有体内一层中 1/4 的原子；而表面层的内子层原子，只有体内层中 3/4 的原子，因此这些子层的原子层密度发生了变化，即在平行基底的表面上，原子的平移对称性与体内显著不同，原子位置作了较大幅度的调整，这种表面结构称为重构（或再构）。显然，其特点是表面原子间距与晶体内原子间距不同。如表 2-1 所示，表面水平方向原子间距 a_s 与晶体内部原子间距 a_0 不相同，但垂直方向的层间距 d_s 与体内相同晶面的间距 d_0 是相同的。

重构表面点阵结构对表面的物理化学性质乃至表面技术有着重大影响。

表面重构与表面悬挂键有关，这种悬挂键是由表面原子价键的不饱和面产生的。当表面吸附外来原子而使悬挂键饱和时，重构必然发生变化。

在表面技术的预处理中，常常要获得清洁表面。但从清洁表面的定义上讲，用任何高效能洗涤剂清洗过的晶体材料的表面，也不是清洁表面，因为材料表面上必然会吸附有洗涤剂分子或空气中的某些成分的原子。据计算，就是在压强为 133.3×10^{-6} Pa 的稀薄气体中，晶体材料的表面也会被一个单分子层包围，并不断地撞击。所以要获得清洁表面，必须采取一些特殊的处理措施。

1. 在真空中解理晶体

金属（合金）沿某些严格的结晶学平面发生分离的断裂（穿晶）称为解理。在压强低于 13.3×10^{-6} Pa 的真空条件下，使金属产生解理，可获得清洁表面。这种方法受到可以进行解理的材料和平面的限制，特别难用于种类很多的离子键和共价键的晶体材料。用这种方法仅能解理几种金属的单晶，如铍、锌、铋和锑等。

2. 把表面在真空中作热处理，使温度高到足以蒸发掉表面的污染物

这种方法已成功地用来清洁一些难熔的金属表面（如钨和铌等金属表面），但这种方法不能除去像碳等难于蒸发的原子。

3. 离子多次轰击法

即把样品表面在真空中循环地用惰性气体离子轰击和退火的方法。经过一次轰击之后，在晶体体内的杂质还可以从体内分离到表面上来，所以这种方法必须进行多次的反复轰击和退火。这种方法对于要研究的大多数表面都是有效的清洁方法，可以清洁熔点 525℃ 的化合物锑化铟的表面，还可以清除用第二种方法清除不了的难蒸发的原子。例如清除硅和镍表面上吸附的单层碳原子层。不过在使用这种方法时，要注意在这个清洁过程中不要把表面打得粗糙或变成新的晶相表面。因此，近来也有将离子轰击改为用低能电子轰击，以避免上述缺点。实验表明，为了避免轰击造成损伤，所用的轰击电压要低一点，一般为 $200 \sim 500$V，轰击电流密度也不能太大，一般为 $100 \mu A/cm^2$ 左右。

4. 氧化还原法

把样品依次在氧化和还原的气氛中作热处理。这种方法要依次在氧气和氢气中反复地进行几周时间的热处理，耗费时间很长。这种方法可比第二种方法所使用的温度低一些，适用的材料也广一些。但这种方法要求预先知道污染物是什么，并且还要能找到容易除去反应生成物的氧化和还原气氛，因此也限制了它的使用范围。

三、覆盖表面

当有其他的原子进到表面而出现另外的表面结构时，称这种表面为覆盖表面。这些外来的原子可以来自外部，如周围环境气氛、接触物的污染以及原子溅射束；可以来自内部，即从晶体内部分离出来的杂质。把原来晶体表面称作衬底，覆盖表面就覆盖在这层衬底表面上。覆盖表面也可分为两种类型。

1. 偏析表面

由两种以上组元组成的金属（包括金属中的杂质），其表面的元素成分与体内不同，其中一种或几种多于正常体内平均值，这种现象叫表面偏析（表面富集）。这样形成的表面叫偏析表面，偏析表面示意图见表 2-1。表面偏析的本质（或偏析表面的形成）是在某些表面作用力的驱动下，元素向表面固相扩散的结果，一般表面偏析限制在几个原子层内（有时可达 20 个原子层），而且数量很小。

2. 吸附表面

研究实际表面结构时，可将清洁表面作为基底，然后观察吸附表面结构相对于清洁表面的变化。吸附物质可以是环境中外来原子、分子或化合物，也可以是由体内扩散出来的物质。吸附物质在表面，或简单吸附，或外延形成新的表面层，或进入表面层的一定深度。吸附是有选择性的，对于被吸附原子在衬底表面所处的位置则有以下几种情况：

(1) 顶吸附　被吸附原子位于衬底原子的顶部（简单覆盖层）；

(2) 桥吸附　被吸附原子位于衬底原子之间（合金覆盖层）；

(3) 中心吸附　被吸附原子位于几个衬底原子的中心（合金覆盖层）。

由于大多数金属是体心结构或面心结构，除少数金属（如金、铂）清洁表面上有再构现象外，大多数现在还没有发现明显的再构现象。但也存在着原子吸附在衬底上什么位置的问题。

当衬底的二维格子是简单的正方形格子时，吸附原子可能有图 2-4 所示四种吸附位置：四度旋转对称点（a）的位置；二度旋转对称点或桥点（b）处；某个衬底原子的顶上（c）；或者取代一个衬底原子的位置（d）。由于吸附原子所处的位置不同，可以在四方格子的衬底上形成图 2-4 所示的四种吸附模型。在这种情形下，吸附原子的二维点阵都是四方格子，而且它们的单位格子的矢量都与衬底单位格子的矢量平行，且为后者的两倍。

除上述一般情况外，对某些少数金属，如铂等的（100）面，也可能形成复杂的吸附结构。如一氧化碳分子吸附到铂的（100）面时就可形成很多种吸附结构。在图 2-5 中画出了观测到的几种吸附结构图。从图可以看到它有 a(2×2)、b(4×2)、c(5×2)、d$(\sqrt{2}\times3\sqrt{2})-45°$四种结构。

当衬底的二维格子是六角形格子时，即吸附表面是面心或体心结构的（111）表面时，吸附物有时形成简单的（2×2）的吸附结构，有时还因吸附物与衬底材料不同而形成很多复杂的结构。

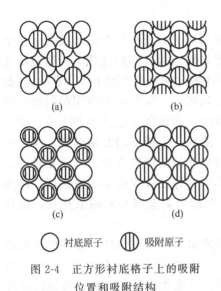

〇 衬底原子　〇 吸附原子

● 铂原子　〇 CO 原子

图 2-4　正方形衬底格子上的吸附
位置和吸附结构

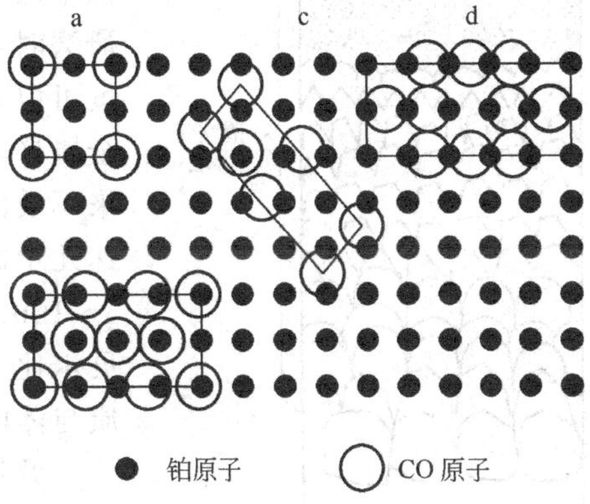

图 2-5　吸附在铂（100）面上的
CO 分子的四种二维点阵结构

四、金属表面的组织形貌

（一）金属表面的形貌

1. 基本特征

表面粗糙度与波度构成了金属表面形貌。其中粗糙度是指加工表面上所具有的微小凸凹和微小谷峰所组成，并且大体呈周期性起伏的微观几何形状的尺寸特征，主要由加工过程中刀具与工件表面间的摩擦、切屑分离工件表面层材料的塑性变形、工艺系统的高频振动以及刀尖轮廓痕迹等原因形成；波度是有规律或无规律反复性结构误差，呈波浪形。粗糙度的波距与波深之比一般为（150∶1）～（5∶1）；对于波度则可达（1000∶1）～（100∶1）。

2. 对金属表面特性的影响

上述金属表面形貌特征对金属表面自由能及对于金属与金属之间、金属与环境介质之间的接触面积，甚至对表面化学成分及组织均会产生影响，具体表现为：

① 处于粗糙不平区域的原子比具有正常相邻原子数目的原子有更高的能量，具有更高的表面自由能和表面流动性。

② 影响金属表面间的实际接触面积和接触性质。金属表面的接触，实际上是微凸体间的接触，此接触可为弹性接触，也可为塑性接触。实际接触面积与接触性质除与表面形貌有关外，还与材料的弹性模量、硬度及外加载荷有关。

③ 金属的实际表面积大于表观表面积，如经磨削的实际表面积比表观表面积大 2 倍以上，增加了与介质的实际接触面积，降低了抗蚀性能。

④ 粗糙不平的金属表面常具有与内部不同的成分及组织，这是由于机械加工时的高应力、高温度造成的，此外，也可以在金属间摩擦时形成。

在研究金属表面的性能时，其形貌的上述影响是很重要的。

（二）机械加工后的金属表面组织

在磨削、研磨、抛光等机械作用下，金属表面能形成特殊结构的表面层，如图 2-6

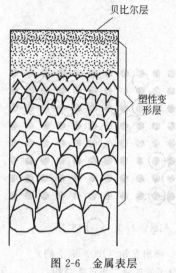

图 2-6　金属表层
组织示意图

所示。

（1）固体材料经切削加工后，在几个微米或者十几个微米的表层中可能发生组织结构的剧烈变化。例如金属在研磨时，由于表面的不平整，接触处实际上是"点"，其温度可以远高于表面的平均温度，但是由于作用时间短，而金属导热性又好，所以摩擦后该区域迅速冷却下来，原子来不及回到平衡位置，造成一定程度的晶格畸变，深度可达几十微米。这种晶格畸变是随深度变化的，而在最外约5～10nm 厚度可能会形成一种晶粒极微小的微晶层，称为贝尔比（Beilby）层，其成分为金属和它的氧化物，面性质与体内明显不同。

贝尔比层具有较高的耐磨性和耐蚀性，这在机械制造时可以利用。但是在其他许多场合，贝尔比层是有害的，例如在硅片上进行外延、氧化和扩散之前要用腐蚀法除掉贝尔比层，因为它会感生出位错、层错等缺陷而严重影响器件的性能。

金属在切割、研磨和抛光后，除了表面产生贝尔比层之外，还存在着各种残余应力，同样对材料的许多性能发生影响。实际上残余应力是材料经各种加工、处理后普遍存在的。

（2）塑变层　在"贝尔比层"下面为塑变层。该层塑变程度与深度有关，一般随深度增加，开始阶段塑变量急剧减小；到一定深度，塑变量变化不明显，直至趋向零。

塑变层一般可达 $1\sim10\mu m$，单晶体的塑变层比多晶体的塑变层深，大致与材料的硬度成反比。钢的塑变层内珠光体中的碳化物破碎成微细组织。

（3）其他变质层　在机械加工中高应力、高温度的作用下还可产生下列变质层：

① 形成双晶，对非立方结构的金属（如 Zn 等）可产生双晶。

② 相变，具有亚稳定的合金（18-8 不锈钢、β 黄铜、钢中的残余奥氏体等）可形成相变层。

③ 再结晶，低熔点金属（Sn、Pb、Zn 等）能形成再结晶层。

此外还可产生时效及表面裂纹等。

第二节　金属的表面现象

表面现象一般是指具有确切表面的固体、液体表面上产生的各种物理化学现象。如吸附、润湿、黏着等现象都是表面现象。表面现象在金属表面技术中具有重要的作用。表面现象与表面自由能有密切关系，因此与表面自由能一样，表面现象普遍存在于多相体系中。

一、吸附现象

固体表面的重要特征之一是存在吸附现象。吸附的定义是："由于物理或化学的作用力场，某种物质分子能够附着或结合在两相界面上的浓度与两相本体不同的现象"，即在界面上发生增浓现象。当固体金属表面的力场和被吸附的分子产生的力场有相互作用时，就将产生表面吸附。表面吸附是指在固/气两相系统中，分子或原子从气相到固/气交界面上的堆积。吸附现象在各种问题和过程中都具有实用意义。它是形成定向附生（随膜的"外延"生长）的第一阶段。它在催化中起重要作用，在催化过程中，一个催化表面上的不同吸附物质可能促进也可能妨碍化学反应的进行。它在真空技术中也是重要的，因为它可用来从真空室中抽吸气体（例如低温泵），当然如果要降低环境压强而必须清除吸附气体时，吸附现象就会成为一种不利因素。气体在固体表面的吸附可分为物理吸附和化学吸附两大类。

1. 物理吸附

物理吸附是指反应物分子靠范德瓦尔斯力吸附在固/气交界面上。物理吸附时，吸附原子与衬底表面间的相互作用主要是范德瓦尔斯力，吸附热的数量级约为 4.18kJ/mol。很多惰性气体在金属表面上的吸附（如 Xe 在 Ir 上，Ar、Xe、Kr 在 Nb 上的吸附）都属于这一类。这种吸附对温度很敏感，它们往往是在低温下在表面上形成的密堆积的单层有序结构。它类似蒸气的凝结和气体的液化。由于范德瓦尔斯力的作用较弱，所以被物理吸附的分子，在结构上变化不大，与原气体中分子的状态差不多。

由于物理吸附热较低，所以在低温下，表面上以物理吸附为主。

2. 化学吸附

化学吸附的吸附质与吸附剂之间本质上发生了表面化学反应，它们的粒子间有电子转移，且以相似于化学键的表面键力相结合，改变了吸附分子的结构。化学吸附有更大的吸附热，吸附原子与衬底表面的原子间形成化学键，它们可以是离子、金属或共价键。化学吸附的外来原子基本上可以有以下两种结构：吸附原子形成周期的黏附层叠在衬底顶部，形成所谓"叠层"；吸附原子与衬底相互作用形成合金型的结构（见表 2-1）。在合金的情况下，表层原子的二维周期性可能逐层改变，实际上存在一个组分与原子排列随进入晶体的深度而改变的三维结构，因此比单一叠层的情况要复杂得多。而电子转移的程度，则由固体和吸附物的性质不同而有所区别。按照吸附过程中电子转移的程度，化学吸附还可以分为离子吸附和化学键吸附。

所谓离子吸附，是指在化学吸附中，吸附剂和吸附物之间发生了完全的电子转移，或者吸附物将电子失去而交给吸附剂；或者相反，从而使吸附剂和吸附物的原子或分子变成离子，二者之间的结合是纯离子键，结合的力是正负离子之间的静电库仑力。

所谓化学键吸附，是指在化学吸附中，吸附剂和吸附物之间的电子转移不完全，即二者之一或双方提供电子作为二者的共有化电子，形成局部价键（共价键、离子键或配位键），同时，二者之间的共有化电子不是等同的。在化学键吸附中的结合力，主要是共有化电子与离子之间的库仑力。

但是，实际上在化学吸附中，除上述两种情况外，也有二者兼有的情况。

3. 吸附的位能曲线及吸附激活能

在化学吸附时，吸附剂与吸附物的分子与原子之间存在库仑力相互作用，它比范德瓦尔斯力相互作用要强很多。化学吸附中的库仑力主要是吸引力，它按 Z^{-2} 规律变化（Z 表示原子或分子离开表面的距离）。当然，当吸附物的原子离表面很近时，也有按 Z^{-13} 规律变化的斥力出现，这主要是由 Pauli 不相容原理所引起的。这两个力作用的结果，使吸附原子处于平衡位置（对应于能量的极小值）。由于库仑力作用比范德瓦尔斯力作用强，所以对化学吸附来说，吸附分子或原子的能量极小值比物理吸附时更靠近表面。

由于化学吸附时，吸附剂和吸附物之间的相互作用强，使得化学吸附热比物理吸附热要高得多。这个能量粗略地等于在吸附物与吸附剂之间发生化学反应所产生的能量。一般来说，当发生这样强的化学反应时，必定改变吸附的分子结构。例如，H_2 分子，如果事先不分解为原子 H，就不能参与强化学吸附。所以，在发生强化学吸附之前，必须对系统增加一定能量，以便使吸附物发生化学转变，即使其结构发生变化。这个增加的能量，就是产生化学吸附的激活能。例如，为了产生 H 的强吸附，我们必须提供足够的能量（加热或其他方式）使 H_2 分解为 H 原子。这个能量就是 H 化学吸附激活能。

图 2-7 给出了双原子分子从物理吸附到化学吸附过程中能量变化的曲线，曲线的交叉点是物理吸附变为化学吸附的转换点。由曲线可以看出，双原子分子的化学吸附分三步进行：①按曲线 1 先物理吸附；②由外部给体系增加激活能 E_A，使分子分解成两个原子；③固体与原子之间产生化学吸附，按曲线 2，体系进入能量的极小值。即始态的吸附质分子吸收活化能 E_A 克服势垒，在吸附剂表面的活化中心上与表面物种形成过渡态，然后转成终态的化学吸附态，能量又降低了 Q_c。图中 Q_p 为物理吸附热，Q_c 为化学吸附热，$Q_c > Q_p$。r_{op} 为物理吸附中吸附分子在平衡时离开表面的距离，r_{oc} 为化学吸附时原子在平衡状态下离开表面的距离，$r_{op} > r_{oc}$。从图中也可以看出，化学吸附的脱附能为 $Q_c + E_A$。很明显，激活能（活化能）引起吸附物的化学转变，不仅控制平衡吸附的总量，而且控制吸附过程的速率。

一般来说，吸附热和吸附激活能都是表面覆盖度的函数。随着覆盖度的增加，吸附激活能 E_A 也增加，而吸附热 Q_c 减少。

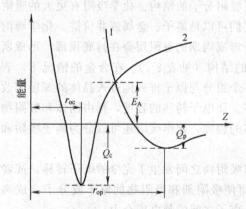

图 2-7　双原子分子系统能量与吸附物
　　　　离开表面距离的关系
　　1—分子吸附；2—两个原子的化学吸附

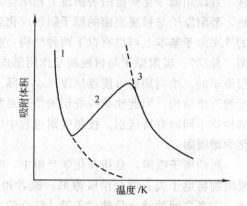

图 2-8　吸附等压线-在常压下的吸附
1—物理吸附；2—非平衡化学吸附，吸附
体积与历史状况有关；3—化学吸附

图 2-8 为一条吸附等压线（即在常压下，吸附体积与温度之间的关系）。曲线 1 表示低温区的吸附，是非激活的物理吸附。此时表面覆盖度随温度的增加而减少。在某一温度下，开始发生不可逆化学吸附，如曲线 2 所示。假如，当某个去气的样品被置于曲线 2 的温度下，在常压下暴露在气体中，因为此时激活能很低，所以迅速开始吸附。以后随着吸附体积、覆盖度的增加，激活能量 E_A 也增加，从而吸附速率降低。在足够高的温度下，由于外来能量克服了吸附激活能，将出现可逆化学吸附，吸附体积随着温度的增加而减少。但是，由于在高温区有化学反应出现，所以引起等压线变化的原因比较复杂。

4. 物理吸附和化学吸附之间的关系

物理吸附和化学吸附都是表面吸附，二者既有区别，又有联系。物理吸附和化学吸附之间的区别大致可分为如下几方面。

（1）二者的热效应不同　由上述吸附位能曲线可以看出，一般情况下，物理吸附热 Q_p 要小于化学吸附热。吸附本身是一个放热过程。利用有关自由能、焓及熵变化的热力学方程：

$$\Delta G = \Delta H - T\Delta S$$

可以看出，如果吸附是自动发生的，则过程中的自由能必定降低，于是 ΔG 为负值。由于吸附物分子被吸附后比气态时具有的自由程度降低，故 ΔS 为负值，$-T\Delta S$ 项为正值，因此 ΔH 为负值才能满足方程，说明在吸附过程中焓 H 减少，即吸附过程为放热过程。在化学吸附中，吸附热（$-\Delta H$）与化学反应热同数量级，一般为 $4.18\times10^4 kJ/mol$。而物理吸附的吸附热与液化相似，一般为几百个 $4.18J/mol$，最多不超过几个 $4.18kJ/mol$。另外，物理吸附的脱附温度一般在气体的沸点附近，而化学吸附的脱附温度要比同种气体物理吸附脱附温度高。

（2）吸附和脱附的速度不同　物理吸附类似凝聚现象，一般不需要活化能，所以吸附速度很快。化学吸附类似化学反应，也是一个活化过程，需要一定的活化能，因而吸附速度比物理吸附慢。物理吸附往往很容易脱附，而化学吸附则很难脱附，即前者是可逆的，后者是不可逆的。此外也有少量的不需要活化能的化学吸附，其吸附、脱附速度也很快。

（3）化学吸附具有选择性　化学吸附具有高度选择性，即高度的专用性。大量实验表明，特定的吸附质在吸附剂表面上产生的化学吸附随吸附剂的不同而异，且与特定金属的不同晶面有巨大关系。一种固体表面只能吸附某些气体，而不吸附另一些气体。例如，氢会被钨和镍化学吸附，而不能为铝化学吸附。

物理吸附无选择性。任何气体在任何表面上，在气体的沸点附近都可以进行物理吸附。吸附的量取决于气体的凝结性，而不是其化学性的函数。

（4）吸附层的厚度不同　化学吸附是单层吸附。对一个清洁金属表面，化学吸附是连续进行直到饱和的过程，也就是化学吸附层是由局部覆盖金属表面直至整个表面完全被单分子层覆盖的过程。一旦整个表面被单分子覆盖，化学吸附就达到了饱和，化学吸附终止。当进一步输入气体分子时，则或者发生物理吸附，或者形成某种化合物。而在物理吸附中，在低压下是单层的，在较高的相对压强下都会变成多层。

（5）吸附态的光谱不同　物理吸附只能使原吸附分子的特征吸收峰发生某些位移，或使原子吸收峰强度有所改变。而化学吸附会在紫外、红外或可见光的光谱区产生新的吸收峰。

物理吸附和化学吸附毕竟是人们按着化学作用和物理作用的概念将它们分开的。但是，由于吸附的特殊性，使得二者有一定的联系，这可由以下几个方面表现出来：①在某些情况下，由于发生物理吸附之后，吸附物和吸附剂之间的相互作用力会起到拉长某些化学键的作用，甚至使分子的化学性质改变，这样很难断言此为何种吸附；②有些化学吸附可以直接在吸附物与吸附剂之间进行，而相当多的化学吸附必须先经过物理吸附，然后再进行化学吸附；③物理吸附和化学吸附可以在一定条件下转化，如在铜上，氢分子的物理吸附，经活化而进一步与铜催化表面接近，就可以转化为解理面氢化学吸附。

物理吸附和化学吸附本质上是不同的，后者有电子转移而前者没有。

5. 金属表面吸附的影响因素

在各种表面技术中，金属表面对活性介质的吸附量是影响工艺过程的重要因素，而吸附量又是由介质（吸附物）、金属表面（吸附剂）的性质、表面形貌以及外部条件诸如温度和压力等因素所决定的。对于确定的金属表面与介质的吸附量将决定于介质的压力及温度。

6. 金属对溶液的吸附

金属对溶液的吸附过程常见于液体介质化学热处理。金属对溶液的吸附较复杂，要考虑金属表面、溶液、溶质三者间的相互关系。通常有下列关系：

① 使金属表面自由能降低越多的溶质，吸附量也越多；

② 极性吸附剂易吸附极性吸附质，非极性吸附剂易吸附非极性吸附质；

③ 溶解度小的溶质更易被吸附；

④ 对溶液的吸附也是放热过程，因此温度升高吸附量将下降。

二、润湿及黏着

1. 润湿

润湿是液体与固体表面接触时产生的一种表面现象。液体对固体表面的润湿程度可以用液滴在固体表面上的散开程度来说明。水滴在玻璃表面上可以迅速散开，但水滴在石蜡表面上却不易散开而趋于球状，见图 2-9，说明水对玻璃是润湿的，对石蜡是不润湿的。

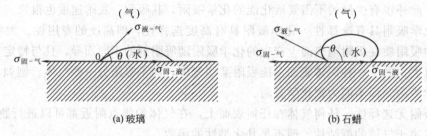

(a) 玻璃   (b) 石蜡

图 2-9 固体的润湿性与接触角

物质表面的润湿程度常用接触角（θ）来度量。接触角是在平衡时三相接触点上（见图 2-9 的 0 点），沿液-气表面的切线与固-液界面所夹的角。接触角的大小与三相界面张力有关。从界面张力的性质和图 2-9 可以看出，固-气表面张力 $\sigma_{固-气}$ 力图把液体拉开，使液体往固体表面铺开。固-液表面张力 $\sigma_{固-液}$ 则力图使液体紧缩，阻止液体往固体表面铺开。液-气表面张力的作用则视 θ 的大小而定，它有时（$\theta > 90°$）使液体紧缩，有时（$\theta < 90°$）使液体铺开。凡是能引起任何界面张力变化的因素都能影响固体表面的润湿性。若 θ 较小或接近于零，我们称这样的物质具有亲水性；反之，θ 较大，则称这样的物质具有疏水性。但是亲水性和疏水性的明确界限是不存在的，它们只是一个相对的概念，习惯上把 $\theta > 90°$ 的物质叫做不润湿，$\theta < 90°$ 的叫做润湿。这种划分是不适当的，已逐步被人们放弃了。自然界中不存在绝对不润湿的物质，所以 $\theta = 180°$ 的情况是没有的。

根据热力学最小自由能原理，若液滴表面积为 S，表面张力为 σ，则当体系处于平衡的稳定状态时，其体系的表面自由能应为：

$$E = \sigma S \qquad\qquad dE = S d\sigma + \sigma dS$$

S、σ 都可变时，为降低体系的表面自由能，应缩小界面张力大的界面，扩展界面张力小的界面。例如，一液滴在固体表面，且 $\sigma_{固-气} > \sigma_{固-液}$，则为降低体系的表面自由能，应扩展固-液表面（使液滴扩展开），这就是润湿的热力学本质。

润湿现象在表面技术中有重要作用，如在金属表面覆层技术中，润湿程度对覆层与基体的黏结强度有很大影响，在液体介质化学热处理中，熔盐对金属表面的润湿性将影响传热传质过程。

2. 黏着

液体与固体表面接触时产生润湿，而固体与固体接触时将产生黏着，润湿与黏着似乎看来是两种完全不相同的表面现象，但从热力学的角度看，它们基本上是一致的。

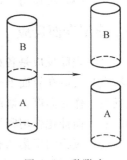

（1）黏附功　如图 2-10 所示，柱状固体 B 的下端为固体 A，当从 AB 界面处拉开之后，原来的界面 AB 不复存在，出现了两个新的表面 A 和 B，这时所消耗的功叫做黏附功（或润湿功），显然

$$W_{黏附} = \sigma_A + \sigma_B - \sigma_{AB} \text{ 或写成 } W_{固-液} = \sigma_固 + \sigma_液 - \sigma_{固-液}。$$

黏附功表征了固体与固体间的吸引强度或黏着强度。

图 2-10　黏附功示意图

（2）影响黏着的因素

① 接触状况。产生良好黏着的首要条件是表面间完全而紧密地接触。通常，固体表面达不到分子尺度的平滑，因此固体表面间的接触总是不完全。为使其接近于完全紧密地接触，可以采用多种方法。使接触表面的一相为液相，如热镀锌、钎焊，或仅使表面熔化，如摩擦焊、烧结。在这种情况下，首先是液相对固相表面润湿，造成完全接触，排除其间的气泡，液相凝固后被黏结；假设一方为气态，使反应生成物在固体表面上沉积，如化学或物理气相沉积；在一定温度及高压力下，使软材料表面产生塑性流动也可实现固体表面间的良好接触，如爆炸焊接。

② 润湿性。润湿性好，有高的黏附功表明界面结合强度大。接触角越小（即液体对固体表面的润湿程度越大），黏着强度越大。采用不同的清洗剂，可使黏着强度产生相应的变化。接触角越小（即液体对固体表面的润湿程度越大），黏着强度越大。表 2-2 表明，由于采用不同的清洗剂，使环氧树脂与钢表面的接触角不同，致使黏着强度产生相应的变化。

表 2-2　环氧树脂与钢的接触角与剪切黏着强度的关系

清洗剂	接触角	剪切黏着强度/$N \cdot mm^{-2}$	清洗剂	接触角	剪切黏着强度/$N \cdot mm^{-2}$
无	77°	28	三氯乙烷	42°	100（标准）
甲苯	59°	93	三氯甲烷	34°	113
丙酮	47°	94			

③ 固溶性。不同金属之间是否固溶对黏着的影响极大。如能固溶，则界面结合处能得到互扩散层，扩散层能与两相密切结合，并且从一相到另一相的性能变化是连续的。如果扩散层的性能不是脆弱的，产生扩展层将使黏着强度明显提高。表 2-3 说明金属间的互溶性与黏着性的关系。Ag-Fe 间的黏着系数（黏着强度/压接荷重）仅为 0.002，而可互溶的 Cu-Ni 间的黏着系数可达 0.6。为使两种不能形成扩散层的金属间得到良好地黏着，可在其间填入第三种金属（如焊锡 Pb-Sn，焊锡可与金属间形成约 $1\mu m$ 的扩散层），使金属间的黏着强度提高。

表 2-3　金属间的互溶性与黏着性的关系

可溶-黏着	不溶-非黏着	可溶-黏着	不溶-非黏着
铁-铝	铜-钼	镍-铜	银-铁
铜-银	银-钼	镍-钼	银-镍

④ 表面活化。机械处理（喷砂等）、化学处理能使金属表面活化，提高表面自由能，从而提高黏着强度。

在金属表面技术中，黏着现象具有重要作用。各种金属表面覆层技术（镀层、喷涂层、沉积层）中，覆层与基体间的结合强度与黏着性密切相关。

三、金属表面反应

金属表面反应是各种金属表面处理工艺中的一个重要过程，是一种多相反应。多相反应的特点是反应在界面上进行，或反应物质通过界面进入到相内进行。因此，多相反应除和单相反应一样受温度、浓度、压力等的影响外，还与各种表面现象、表面状态（钝化及活化）、金属的表面催化作用密切相关。

按反应物的聚集状态，多相反应可分为：

① 气-固反应，如气相沉积、金属的大气腐蚀、钢的渗碳、脱碳等；

② 液-固反应，如金属在溶液中的溶解、各种液体介质化学热处理、电化学反应等；

③ 固-固反应，在高温下石墨与钢直接接触会发生渗碳反应，但一般的固体渗碳的表面反应实际上是气-固反应；

④ 离子-固反应，如离子氮化、离子镀渗。

多相反应一般经过以下过程：①反应分子（或原子）扩散到界面上；②分子（或原子）在界面上发生吸附作用；③产生界面反应；④反应产物从界面脱附；⑤反应产物离开界面向体相内扩放。

其中进行最慢的过程是反应的控制因素。

以气体渗碳为例。①渗碳介质中的活性气氛 CO 向钢的表面扩散；②CO 被钢的表面吸附；③在钢的表面上发生多相催化反应，由于 Fe 的原子核间距（0.228nm）大于 CO 的 C 与 O 原子核间距（0.115nm），因此产生吸附后，CO 的 C—O 结合键拉开，被削弱，使下列反应加速：

$$2CO \rightleftharpoons C + CO_2$$

反应过程可写为：

$$Fe \cdot CO(吸附) + CO \rightleftharpoons Fe[C](吸附) + CO_2$$

这种金属表面具有催化作用的多相反应叫做多相催化反应；④反应产物 CO_2 由钢表面脱附；⑤CO_2 向气相介质内扩散，C 向钢的体相内扩散。

在这一类多相反应中，控制因素往往是在固相内进行的扩展过程。

金属表面的钝化及活化参考第三章基体表面前处理技术中的相关内容。

第三节　表面缺陷与表面扩散

表面缺陷及其运动规律是表面物理的一个重要课题，它的研究不仅有助于了解表面静态微观结构和动态性质，而且它和许多工艺技术（包括薄膜技术）问题交织在一起，具有广泛的实用性。

一、表面缺陷模型（TLK 模型）

清洁表面实际上不会是完整表面，因为这种原子级的平整表面的熵很小，属热力学不稳定状态，故而清洁表面必然存在台阶结构等表面缺陷。

图 2-11 为单晶表面的 TLK 模型。这个模型是由柯塞尔（Kossel）和史垂斯基

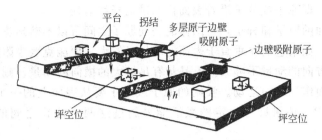

图 2-11　单晶表面的 TLK 模型

(Stranski) 分别提出的有关晶体表面模型的设想。TIK 中的 T 表示低晶面指数的平台（Terrace）；L 表示单分子或单原子高度的台阶（Ledge）；K 表示单分子或单原子尺度的扭折（Kink）。也有的称为台地-棱阶-弯结模型。由图可见，实际晶体的外表面往往不是一个密排面，而是由许多密排面的台阶构成。密排面尽管裸露在表面上，但密排面并不与表面吻合。从图中还可以看出，实际晶体表面包括很多互相平行的平台面或台面。这些平台面都与晶体内某个低面指数的原子平面平行。在两个平台面之间存在着一个边壁或棱阶（Ledge），这个边壁可以完全是平面，也可以是由一些弯折的折台组成，也即在边壁中还可能存在拐结或坎坷（Kink）。因此，TLK 模型的基本特征是，相邻原子平台被单层原子高度的边壁（或台阶）所隔开，原子壁或台阶本身呈横向凹凸状，同一原子边壁可有一个或多个拐结。在表面上存在两种基本缺陷，平台吸附原子和平台空格点。这两种缺陷也可被吸附在边壁上，从而分别形成边壁吸附原子和边壁空格点这样两种复合表面缺陷。

低能电子衍射（LEED）等实验证实，许多单晶体的表面有平台、台阶和扭折。电子束从不同台阶反射时会产生位差。如果台阶密度较高，各个台阶的衍射线之间会发生相干效应。在台阶规则分布时，表面的 LEED 斑点分裂成双重的；如果台阶不规则分布，则一些斑点弥散，另一些斑点明锐。

表面原子的束缚能可以近似地认为与最近邻和次近邻的原子数成正比，所以在边壁上的附着原子要比在平台上的附着原子键合得更牢固。在平衡时，这些不同状态的表面原子都有一定的浓度。其中，束缚能最大的位置上附着原子的浓度最大，而在平台上附着的原子浓度是非常小的。

单晶表面边壁和拐结的数目与表面的热起伏和表面的几何尺寸有关。

在热平衡条件下，若不考虑几何尺寸因素，那么表面缺陷的浓度就固定不变，而且只是温度的函数（对压强的依赖性一般可以忽略）。吸附原子、坪空格点、边壁吸附原子和（热）拐结尤其如此。定性地讲，TLK 表面的最简单的缺陷，是平台吸附原子和坪空格点。它们对表面的结合能低于其他表面缺陷，而它们在表面上的迁移率则比其他缺陷的大。故通常以吸附原子或坪空格点的运动代替表面扩散。

二、表面扩散

由表面结构的 TLK 模型可知，真实表面在这个原子尺度上都有许多缺陷，因此有许多不同位置可以安置表面原子，在图 2-11 所示表面上预计会发生如下一些扩散过程：

① 单个吸附原子也许会在跳跃过几个晶格常数长的距离后跃过一个平台；

② 吸附原子也许会沿着一个突缘的长度方向扩散；

③ 空位也许会由于接连被表面原子所充填而向四周扩散。

当然更复杂的过程也可能发生。

所谓表面扩散，即原子或分子沿着表面作二维的迁移运动。

吸附于固体表面的原子和分子，与固体的表面原子之间可以不断地进行能量的交换，从表面获得能量涨落。如果它们在垂直于表面的动量足够大，便能克服吸附能的势垒，而从表面脱附。如果垂直方向的动量不够大，但是却有足够大的横向的动量，则这些吸附的原子或分子就能够沿着表面作二维的运动。吸附的原子或分子要从表面上的一个吸附位置 A 迁移到另一个吸附位置 B，必须具有一定的激活能来越过这两个位置之间的势垒即吸附能的差值。

吸附在低能面上的原子，其结合能低而解吸率较高。但是若原子迁移到一个棱阶或弯结位置上之后，它就会结合得较牢固，解吸概率要降低。原子在解吸前的扩散距离 X_S 是：

$$X_S = \sqrt{D\tau_\alpha}$$

式中　τ_α——平均吸附时间；

　　　D——扩散系数。

一些实验结果证实，边壁的生长速度要比直接碰撞在主晶面或坪台上的生长速度快得多，原因就在于吸附在主晶平面上的原子横向迁移（扩散）到边壁上才会被牢固地俘获，在主晶面上没有原子俘获的位置。但必须指出，若在这些主晶面上有间距小于 X_S 的台阶存在，而且这些台阶棱边上还有间距小于 X_S 的拐结的话，那么入射到表面上的原子到达拐结的位置的概率就大。这样，晶棱不再从晶面上接受原子，晶面和晶棱都可以用与粒子直接碰撞的生长速度生长。也就是说，若表面上俘获位置的密度大于 $1/X_S^2$，则该俘获效果几乎与高能晶面相同。

相对晶界和体扩散而言，表面扩散所需的激活能最小，即单个原子或分子沿金属表面的扩散速度最快，这主要是由于单个原子或分子在表面上可能迁移运动的间隙位置相对在体内要多些或者说有"附加的自由度"。例如坪台上吸附的原子甚至可能跳过最邻近的一个原子的顶部迁移到较远的间隙位置。同时，在表面单个原子或分子的平均跳动频率高，因而它们的迁移率都比在体内的大些，这两方面原因的综合最终导致了表面扩散比体内扩散要快得多。

最后指出，表面扩散不仅依赖于外界环境（温度、气压等），还取决于晶体面化学组分、晶格结构、电子结构及与之相关的表面势。例如，表面再构和表面弛豫效应将改变晶体表面原子密度和电子密度，使表面势相应地变化，通过库仑力相互作用而影响表面原子或离子的扩散。

第四节　涂层形成机制

不同涂层形成的机制不同。以下分别叙述金属涂层、无机非金属涂层、有机涂料涂层的形成机制。

一、金属涂层形成机制

1. 表面高温熔融形成机制

（1）热喷涂层形成机制　热喷涂材料（粉末或线材）经热源（火焰或电弧）加热至熔化或半熔化态，用高压气流令其雾化并喷射于工件上，塑态雾化金属粒子以很高的速度打到工件表面，形成片层状结构，堆集成涂层。热喷涂层经高温熔融，可成为冶金结合涂层（喷焊层）。

值得指出的是，热喷涂金属粒子打击工件在其表面得以形成致密涂层。热源提供高温令金属粒子处于塑性态当然很重要，但所形成涂层的"致密性"却主要是粒子速度的贡献，用其打击力而不是将其转化为热能。

（2）热浸镀层形成机制　将经过表面处理的金属工件放入远比工件熔点低的熔融金属中，工件表面上就镀上一层金属镀层。热浸镀层金属一般为锡（熔点 231.9℃）、锌（熔点 419.5℃）、铝（熔点 658.7℃）、铅（熔点 327.4℃）。以热浸镀锡为例，试述其形成涂层机制。

在 300℃时，铁与锡相互反应生成 $FeSn_2$。当经过前处理的钢板进入含有氯化锡及氯化锌的熔剂时，形成铁锡合金：

$$ZnCl_2 + 2H_2O \longrightarrow Zn(OH)_2 + 2HCl$$
$$FeO + 2HCl \longrightarrow FeCl_2 + H_2O$$
$$Fe + 2HCl \longrightarrow FeCl_2 + H_2$$

生成的氯化亚铁（$FeCl_2$）与炼锡（Sn）反应，生成 $SnCl_2$ 及 $FeSn_2$：

$$3Sn + FeCl_2 \longrightarrow SnCl_2 + FeSn_2$$

生成的化合物 $FeSn_2$，一部分附在钢板上，另一部分进入锡槽形成锡渣。附着 $FeSn_2$ 层的钢板再进入炼锡中浸镀锡，炼锡再附着在 $FeSn_2$ 上最终形成热浸镀（涂）层。

（3）堆焊层形成机制　焊接材料（焊条或焊丝）在热源（焊接电弧）作用下熔化并涂敷于工件表面形成堆焊层。堆焊层与基体金属的结合为冶金结合，其结合强度高，抗冲击性能好。

（4）热烫印层的形成　热烫印层形成机理见图 2-12。常用热烫印工艺中用的箔为电化铝箔，故热烫印亦称为烫印电化铝。所谓热烫印，指在一定的压力和温度下，将金属箔或颜料箔烫印到承印物上的工艺。电化铝烫印的实质是利用热压作用，将铝层转印到承印物表面。所用的电化铝箔由四层构成：基膜层、醇溶性染色树脂层、铝层、胶黏层。基膜层一般采用涤纶薄膜，在基膜层上涂布醇溶性染色树脂层，然后在其上喷镀电化铝层，最后在铝层上再涂布一层胶黏剂，这样就形成了用于热烫印的电化铝箔。

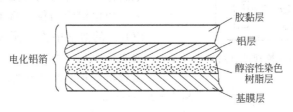

图 2-12　热烫印层形成机理

在一定温度和压力共同作用下，热熔性的有机硅树脂脱落层和胶黏剂层受热熔化，有机硅树脂在熔化后与铝层的黏结力减小，最终铝层与基膜层可以剥离；而特种热敏胶黏剂在热的作用下黏结力迅速升高，同时在压力作用下将铝层粘接在基体（承印物）上。在压印平板分离后的 0.5～1s 内，胶黏剂从热熔状态转为冷却固化，使电化铝层-热烫印层被牢固烫印在承印物表面。

在热烫印过程中，电化铝箔四层的作用分别是：基膜层起支撑其上三层涂层的作用。醇溶性染色树脂层决定了电化铝层的色彩，还使铝涂层与基膜层结合在一起，且在烫印的温度和压力下，能够保证铝涂层与基膜层分离，以便铝层可迅速从基膜上脱离转印到承印物上。醇溶性染色树脂是由具有成膜性、耐热性、透明性等主要特性相适应的三聚氰胺醛类树脂、有机硅树脂等和染料所组成的。镀铝层是气态铝在真空条件下均匀附在颜色层表面的，在热烫印过程是承印的主体。胶黏层的作用是使电化铝层在热烫印时能在压力的作用下粘接到被烫印的材料上去，要求其在烫印温度下熔融，其黏结力要大于脱离层。胶黏层的主要成分是甲基丙烯酸酯等或虫胶。

（5）真空熔结涂层的形成机制　将熔点低于基体金属熔点的合金粉末涂敷于工件表面，在真空炉中加热熔化，与基体金属进行液-固相扩散互溶，冷却后在工件表面即形成接近平衡相的涂层。

（6）自蔓延高温合成涂层的形成　利用涂层材料之间的高效热反应放出的热量，将反应生成物熔化、凝固后在工件表面即形成所需涂层。例如，利用 Fe_2O_3 与 Al 的高放热反应制出的钢-Al_2O_3 陶瓷复合管，在钢基体上是自蔓延高温合成的金属陶瓷-Al_2O_3 涂层。

（7）铸渗涂层的形成机制　将涂层材料涂敷于铸模表面上，利用液体金属（高温加热状态下）与涂层材料的相互作用，冷却后在铸件表面形成合金化涂层。这项技术是涂层技术与浇注工艺相结合的新工艺。

（8）电火花涂层的形成机制　利用脉冲电流的充放电原理，工件为负极，合金化材料、硬质合金、石墨为正极，两极（正极与工件）间电火花放电产生巨大热量令工件表面熔化，正电极材料被扩散到熔池中，冷却后形成电火花涂层。

2. 电沉积形成机制

这类涂层形成方式是利用直流电从电解液中将金属离子还原，在工件（阴极）上析出并不断沉积形成涂层。

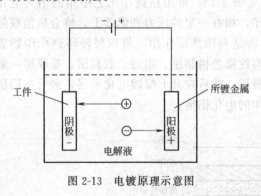

图 2-13　电镀原理示意图

（1）电镀层的形成机制　电镀是一种电化学（也是一种氧化还原）过程，如图 2-13 所示。金属工件（或经导电处理的非金属件）为阴极，所镀金属或合金为阳极，分别挂于铜或黄铜制的电极上而浸入含有镀层成分的电解液中，并通入直流电。

以电镀镍为例，将工件浸入金属盐（$NiSO_4$）的溶液中作为阴极，金属镍板为阳极，通直流电后工件上因氧化还原反应沉积出金属镍沉积层。氧化还原过程为：

$$Ni^{2+} + 2e^- \longrightarrow Ni$$

$$2H^+ + 2e^- \longrightarrow H_2 \uparrow （氢气）$$

在镍阳极板上镍金属失去电子变成镍离子，有时还有副反应，即

$$Ni \longrightarrow Ni^{2+} + 2e^-$$

$$4OH^- \longrightarrow 2H_2O + O_2 \uparrow + 4e^-$$

（2）电刷镀层的形成机制　电刷镀实质上是局部电镀，涂层形成机理与电镀层相同，只是过程有别。刷镀时，专用电源的负极接工件，正极接镀笔。镀笔上的不溶性阳极用棉花、海绵或泡沫塑料包好，蘸上电镀液直接与工件接触时就可以电镀。刷镀时镀笔需沿工件表面运动，沉积层很薄，电解液中金属离子浓度很高，使用的电流密度比槽镀大几倍到几十倍。

3. 化学沉积形成机制

在化学镀中，金属离子是依靠在溶液中得到所需要的电子而还原成金属沉积在工件表面形成涂层的。以下以化学镀银层的形成叙述其形成机理。

将具有一定催化作用的工件表面与电解质溶液相接触，在无外电流通过的情况下，利用化学物质还原作用，将有关物质沉积于工件表面形成与工件结合牢固的镀覆层。电解质溶液（银氨液）由 $AgNO_3$、$NaOH$ 及 $NH_3 \cdot H_2O$ 加离子水组成。其反应方程如下：

$$AgNO_3 + NH_3 \cdot H_2O == AgOH\downarrow + NH_4NO_3$$

$$AgNO_3 + NaOH == AgOH\downarrow + NaNO_3$$

$$AgOH + 2NH_3 \cdot H_2O == Ag(NH_3)_2OH + 2H_2O$$

$$C_6H_{12}O_6 + Ag(NH_3)_2OH == Ag\downarrow + NH_3 + H_2O + C_6H_{12}O_6 \cdot NH_4$$

银原子析出沉积在工件表面形成银涂层。

4. 气相沉积形成机制

① 物理气相沉积技术是指在真空条件下，用物理的方法将欲成为镀层的材料气化成原子、分子，或使其电离成离子，再通过气相过程在工件表面沉积成涂层（膜）。物理气相沉积技术包括真空蒸镀、溅射镀、离子镀。真空镀指在真空条件下加热成膜材料，使其蒸发气化成原子或分子，并沉积于工件表面形成涂层。溅射镀是在充有一定氩气的真空条件下，采用辉光放电技术，将氩气电离产生氩离子，氩离子在电场力的作用下加速轰击阴极，使阴极材料被溅射下来沉积到工件表面形成涂层。离子镀则是在真空条件下，利用各种气体放电技术，将蒸发原子部分电离成离子，同时产生大量高能中心粒子沉积于工件表面形成涂层。

物理气相沉积涂层形成过程均可归结为三步：第一步是成膜材料的气化，即成膜材料的蒸发、升华、被溅射、分解，也就是成膜材料的源；第二步为成膜材料的原子、分子或离子从源到基片的迁移过程，在这一过程中粒子间可能发生碰撞，产生离化、复合、反应、能量的变化和运动方向的改变等一系列复杂过程；第三步是成膜原子在工件（基片）表面的吸附、堆集、形核和长大，到最终形成涂层（膜）。

② 化学气相沉积是指在一定的温度条件下，混合气体与基体表面相互作用，使混合气体中的某些成分分解，并在工件表面形成金属或化合物的涂层（膜）。这里的关键是：第一是作为初始混合气体气相与基体固相界面的作用，即各种初始气体之间在界面上的反应来产生沉积，或是通过气相的一个组分与基体表面之间的反应来产生沉积；第二是沉积反应必须在一定的能量激活条件下进行。一般情况下，产生气相沉积的化学反应必须有足够高的温度作为激活条件。在有些情况下，可以采用等离子体或激光辅助作为激活条件，以降低沉积反应的温度。

总之，化学气相沉积就是利用气态物质在固体（工件）表面进行化学反应，生成涂层的过程。其典型特点是通过沉积材料的挥发物、化合物的化学反应，形成不挥发的涂层（膜）。根据化学反应式的形式，CVD 可分为热分解、还原和置换反应沉积，其典型反应式为：

热分解 $$Ni(Co)(s) \longrightarrow Ni(s) + Co(g)$$

还原 $$MoCl_5(g) + \frac{5}{2}H_2(g) \longrightarrow Mo(s) + 5HCl(g)$$

置换 $$TiCl_4 + CH_4(g) \longrightarrow TiC(s) + 4HCl(g)$$

CVD 能在较低温度下制备难熔物质，且纯度高、致密，能制备单质、化合物及复合材料。它与物理气相机积的最大区别就是前者发生化学反应，后者则不发生化学反应。

5. 扩散涂层形成机制

扩散涂层是利用化学反应和物理冶金相结合的方法改变金属材料表面的化学成分和组织结构而形成的，又称为化学热处理。

（1）基本工艺过程

① 活性原子的产生。通过化学反应产生活性原子或借助一些物理方法使欲渗入的原子的能量增加，活性增加。

② 材料表面吸收活性原子。活性原子首先被材料表面吸附，进而被表面吸收。此过程为一个物理过程。

③ 活性原子的扩散。材料表面吸收了大量活性原子，表面层该原子浓度大大提高，于是为渗入原子的扩散创造了条件。活性原子不断地渗入表面层，经扩散即形成一定深度的扩散涂层。

（2）扩散条件　扩散涂层的形成有两个必须满足的条件，否则难以成功。

① 渗剂原子的活化。渗剂原子可以来源于热喷涂、热浸镀、电镀、电泳、化学镀、粉末包装，使渗剂原子得以与工件（基体）表面直接接触。扩散是各种原子在体系中的均匀化的过程，扩散的原子必须得到足够能量才能以一定速度移动，即原子必须活化，为此须加热。但温度过高会使基体金属晶粒过分长大，并引起脱碳现象，导致基体金属性能下降，故加热应有一个限度。目前的活化方法是利用金属氯化物在高温下发生置换和还原反应，获得大量活化的渗剂原子。以钢铁为基体时，发生下列反应：

$$MCl_2 + H_2 \Longrightarrow M + 2HCl$$
$$MCl_2 + Fe \Longrightarrow FeCl_2 + M$$

式中，M为二价的渗剂金属。对于上列两种反应进行的可能性，可从计算平衡常数的大小得到解答。计算得知，利用还原反应式及置换反应式是可以在钢铁基体上沉积出活化的金属原子（如铬原子）的。

② 渗剂原子的尺寸。活化的原子可否向基体金属内部扩散是与许多因素有关的，但其中重要的因素是原子尺寸。金属点阵中原子间距约 0.4nm 左右，故只有尺寸较小的渗剂原子才可能从基体原子的间隙扩散进入金属内部。这类原子有碳、氢、氧、氮等，于是有渗碳、渗氮、碳氮共渗等工艺。但一种金属原子要想扩散进入另一种金属中，间隙扩散可能性较小，一般认为是渗剂金属原子进入空位（金属内部晶格中的空位），空位也向相反方向移动。若渗剂金属原子比基体金属原子直径大很多，则其将无法扩散进入，即使勉强进入，也会造成点阵畸变，令固溶体处于不稳定态。通常认为，与基体金属原子直径之差约在 16% 以下的金属元素，才有可能扩散进入基体金属。图 2-14 为扩散涂层形

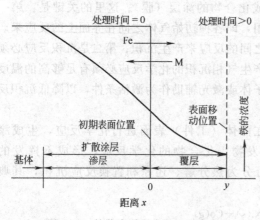

图 2-14　扩散涂层形成过程示意图

成过程示意图。由图 2-14 可见，在高温扩散时渗剂金属原子的基体（铁）中扩散，基体中铁也向沉积层（覆层）中扩散。扩散结果是试样尺寸增加。

6. 离子注入及冲击镀涂层形成机制

（1）离子注入涂层形成机制 离子注入是将工件（金属、半导体材料、合金、陶瓷等）放置在离子注入装置的真空靶室中，再将所需要的各种元素（金属或非金属）离子加速，使它们形成数万乃至数百万电子伏特（eV）能量的离子束流，并注入到工件表层，令表层发生物理、化学和冶金性能的变化，从而形成不同于基体材料的一个功能层。由于离子注入深度较浅（一般$<0.1\mu m$），因此离子注入涂层很薄。

（2）冲击镀层形成机制 冲击镀是将待镀金属工件放在辊筒内，同时加入镀覆用的金属细粉、冲击物料玻璃珠、水以及促进冲击镀的化学促进剂。当辊筒转动后，镀覆的金属颗粒由于冲击而沉积在工件表面形成所需涂层。冲击镀主要是令金属颗粒在冲击力作用下打击到工件而形成涂层，这完全靠机械力，故亦称之为机械镀。

冲击镀中，冲击物料一般用$5\sim100$目玻璃珠，金属颗粒则可以是锌粉（平均粒度$3\mu m$）、锡粉、钢粉（$100\sim125$目）。促进剂则可由柠檬酸（无水）、硬脂酸、硫酸氢钠等配制而成。

7. 表面粉末冶金涂层形成机制

粉末冶金是将粉末原料混合压制成毛坯后加热，或边压边加热到低于熔点的温度下，保温一段时间令材料致密化、坚实化、烧结成型。表面粉末冶金是将混合好的粉末加热加压在工件表面形成涂层。下面以电接触热焊粉末涂层形成为例说明其形成机制。

将混合好的粉末制成毛坯后加压，在加压初期，粉末密度小，初始电阻大，无电流通过，粉末被逐渐压实。随粉末压实程度增加，电阻减小，电流增加，粉末被加热。随温度升高，粉末的塑性变形使颗粒接触面增大，表面膜被破坏，气孔率减小，电阻趋于稳定。在高温高压下形成烧结涂层。

二、非金属涂层形成机制

1. 有机涂料涂层形成机制

涂料涂层是将可固化的黏结剂（漆料）、硬质颗粒（颜料）、溶剂等组成的涂料涂敷在工件表面，干燥固化后形成涂层。黏结剂多为高分子聚合物，如天然树脂、合成树脂以及成膜后能形成化合物的有机物。涂料涂层形成遵循高分子材料固化反应的基本规律。不同有机涂料涂层形成机制有以下6种。

（1）氧化聚合型 一些用干性油或半干性油制成的涂料，在涂装于工件表面后与空气中的氧发生氧化聚合作用而形成涂层。

涂料用油主要是植物油。油脂的化学名称是十八碳烯酸（脂肪酸）的甘油三酸酯，其结构为：

$$
\begin{array}{lll}
CH_2OH & HOOCR^1 & CH_2-OOCR^1 \\
| & & | \\
CHOH & + HOOCR^2 \longrightarrow & CH-OOCR^2 \quad +3H_2O \\
| & & | \\
CH_2OH & HOOCR^3 & CH_2-OOCR^3 \\
\text{甘油} & \text{脂肪酸} & \text{甘油三酸酯}
\end{array}
$$

式中，R^1、R^2、R^3分别表示脂肪酸的烃基部分，COOR为脂肪酸基，是体现油类性质的主要部分。脂肪酸是一系列同系物的总称。结构中含有双键的称不饱和脂肪酸，不含双键的称饱和脂肪酸。

　　根据油脂中脂肪酸化学结构中含双键多少，即不饱和度用碘值表示，分为干性油、半干性油、不干性油。干性油碘值约在 $140gI_2/100g$ 以上，油分子中平均双键数超过 6 个，这种油在空气中易氧化干燥成膜且几乎不溶于有机溶剂，如桐油、亚麻仁油等；半干性油碘值约 $100\sim140gI_2/100g$，平均双键数在 4～6 之间，这种油在空气中能干燥成膜，但速度慢、漆膜软，加热可软化及熔融，易溶于有机溶剂，如豆油、玉米油、葵花子油等；不干性油碘值在 $100gI_2/100g$ 以下，平均双键在 4 个以下，在空气中不能干燥成膜，如蓖麻油、椰子油等。

　　干性油形成涂层主要是氧与干性油中不饱和脂肪酸分子结构中双键反应的过程。当油脂涂成薄膜后与氧发生氧化聚合作用，打开双键，再经过一系列反应使油失去流动性而形成固体涂层。例如，桐油是很好的干性油，它含的脂肪酸主要是桐油酸（约为 88％～99％）。桐油酸 $CH_3(CH_2)_3CH=CHCH_2CH=CHCH_2CH=CH(CH_2)_7COOH$ 含有 3 个共轭双键，易产生氧化聚合作用，干燥结膜快，一般用作涂敷木器、雨伞、车辆等。这类漆可在常温下干燥成膜。干燥分两个阶段：第 1 阶段是溶剂从涂层中挥发出来；第 2 阶段是进行氧化-聚合反应，形成坚韧涂层。凡是含干性油改性的漆，涂层形成机制均是氧化聚合型。如常用的清油、厚漆、酚醛漆、醇酸漆均是。

　　（2）溶剂挥发型　这类涂料主要是靠溶剂挥发形成涂层。常温下干燥成膜，在干燥过程中一般涂层物质的分子结构没有发生显著的化学变化，如常用的硝化纤维素漆（硝基漆）、热塑性丙烯酸漆、虫胶漆等。这种漆一般采用由多种溶剂混合而成的溶剂。

　　（3）固化剂固化型　这一类涂料固化成涂层的机理是靠固化剂中的活性基引起成膜物质中分子交联而固化的。如环氧树脂中的环氧基 与固化剂分子结构中的氨基—NH_2 或—NH—起反应，生成体型网状立体结构的产物，把填料等网络固定下来，涂层与基体形成物理、化学和机械结合。以下以环氧涂层为例说明涂层形成过程。固化剂中的伯胺和仲胺含有活泼的氢原子，易与环氧基发生亲核反应，使环氧树脂交联化。固化过程分为 3 个阶段加以说明。

　　第 1 阶段：伯胺与环氧树脂反应，生成带仲氨基的大分子。

　　第 2 阶段：仲氨基再与另外的环氧基反应，生成叔氨基的更大的分子。

第 3 阶段：剩余的氨基、羟基发生反应。

（醚化反应）

结果是环氧树脂与固化剂形成网状立体大分子，把填料包容固定在工件表面形成涂层。

（4）加温固化型　分两种情况。

① 热涂装冷却固化型。即这类涂料在加热状态下涂装，冷却后固化形成涂层。例如在工件加热状态下（预热工件），环氧粉末以静电喷涂（吸附）或沸腾床涂敷于工件表面，然后加热，令其交联固化形成涂层。沥青在加热状态（热流体）涂敷于工件表面，冷却后固化形成涂层。

② 加热烘烤聚合型。这类涂料涂装后，需加热烘烤，令涂料中分子的官能团发生交联反应而固化形成涂层，如各种烤漆（氨基醇酸烤漆、沥青烤漆、有机硅烤漆等）、热固化丙烯酸漆。

（5）生物酶催化型　这类涂料主要指大漆。天然大漆由漆酚、漆酶、树胶质及部分水分组成。其中漆酚是大漆的主要成分，占 $30\%\sim70\%$，含量越高，质量越好。它能溶解于有机溶剂中。大漆形成涂层的机制是：漆酚由于漆酶（一种氧化酶）的催化作用，在空气中氧化为醚类化合物，并与漆酚的不饱和侧链同时进行氧化聚合，形成大的网状结构涂层。漆酶温度在 $40℃$、湿度 80% 时活性最大，故大漆涂层在阴湿环境下"阴干"最为有利。当环境的 pH 值<4 或 pH 值>8 时活性消失，pH 值为 6.7 时活性最好。

大漆涂层的特点是：涂层坚硬而富光泽，耐久性、耐酸性、耐油性、耐水性、耐土壤腐蚀性均较好。

（6）电沉积型　这类涂料成膜的典型是电泳。其成膜机制是：工件放入电解液中，并与电解液中另一电极分别接在直流电源两端，构成电解电路。电解液为导电的水溶性或水乳化的涂料。涂料溶液中已被离解的阳离子在电场力作用下向阴极移动，阴离子向阳极移动，这些带电的树脂离子连同被吸附的颜料粒子一起电泳到工件表面形成涂层。这种电泳涂层表面均匀，附着力好，且生产效率高。

2. 无机涂料涂层形成机制

无机非金属涂料主要指硅酸盐材料及有色矿物等，其涂层形成机制有下列 3 种。

（1）高温熔融固化——瓷釉层形成机制　瓷釉层包括搪瓷和上釉，由高温烧制而成。将硅酸盐瓷釉材料分别涂敷于钢铁和陶瓷表面，经高温煅烧形成良好致密的玻璃质涂层。从本质上讲，搪瓷和上釉是熔融陶瓷非晶化。

（2）常温化合形成涂层　这类涂料材料包括水泥、水玻璃、石灰等，一般采用湿法涂装，在空气中发生反应或本身发生化学反应而形成涂层。水泥属水硬型反应形态，属于此类的有硅酸盐水泥、矾土水泥、石膏。水玻璃则属干燥型反应形态，由硅酸（SiO_2）和碱（Na_2O、K_2O、Li_2O）构成的最简单的双组分玻璃，干燥后成为玻璃状块体。石灰在涂覆后与空气中 CO_2 反应生成 $CaCO_3$。当前建筑墙面用的三类涂料：水泥类、水溶性硅酸盐类、水分散型二氧化硅胶体类均属这类涂层形成方式。

（3）粘接形成涂层　这类涂料一般由有色矿物与某种胶黏剂混合构成，涂装后干燥团化形成涂层。例如，一些内墙涂料由碳酸钙等矿物加 107 胶或 803 胶构成，某些墙壁涂料由氧化铁红加胶水构成；远红外涂料、发光物质涂料、磁粉涂料也常用粘接剂（如硅溶胶）形成涂层。

3. 塑料涂层形成机制

塑料涂层亦称为涂塑。塑料与油漆不同，它不含溶剂，是将塑料粘接在工件表面形成高分子聚合物涂层。热塑性塑料使用较高分子量的树脂，粉末熔化后不发生交联反应固化成涂层（膜），一般用液态施工，很少用静电喷涂。热固性塑料使用低分子量树脂，加热熔化后与固化剂发生交联，形成三维结构的固化膜，主要用静电喷涂法、流化床法、火焰喷涂法。热塑性塑料应用较多的是聚乙烯、尼龙等；热固性塑料应用较广的是环氧树脂。塑料涂层的形成过程也遵循高分子聚合物的固化规律。

 复习思考题

1. 什么是结晶固体的表面？实际表面区分为哪两个部分？每部分又由哪些层组成？
2. 分别解释三类固体表面：理想表面、清洁表面和覆盖表面。
3. 简述常见清洁表面的结构和特点及获得方法。
4. 简述金属表面形貌对金属表面特性的影响。
5. 金属的表面现象有哪些？
6. 简述物理吸附和化学吸附之间的关系。
7. 影响黏着的因素有哪些？
8. 金属表面的多相反应有哪些？
9. 什么是单晶表面的 TLK 模型？在 TLK 模型的表面上会发生哪些扩散过程？
10. 简述金属涂层和非金属涂层的形成机制。

第三章

基体表面前处理技术

通过表面预处理制备出清净的待加工表面是形成各种牢固的涂层或膜层的先决条件。表面预处理的好坏，不仅在很大程度上决定了各类覆盖层与基体的结合强度，还往往影响这些表面生长层的质量，如结晶粗细、致密度、组织缺陷、外观色泽及平整性等。表面改性技术一般是通过基体材料表面的化学成分或组织结构发生变化而达到改性的目的，清净的待加工表面也是保证其工艺过程顺利进行和得到高质量改性层的基础条件。

金属原始表面一般覆盖着氧化层、吸附层及普通沾污层，如图 3-1 所示。所谓清净表面是指去除了这些自然形成的覆盖物，显露出金属自然色泽和表面晶体结构的表面。

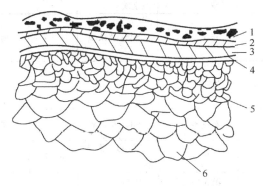

图 3-1　金属原始表面示意图
1—普通沾污层；2—吸附层；3—氧化层；
4—贝氏层；5—变形层；6—基体

表面前处理的主要内容就是选择适当的方法去除自然覆盖物，达到与各种表面技术所要求相符的清净度。生产中，前处理通常分为下列几个步骤：

① 表面整平，用机械法使零件达到适当的表面粗糙度；
② 脱脂，用化学或电化学方法除去表面油脂；
③ 酸洗（除锈），用化学或电化学方法除去表面氧化物；
④ 浸蚀，用电化学方法活化表面。

前处理技术发展的总趋势是：高效、低污染（环保型）前处理材料及工艺的研究；高效（高自动化）、低能耗前处理设备的研制。

第一节　表　面　整　平

表面整平一般采用磨光、抛光、滚光、振动磨光、刷光、塑料整平和成批光饰。

一、磨光

磨光工具包括磨光轮和磨光带。磨光轮或磨光带上粘有磨粒，利用粘有金刚砂或氧化铝等磨料的磨轮在高速旋转下以 $10\sim30m/s$ 的速度磨削金属表面，除去表面的划痕、毛刺、焊缝、砂眼、氧化皮、腐蚀痕和锈斑等宏观缺陷，提高表面的平整程度。根据要求，一般需选取磨料粒度逐渐减小的几次磨光。当然，对磨料的选用应根据加工材质而定，见表 3-1。

表 3-1　常用磨料及用途

序号	磨料名称	成分	物理性质				用途
			莫氏硬度	韧性	结构形状	外观	
1	人造金刚砂（碳化硅）	SiC	9.2	脆	尖锐	紫黑闪光晶粒	铸铁、黄铜、青铜、锌、锡等脆性低强度材料的磨光
2	人造刚玉	Al_2O_3	9.0	较韧	较圆	洁白至灰暗晶粒	可锻铸铁、锰青铜等高韧性高强度材料的磨光
3	天然刚玉（金刚砂）	Al_2O_3、Fe_2O_3 及杂质	7～8	韧	圆粒	灰红至黑色砂粒	一切金属的磨光
4	硅藻土	SiO_2 及杂质	6～7	韧	较尖锐	白色至灰红色粉末	通用磨光抛光材料,宜磨光或抛光黄铜、铝等较软金属
5	浮石		6	松脆	无定形	灰黄海绵状块或粉末	适用于软金属及其合金、木材、玻璃、塑料、皮革等的磨光及抛光
6	石英砂	SiO_2 及杂质	7	韧	较圆	白至黄色砂粒	通用磨料,可用于磨光、抛光、滚光及喷砂等
7	铁丹	Fe_2O_3 及杂质	6～7			黄色至黑红色粉末	用于钢、铁、铅等材料的磨光与抛光
8	抛光用石灰	CaO				白色块状	一切金属的抛光
9	氧化铬	Cr_2O_3				灰绿色粉末	不锈钢、铬等的抛光

依磨光轮本身材料的不同，又可分为硬轮和软轮两类。如零件表面硬、形状简单或要求轮廓清晰时宜用硬轮（如毡轮），表面软、形状复杂的宜用软轮（如布轮），新轮或长时间使用后的旧轮一般都需用骨胶液黏结适当型号的磨料。

二、抛光

抛光是用抛光轮和抛光膏或抛光液对零件表面进一步轻微磨削以降低粗糙度，也可用于镀后的精加工。抛光轮转速较磨光轮更快（圆周速率 20～35m/s）。抛光轮分为非缝合式、缝合式和风冷布轮。一般形状复杂或最后精抛光的零件用非缝合式；形状简单或镀层用缝合式；大型平面、大圆管零件用风冷布轮。常用抛光膏及用途见表 3-2。

表 3-2　常用抛光膏及用途

抛光膏名称	用途
白抛光膏	镍、铜、铝及其合金等软金属,有机玻璃、胶木及要求低粗糙度的精抛光
黄抛光膏	钢铁
绿抛光膏	铬、合金钢等硬质金属
红抛光膏	金、银等贵金属、钢铁

三、滚光

滚光是零件与磨削介质（磨料和滚光液）在辊筒内低速旋转而滚磨出光的过程，常用于小零件的成批处理。辊筒多为多边筒形。滚光液为酸或碱中加入适量乳化剂、缓蚀剂等。常用磨料有钉子头、石英砂、皮革角、铁砂、贝壳、浮石和陶瓷片等。

四、振动磨光

振动磨光是将零件与大量磨料和适量抛磨液置入容器中，在容器振动过程中使零件表面平整光洁。常用磨料有鹅卵石、石英砂、陶瓷、氧化铝、碳化硅和钢珠等。

抛磨液是表面活性剂、碱性化合物和水。振动磨光效率比滚光高得多，且不受零件形状的限制，但不适宜于精密和脆性零件的加工。

五、刷光

刷光是把刷光轮装在抛光机上，用刷光轮上的金属丝（钢丝、黄铜丝等）刷，同时用水或含某种盐类、表面活性剂的水溶液连续冲洗去除零件表面锈斑、毛刺、氧化皮及其他污物，还可用于装饰目的进行丝纹刷光和缎面刷光等。

六、塑料整平

对塑料的浇口和飞边，可用碳化硅磨光带磨光。碳化硅粒度应逐渐变小，磨光速度为 $15\sim25m/s$。用磨光轮，速度为 $10\sim15m/s$。热塑性塑料因耐热性差，可湿磨；热固性塑料可湿磨，也可干磨。抛光塑料选用潜料细而软的抛光液，用软抛光轮，或最好用带有风冷的皱褶式抛光轮。抛光时压力要小，速度在 $10\sim15m/s$ 左右，防止塑料过热。

七、成批光饰

成批光饰是指将工件与磨料、水及化学促进剂一起放到容器中进行加工，以达到除锈、除油、令锐角和钝边倒角、降低表面粗糙度的目的。成批光饰的特点是：一次可"成批"处理多个工件，效率高、成本低。成批光饰分为普通光饰、振动光饰、旋转光饰、离心盘光饰、离心滚光5种。见表3-3。

表3-3 不同成批光饰方法的比较

光饰方法		优 点	缺 点
普通光饰	普通滚光	成本低、设备简单、易维修	速度慢、零件尺寸受限制,加工过程中检查零件必须停车
	振动光饰 筒形振动机	加工速度较快,零件尺寸不受限制,可在加工过程中检查零件	速度比高能光饰慢
	振动光饰 碗形振动机	磨削比较柔和,可得到质量比筒形振动机高而清洁的光饰表面,可在加工过程中检查零件	速度比筒形振动机慢,零件尺寸受限制
高能光饰	离心滚光	速度快、零件间的碰撞小,可处理脆面精密的零件,能提高基本材料的疲劳强度	只能处理小零件,设备成本高,不能在加工过程中检查零件
	离心盘光饰	速度快,可在加工过程中检查零件	设备成本高,零件尺寸受限制
	旋转光饰	速度很慢,零件不发生碰撞	零件尺寸和形状受限制,每次加工的零件数量受限制,生产成本高

第二节 表面清洗

表面清洗的目的是：作为前处理工序的一部分，为下一步涂装或其他表面加工（如电镀、热喷涂等）打基础；作为一项单独表面处理技术，可提高工件寿命或恢复工件原状态或节能需要（锅炉清除水垢，提高热效率）；消除工件（设备）隐患，提高安全性（如传热设备局部过热可通过清洗来解决），消毒，灭菌，除放射性污染，有利于人体健康。

各种待清洗的覆盖层即清洗对象有四种：

（1）物理覆盖层　工件所处环境中的各种污染物，如灰尘、油、风沙、放射性尘埃、烟雾等在工件表面沉积，形成如浮灰、积尘、油垢、泥沙等。

（2）化学覆盖层　工件与所处环境（如大气、清水、海水、化工介质等）相互产生化学反应而形成的覆盖层，如锈、水垢等。

（3）生物覆盖层　工件为所处环境中的微生物（如水中藻类、化学介质中的菌类）所污染，而形成的覆盖层，如海洋或江河小船体的藻类附着物、医药生产中的菌类等。

（4）混合覆盖层　如物理-化学、物理-生物、化学-生物等共同作用形成的污物层或锈层。工程中大量结构表面的待处理层均是这种混合覆盖层。

针对上述不同的待清洗的覆盖层可有不同的方法，说明如下：

（1）物理清洗　指采用机械方法，通过振动、机械擦、喷淋有机溶剂等方法去除工件表面污物及锈层。如手工擦洗及机械淋洗（均用有机溶剂、喷砂、超声波、高压喷射等方法）。

（2）化学清洗　用清洗液与工件表面之待清除层发生化学反应以达到清洗目的。如酸洗，电化学及化学除油、除锈等方面。

（3）特殊清洗　如对医药、卫生、生物工程等部门的设备及其包装、生物制品包装、食品工作服等，用杀菌剂、高压蒸汽等进行清洗；核能工业中对放射性污染及其排放物的清洗等。

一、除油

工件上常见的油分为两类：一类是皂化性油，即不同脂肪酸的甘油酯，能与碱发生皂化反应，生成可溶于水的肥皂和甘油，如各种植物油大多属此类；另一类是非皂化性油，是各种碳氢化合物，它们不能与碱发生皂化反应，且不溶于碱溶液，各种矿物油如凡士林、机油、柴油、石蜡均属此类，这两类油均不溶于水。

常用除油方法的特点及应用范围见表3-4。

表3-4　常用除油方法

除油方法	特　点	应　用　范　围
有机溶剂除油	速度快,能溶解两类油脂,一般不腐蚀零件,但除油不彻底,需用化学或电化学方法进行补充除油,多数溶剂易燃或有毒,成本较高	用于油污严重的零件或易被碱液腐蚀的金属零件的初步除油
化学除油	设备简单,成本低,但除油时间较长	一般零件的除油
电化学除油	除油快、彻底,并能除去零件表面的浮灰、浸蚀残渣等机械杂质,但需要直流电源,阴极除油时,零件容易渗氢,去除深孔内的油污较慢	一般零件的除油或清除浸蚀残渣
擦拭除油	设备简单,但劳动强度大,效率低	大型或其他方法不易处理的零件
辊筒除油	工效高,质量好	精度不太高的小零件

1. 有机溶剂除油

常用的有机溶剂有煤油、汽油、苯类、酮类、氯化烷烃、烯烃等，有机溶剂除油方法有：

（1）浸洗或喷淋　用溶剂不断搅拌浸洗工件或用溶剂喷淋工件，直到工件表面油污除净为止。但沸点低，易挥发的丙酮、汽油、二氯甲烷勿喷淋，以免出危险。

（2）蒸汽洗　即将有机溶剂装在密闭容器底部，工件挂在溶剂上面，加热溶剂使溶剂蒸气在工件表面冷凝成液体，已将油污洗下落回容器底部。

（3）联合法　即浸洗-蒸汽联合或浸洗-喷淋-蒸汽联合除油，清洗效果更好。

有机溶剂除油速度快，基本上对工件表面无腐蚀（也有例外）。但除油不彻底，且除油后工件上容易残存有机溶剂，要再用化学清洗除去。有机溶剂一般有毒或易燃，不但易出危险，且产生 VOC（挥发性有机物）排放，污染环境，应注意通风、防火、防爆和防毒。特别注意三氯乙烯在紫外线、热（>120℃）、氧作用下会产生剧毒光气和腐蚀性极强的氯化氢。故要严防将水带入除油槽，避免阳光直射，铝、镁工件清洗时应尽快取出（因铝、镁催化会导致剧毒）。当有机溶剂中混入油污达 25%～30%时，需更换新溶剂。

2. 化学除油

（1）皂化作用　油脂与除油液中的碱起化学反应生成肥皂的过程称为皂化。一般动植物油中的主要成分是硬脂酸酯，它与氢氧化钠产生皂化反应，反应式为：

$$\underset{\text{硬脂酸酯}}{(C_{17}H_{35}COO)_3C_3H_5} + 3NaOH \longrightarrow \underset{\text{肥皂}}{3C_{17}H_{35}COONa} + \underset{\text{甘油}}{C_3H_5(OH)_3}$$

皂化反应使原来不溶于水的皂化性油脂变成能溶于水（特别是热水）的肥皂和甘油，从而易被除去。

（2）乳化作用　矿物油等非皂化性油脂，只能通过乳化作用才能除去。非皂化性油脂与乳化剂作用生成乳浊液的过程，称为乳化作用。乳化作用的结果是令工件表面的非皂化性油污在乳化剂作用下变成微细油珠，与工件表面分离并均匀分布于溶液中，形成乳浊液，从而达到除油的目的。生产中因皂化时间长，除油大部分是靠乳化作用完成的。

（3）常用除油工艺

① 碱性除油。常用碱液除油只能除去工件表面的具油皂化性的动、植物油。表 3-5 为钢铁材料除油液配方及工艺。

表 3-5　钢铁材料化学除油液配方及工艺　　　　　　　　　　　　单位：g/L

配方成分及工艺条件	1	2	3	4	5
氢氧化钠（NaOH）	10～15		50～100	20	20～30
碳酸钠（Na_2CO_3）	20～30		20～40	20	30～40
磷酸三钠（$Na_3PO_4 \cdot 12H_2O$）	50～70	70～100	30～40	20	30～40
水玻璃（Na_2SiO_3）	5～10	5～10	50～15	30	
OP-10 乳化剂		1～30			
表面活性剂				1～2	
海鸥洗涤剂/mL·L^{-1}					2～4
温度/℃	80～90	80～90	80～95	70～90	80～90
时间	至油除净				

② 乳化除油。在煤油、粗汽油等物质中加入一些表面活性剂及少量的水便成了乳化除油液。这种乳化液除油速度快、效果好，清除黄油及抛光膏最好。选择表面活性剂是决

定乳化除油液的关键。常用的乳化除油液配方见表 3-6。

表 3-6　乳化除油液配方　　　　　　　　　　　质量分数/%

配方号	1	2	配方号	1	2
煤油	89.0		表面活性剂	10.0	14.0
粗汽油		82.0	水	100	100
三乙醇胺	3.2	4.3			

③ 酸性除油。有机或无机酸与表面活性剂可同时除去零件表面的油污和薄氧化层。耐酸塑料酸性除油液配方：重铬酸钾 $K_2Cr_2O_7$，15g；硫酸 H_2SO_4，相对密度 $d = 1.84$，300mL；水 H_2O，20mL。

(4) 金属清洗液除油　常用配方和应用范围见表 3-7。

3. 电化学除油

把工件挂在阴极或阳极上并放在碱性电解液中，通入直流电，令工件上油污分离下来的工艺称为电化学除油。当金属工件作为一个电极，在电解液中通入直流电时，由于极化作用，金属-溶液界面的界面张力下降，溶液易渗透到油膜下的工件表面并析出大量氢气或氧气。这些气体从溶液中向上浮出时，产生强烈的搅拌作用，猛烈地撞击和撕裂油膜，令其碎成小油珠，迅速与工件表面脱离进入溶液后成为乳浊液，从而达到除油的目的。各种电化学除油方法见表 3-8。钢铁电化学除油方法见表 3-9。

表 3-7　金属清洗液除油配方和应用范围

清洗剂种类	配方成分/g·L⁻¹	使用温度/℃	应 用 范 围
以 LT-83 为主的清洗剂	氢氧化钠 20～30；碳酸钠 15～30；焦磷酸钠 15～25；LT-83 10～30	20～100	钢铁件除油
	碳酸钠 20～40；碳酸氢钠 15～30；焦磷酸钠 20～40；LT-83 20～40	20～100	铜、铝件除油
以 83-1 为主的常温除油剂	83-1 除油剂 0.5～1mL/L 或 1～2mL/L（油污严重时）		金属零件酸性或碱性除油滚光
	硫酸 200～250；83-1 除油剂 2～5mL/L	30～40	金属零件一步法除油
	磷酸钠 50；83-1 除油剂 3～5mL/L	室温	铝及铝合金件除油
YB-5 高效常温除油剂	10%水溶液	常温	黑色、有色金属除油
W 去油剂	4%水溶液	室温	金属零件镀前除油，氧化磷镀前除油，塑料件镀前除油，表面粗化
TJ30-1 型常温多效金属清洗剂	3%水溶液	常温	钢铁、铜及其合金，铝及其合金，塑料、陶瓷等零件镀前除油
32-1 低泡金属净化剂	3%～5%水溶液	常温或 50～80	
GX-1 高效清洗剂	5%水溶液		可代替汽油、煤油等有机溶剂对金属除油
LCX-52 常温除油水基清洗剂	1%～3%水溶液	15～40	可代替汽油、煤油等，适用于钢、铜、铝及合金、塑料、陶瓷前处理
SL-1 高效粉状金属清洗剂	3%～5%水溶液	40～70	可代替汽油及煤油有机溶剂，用于钢、铁、铜、锡及其合金除油
HY-20 常温除油水基清洗剂	1%～3%水溶液	15～40	可代替汽油及煤油等有机溶剂，用于钢、铁、铝及其合金常温下除油

清洗剂种类	配方成分/g·L^{-1}	使用温度/℃	应 用 范 围
CK-S01 常温下除油剂	CK-S01 40～45	20～25 pH=9	铝及其合金除油
CK-S02 常温下除油剂	CK-S02 40～50	20～35 pH=12	钢铁件除油
825 常温金属除油清洗剂	1 份 835 清洗剂加 12～14 份水	室温	钢铁件镀前清洗
826 常温金属除油清洗剂	1 份 826 清洗剂加 20～25 份水	室温	铜、银、铝及其合金镀前清洗
D-1、D-2 金属清洗剂	3%～5%水溶液	室温	用于黑色金属
D-3 金属清洗剂	3%～5%水溶液	室温	用于有色金属
TS-A	3%～5%水溶液	室温	用于黑色金属
TS-B	3%～5%水溶液	室温	用于有色金属

表 3-8 各种电化学除油方法的特点及应用范围

除油方式	特 点	应 用 范 围
阴极除油（工件接阴极）	阴极上析出的氢气的体积是阳极上析出的氧气体积的两倍，故阴极除油速度快，效果比阳极除油好。基本不受腐蚀，但容易渗氢，溶液中的金属杂质会沉积在零件表面，影响镀层结合力	适用于有色金属，如铝、锌、锡、铅、铜及其合金的除油
阳极除油（工件接阳极）	基体金属不发生氢脆，能除掉零件表面的浸渍残渣和某些金属薄膜，如锌、锡、铅、铬等，但效率较阴极油低，基体表面会受到腐蚀，并产生氧化膜，特别是有色金属腐蚀大	硬质高碳钢、弹性材料零件，如弹簧、弹性薄片等。一般采用阳极除油，但铝、锌及其合金等化学性能较活泼的材料不适用
阴-阳极联合除油（工件接阴极和阳极交替进行）	阴极电解和阳极电解交替进行，能发挥二者的优点，是最有效的电解除油方法。根据零件材料的性质，选择先阴极除油后短时阳极除油；或先阳极除油后短时阴极除油	用于无特殊要求的钢铁件除油

表 3-9 钢铁工件电化学除油液配方及工艺条件

配方成分(g/L)及工艺条件	1	2	3
氢氧化钠(NaOH)	40～60	30～50	10～20
碳酸钠(Na_2CO_3)	20～30	20～30	20～30
磷酸三钠($Na_3PO_4 \cdot 12H_2O$)	30～40	50～70	20～30
硅酸钠(Na_2SiO_3)	10～15	5～10	
温度/℃	70～80	70～80	70～80
电流密度/A·dm^{-2}	2～5	3～7	5～10
槽电压/V	8～12	8～12	8～12
阴极除油时间/min			5～10
阳极除油时间/min	5～10	5～10	0.2～0.5
适用范围	用于一般钢铁和高强度高弹性钢铁工件		用于形状复杂的低弹性钢铁工件

4. 超声除油

在超声环境中的除油过程称为超声除油。实际上是将超声引入化学或电化学除油，有机溶剂除油或酸洗过程中加强或加速清洗的过程。

当超声波射到油膜与工件表面的界面时，无论波被吸收还是被反射，在界面处将产生辐射压强，这个压强将产生两个后果：一个是产生简单的骚动效应，另一个是产生摩擦现象。骚动和摩擦会导致连续清洗，从而加速搅拌。

与此同时，超声引入会令液体产生超声振荡。即原溶于液体内部的气体在超声机械振动作用下，向原存在于液体内的"亚显微气泡"中定向扩散，气泡不断增大，当大到与超声波长差不多时形成共振腔，产生共振——超声振荡。

在液体内，某一区域压强突然减小出现负值时，会引起气体粉碎性爆炸，发生空穴，称为瞬时空化。当压强返回正值时，由于压力突然增大，气泡（空穴）崩溃，瞬时间液体分子间发生碰撞，产生巨大压强脉冲，形成极高的液体加速度打击工件表面油膜，令油污迅速从工件表面脱离。例如，当超声波场强达到 $0.3\mathrm{W/cm^2}$ 以上时，溶液在 1s 内发生数万次强烈碰撞，碰击力为 5～200kPa，产生极大的撞击能量。

超声除油一般是与其他除油方式联合进行，其独立工艺参数一般是：超声发生器输出功率越大越好，例如 1.0kW，频率 15～30kHz。

二、除锈

钢铁工件表面铁锈最常见有：氧化亚铁（FeO），灰色，易溶于酸；三氧化二铁（Fe_2O_3），赤色，难溶于硫酸和室温下的盐酸，结构较疏松；含水三氧化二铁（$Fe_2O_3 \cdot nH_2O$），橙黄色，易溶于酸；四氧化三铁（Fe_3O_4），蓝黑色（黑皮），难溶于硫酸和室温下的盐酸。

当基体金属被溶解时，由于析出氢，三氧化二铁和四氧化三铁可被氢还原成易与酸起反应的物质而被溶解掉，或通过氢气泡逸出时的机械作用，从工件表面剥离。为除去铁锈与黑皮，常用硫酸和盐酸。铁的氧化物与酸反应生成可溶于水的盐，同时生成水。反应式如下：

$$FeO + H_2SO_4 \longrightarrow FeSO_4 + H_2O$$
$$Fe_2O_3 + 3H_2SO_4 \longrightarrow Fe_2(SO_4)_3 + 3H_2O$$
$$Fe_3O_4 + 4H_2SO_4 \longrightarrow FeSO_4 + Fe_2(SO_4)_3 + 4H_2O$$
$$FeO + 2HCl \longrightarrow FeCl_2 + H_2O$$
$$Fe_2O_3 + 6HCl \longrightarrow 2FeCl_3 + 3H_2O$$
$$Fe_3O_4 + 8HCl \longrightarrow FeCl_2 + 2FeCl_3 + 4H_2O$$

同时，铁与酸反应析出氢：

$$Fe + H_2SO_4 \longrightarrow FeSO_4 + H_2 \uparrow$$
$$Fe + 2HCl \longrightarrow FeCl_2 + H_2 \uparrow$$

氢的析出令高价铁还原成低价铁，有利于氧化物的溶解，还能加速黑色氧化皮的剥落。但氢容易造成氢脆，故应加缓蚀剂。

钢铁工件浸蚀除锈液配方举例见表 3-10。

表 3-10 钢铁工件化学除锈液配方及工艺条件

	配方号	1	2	3	4	5	6	7	8	9[①]	10	11
成分 /g·L^{-1}	硫酸（H_2SO_4）	120～250	100～200		150～250		600～800	30～50		75%		
	盐酸（HCl）		100～200	150～360			5～15					100～150
	硝酸（HNO_3）					800～1200	400～600					

续表

配方号		1	2	3	4	5	6	7	8	9①	10	11
成分/g·L⁻¹	氢氟酸(HF)									25%		
	磷酸(H₃PO₄)								80~120			
	铬酐(CrO₃)							150~300				
	氢氧化钠(NaOH)										50~100	
	氯化钠(NaCl)				100~200							
	缓蚀剂	若丁② 0.3~0.5	若丁 0~0.5							若丁 0~0.1		
工艺条件	温度/℃	50~75	40~60	室温	40~60	≤45	≤50	室温	70~85	室温	70~80	室温
	电流密度/A·dm⁻²										2~5 (阳极)	
	时间/min	≤60 至氧化皮除尽	5~20		1~5	3~10	3~10	2~5	5~15	至粘砂或氧化物脱尽		

① 硫酸浓度为98%，氢氟酸浓度为4%（质量分数）。

② 适于硫酸的缓蚀剂有若丁（二邻甲苯硫脲）、磺化煤焦油等，用于盐酸的缓蚀剂有乌洛托品、H 促进剂（六次甲基四胺）、苯胺和六次甲基四胺的缩合物等。

三、除油除锈联合处理

为简化工艺，提高工效，近些年来发展了除油除锈"二合一"、除油除锈磷化钝化"四合一"等多种联合处理技术，但都有一定的局限性，并非尽如人意。表 3-11 为钢铁工件除油除锈"二合一"处理液配方及工艺条件。

表 3-11　钢铁工件除油除锈"二合一"处理液配方及工艺条件

配方号		1	2	3	4	5	6
成分/g·L⁻¹	硫酸(H₂SO₄)	70~100	100~150	120~160	120~160	150~250	
	氯化钠(NaCl)			30~50			
	盐酸(HCl)						900~1000
	十二烷基硫酸钠(C₁₂H₂₅SO₄Na)	8~12	0.03~0.05		0.03~0.05		
	OP 乳化剂						1~2
	六次甲基四胺						2~3
	平平加(102 均染剂)		15~20	2.5~5	20~25	15~25	
	硫脲[(NH₂)₂CS]				0.8~1.2		
工艺条件	温度/℃	70~90	60~70	50~60	70~90	75~85	90~沸点
	时间/min	至锈除净为止				0.5~2	

第三节 化 学 抛 光

在适当溶液中，工件仅依靠化学浸蚀作用而达到抛光的过程称为化学抛光。其特点有：不用外接电源和导电挂具，工艺简单；可抛光各种形状复杂工件，生产效率高；但抛光液寿命短，溶液调整及再生困难，且抛光质量不如电化学抛光；抛光时通常会产生一些有害气体；特别适用于形状复杂、装饰性加工的大工件。

一、低碳钢工件化学抛光

低碳钢工件化学抛光液成分及工艺见表3-12。

表3-12 低碳钢工件化学抛光液成分及工艺条件

	配方号	1	2	3
成分/g·L^{-1}	双氧水(H_2O_2,30%)	30～50	35～40	70～80
	草酸[$(COOH)_2·2H_2O$]	25～40		
	氟化氢铵(NH_4HF_2)		10	20
	尿素[$(NH_2)_2CO$]		20	20
	苯甲酸(C_6H_5COOH)		0.5～1	1～1.5
	硫酸(H_2SO_4)	0.1		
工艺条件	pH值		2.1	2.1
	润湿剂		0.2～0.4	0.2～0.4
	温度/℃	15～30	15～30	15～30
	时间/min	20～30 至光亮	1～2.5	0.5～2
	搅拌	可以搅拌	需要搅拌	需要搅拌

二、铝及其合金的化学抛光

磷酸基溶液化学抛光在工业上应用广泛，铝及其合金化学抛光多用这种方法。有时也可采用非磷酸基溶液化学抛光。

磷酸基溶液化学抛光分两种：一种是含磷酸高于700mL/L的溶液；另一种是含磷酸400～600mL/L的溶液。含磷酸高的溶液对经机械抛光的表面化学抛光后与电抛光表面相当，能用于纯铝、含锌量不高于8%、含铜量不高于4%的Al-Mg-Zn和Al-Cu-Mg合金。含磷酸低的溶液抛光能力差，只适于抛光含铝量高于99.5%的纯铝，这类溶液的配方及工艺条件见表3-13。

表3-13 铝及其合金磷酸基化学抛光油配方及工艺条件

	配方号	1	2	3	4	5	6	7	8
成分/mL·L^{-1}	磷酸(H_3PO_4,85%)	850	805	800	700	700	700	500	440
	硫酸(H_2SO_4,98%)			200		250		400	60
	冰醋酸(CH_3COOH)	100			120				
	硝酸(HNO_3,65%)	50	35		30	50	100	100	48

续表

配方号		1	2	3	4	5	6	7	8
成分/mL·L⁻¹	柠檬酸($C_6H_8O_7 \cdot H_2O$)						200		
	硫酸铜($CuSO_4 \cdot 5H_2O$)/g·L⁻¹								0.2
	硫酸铵[$(NH_4)_2SO_4$]/g·L⁻¹								44
	尿素[$CO(NH_2)_2$]/g·L⁻¹								31
	添加剂 WXP-1①/g·L⁻¹			0.2					
工艺条件	温度/℃	80～100	约80	95～120	100～120	90～115	80～90	100～115	100～120
	时间/min	2～15	0.5～5.0	数分钟	2～6	2～6	3～5	数分钟	2～3

① 北京无线电厂研制生产。

第四节 电化学抛光

电化学抛光（亦称电解抛光），指在适当的溶液中进行阳极电解，令金属工件表面平滑并产生金属光泽的过程。其抛光过程是通电后，在工件（接阳极）表面会产生电阻率高的稠性黏膜，其厚度在工件表面为非均匀分布：表面微观凸出部分较薄，电流密度较大，金属溶解较快；表面微观下凹处较厚，电流密度较小，金属溶解较慢。正是由于稠性黏膜及电流密度的不均匀，工件表面微观凸处溶解快，凹处溶解慢，随时间推移，工件表面粗糙度降低，逐渐被抛光。

与机械抛光比，电化学抛光的特点如下：工件表面无冷作硬化层；适于形状复杂、线材、薄板和细小件的抛光；生产效率高，易操作。表 3-14 是电化学抛光准配方及工艺条件。

表 3-14 电化学抛光准配方及工艺条件

配方号	电解液成分	温度/℃	电流密度/A·dm⁻²	电压/V	时间/min	说 明
1	磷酸(H_3PO_4) 328g/L 铬酐(CrO_3) 372g/L 硫酸(H_2SO_4) 25g/L 硼酸(H_3BO_3) 8.3g/L 氢氟酸(HF) 33g/L 柠檬酸($C_6H_8O_7 \cdot H_2O$) 12g/L 邻苯二甲酸酐($C_8H_4O_3$) 4.3g/L	94	5～70		数分钟	不同金属的电流密度与抛光时间为： 金属　电流密度/A·dm⁻²　时间/min 钢　17～40　2～4 铁　10～15　3.0～3.5 轻合金　12～40　2 青铜　18～24　2.0～2.5 铜　5～15　1.5 铅　30～70　6 锌　20～24　2.0～2.5 锡　7～9　1.5～3.0
2	磷酸(H_3PO_4, 98%) 86%～88%(质量分数)	30～100	2～100		数分钟	可抛光钢铁、铜、黄铜、青铜、镍、铝、硬铝
3	乙醇 144mL 三氯化铝(AlCl_3) 10g 氯化锌(ZnCl_2) 45g 丁醇($C_4H_{10}O$) 16mL 水 32mL	20	5～30	15～25		可用下列任一方法对铝及铝合金、钴、镍、锡、钛、锌进行电抛光：①抛光 1min，热水洗，如此反复数次；②上下迅速移动阳极，持续 3～6min
4	硝酸(HNO_3, 65%) 100mL 甲酸(CH_3OH) 200mL	20	100～200	40～50	0.5～1	可抛光铝、铜及铜合金、钢铁、镍及镍合金、锌。使用时应冷却，溶液有爆炸危险，若有浸蚀现象，可降低电流密度

第五节 磷化处理

把金属放入含有锰、铁、锌的磷酸盐溶液中进行化学处理，使金属表面生成一层难溶于水的磷酸盐保护膜的方法，叫做金属的磷酸盐处理，简称磷化。磷化膜层为微孔结构，与基体结合牢固，具有良好的吸附性、润滑性、耐蚀性、不黏附熔融金属（Sn、Al、Zn）性及较高的电绝缘性等。磷化膜主要用作涂料的底层、金属冷加工时的润滑层、金属表面保护层以及用作电机硅钢片的绝缘处理、压铸模具的防粘处理等。磷化膜厚度一般为 $5\sim20\mu m$。磷化处理所需设备简单，操作方便，成本低，生产效率高，被广泛应用于汽车、船舶、航空航天、机械制造及家电等工业生产中。

一、磷化膜的形成机理

磷化处理是在含有锰、铁、锌的磷酸二氢盐与磷酸组成的溶液中进行的。金属的磷酸二氢盐可用通式 $M(H_2PO_4)_2$ 表示。在磷化过程中发生如下反应：

$$M(H_2PO_4)_2 \longrightarrow MHPO_4 \downarrow + H_3PO_4$$

$$3MHPO_4 \longrightarrow M_3(PO_4)_2 \downarrow + H_3PO_4$$

或者以离子反应方程式表示：

$$4M^{2+} + 3H_2PO_4^- \longrightarrow MHPO_4 \downarrow + M_3(PO_4)_2 \downarrow + 5H^+$$

当金属与溶液接触时，在金属/溶液界面液层中 M^{2+} 浓度的增高或 H^+ 浓度降低。

二、磷化配方及工艺规范

磷化工艺主要有高温、中温和常温磷化，详见表 3-15。根据对钢铁表面磷化膜的不同要求，生产中选用不同的磷化工艺。高温磷化的优点是膜层较厚，膜层的耐蚀性、耐热性、结合力和硬度都比较好，磷化速度快；缺点是溶液的工作温度高，能耗大，溶液蒸发量大，成分变化快，常需调整，且结晶粗细不均匀。中温磷化的优点是膜层的耐蚀性接近高温磷化膜，溶液稳定，磷化速度快，生产效率高；缺点是溶液较复杂，调整较麻烦。常温磷化的优点是节约能源，成本低，溶液稳定；缺点是耐蚀性较差，结合力欠佳，处理时间较长，效率低。

表 3-15　钢铁磷化处理的配方及工艺规范

溶液组成的质量浓度/$g \cdot L^{-1}$	高　温		中　温		常　温	
	1	2	3	4	5	6
磷酸二氢锰铁盐	30~40		40		40~65	
磷酸二氢锌		30~40		30~40		50~70
硝酸锌		55~65	120	80~100	50~100	80~100
硝酸锰	15~25		50			
亚硝酸钠						0.2~1
氧化钠					4~8	
氟化钠					3~4.5	
乙二胺四乙酸			1~2			
游离酸度/点[①]	3.5~5	6~9	3~7	5~7.5	3~4	4~6
总酸度/点[①]	36~50	40~58	90~120	60~80	50~90	75~95

溶液组成的质量浓度/g·L⁻¹	高　温		中　温		常　温	
	1	2	3	4	5	6
工艺规范						
温度/℃	94～98	88～95	55～65	60～70	20～30	15～35
时间/min	15～20	8～15	20	10～15	30～45	20～40

① 点数相当于满点 10mL 磷化液，使指示剂在 pH 3.8（对游离酸度）和 pH 8.2（对总酸度）变色时所消耗浓度为 0.1mol/L 氢氧化钠溶液的体积（mL）。

三、影响磷化的因素

（1）游离酸度　游离酸度是指溶液中磷酸二氢盐水解后产生的游离磷酸的浓度。游离酸度过高时，氢气析出量大，晶核生成困难，膜的晶粒粗大，疏松多孔，耐蚀性差；游离酸度过低时，生成的磷化膜很薄，甚至得不到磷化膜。游离酸度高时，可加氧化锌或氧化锰调整；游离酸度低时，可加磷酸二氢锰铁盐、磷酸二氢锌或磷酸来调整。

（2）总酸度　总酸度来源于磷酸盐、硝酸盐和酸的总和。总酸度高时磷化反应速度快，获得的膜层晶粒细致，但膜层较薄，耐蚀性降低；总酸度过低，磷化速度慢，膜层厚而粗糙。总酸度高时可加水稀释，低时加磷酸二氢锰铁盐、磷酸二氢锌或硝酸锌、硝酸锰调整。

（3）金属离子的影响　Mn^{2+} 的存在可以使磷化膜结晶均匀，颜色较深，提高膜的耐磨性、耐蚀性和吸附性。Mn^{2+} 含量过高则膜的晶粒较大，耐蚀性变差；Mn^{2+} 含量过低则使晶粒太细，有磷化不上的趋势。一定量的 Fe^{2+} 能增加磷化膜的厚度，提高力学强度和耐蚀性能。但 Fe^{2+} 在高温时很容易被氧化成 Fe^{3+}，并转化为磷酸铁（$FePO_4$）沉淀，使游离酸度升高，造成磷化结晶几乎不能进行；Fe^{2+} 含量过高时，还会使磷化膜结晶粗大，表面产生白色磷灰。Zn^{2+} 的存在可以加快磷化速度，生成的磷化膜结晶致密、闪烁有光。Zn^{2+} 含量过高时磷化膜晶粒粗大，排列紊乱，磷化膜发脆；Zn^{2+} 过低时膜层疏松发暗。磷化液中要控制金属离子的比例，铁与锰的质量浓度之比为 1∶9 左右，锌与锰为 1.5～2.1，亚铁离子（Fe^{2+}）的质量浓度应保持在 0.8～2.0g/L 左右。

（4）P_2O_5 的影响　P_2O_5 来自磷酸二氢盐，它能提高磷化速度，使磷化膜致密，晶粒闪烁有光。P_2O_5 含量过高时，膜的结合力下降，表面白色浮灰较多；P_2O_5 含量过低时，膜致密性和耐蚀性均差，甚至不产生磷化膜。

（5）NO_3^-、NO_2^- 和 F^- 的影响　NO_3^- 和 NO_2^- 在磷化溶液中作为催化剂（加速剂），可加快磷化速度，使磷化膜致密均匀，NO_2^- 还能提高磷化膜的耐蚀性。NO_3^- 含量过高时，使磷化膜变薄，并易产生白色或黄色斑点。F^- 是一种活化剂，可以加快磷化膜晶核的生成速度，使结晶致密，耐蚀性提高，尤其是在常温磷化时，氟化物的作用非常突出。

（6）杂质的影响　除磷酸、硝酸和硼酸以外的酸，如硫酸根（SO_4^{2-}）、氯离子（Cl^-）以及金属离子砷（As^{3+}）、铝（Al^{3+}）、铬（Cr^{3+} 和 Cr^{6+}）、铜（Cu^{2+}）都被认为是有害杂质，其中 SO_4^{2-} 和 Cl^- 的影响更为严重。SO_4^{2-} 和 Cl^- 会降低磷化速度，并使磷化膜层疏松多孔生锈，二者的质量浓度均不允许超过 0.5g/L。金属离子 As^{3+}、Al^{3+} 使膜层耐蚀性下降，大量的 Cu^{2+} 会使磷化膜发红，耐蚀性下降。

（7）温度的影响　温度对磷化过程影响很大，提高温度可以加快磷化速度，提高磷化膜的附着力、耐蚀性、耐热性和硬度。但不能使溶液沸腾，否则膜变得多孔，表面粗糙，且使 Fe^{2+} 氧化成 Fe^{3+} 而沉淀析出，使溶液不稳定。

（8）基体金属的影响　不同成分的金属基体对磷化膜有明显不同的影响。低碳钢磷化容易，结晶致密，颜色较浅；中、高碳钢和低合金钢磷化较容易，但结晶有变粗的倾向，磷化膜颜色深而厚；最不利于进行磷化的是含有较多铬、铝、钨、钒、硅等合金元素的钢。磷化膜随钢中碳化物含量和分布的不同而有较大差异，因此，对不同钢材应选用不同的磷化工艺，才能获得较理想的效果。

（9）预处理的影响　预处理对磷化膜的外观颜色和膜的质量有很大的影响。经喷砂处理的钢铁表面粗糙，有利于形成大量晶核，获得致密的磷化膜。用有机溶剂清洗过的金属表面，磷化后所获得的膜结晶细而致密，磷化过程进行得较快。用强碱脱脂，磷化膜结晶粗大，磷化时间长。经强酸腐蚀的金属表面，磷化膜结晶粗大，膜层重，金属基体侵蚀量大，磷化过程析氢也多。

四、磷化膜的后处理

为了提高磷化膜的防护能力，在磷化后应对磷化膜进行填充和封闭处理。填充处理的工艺是：

重铬酸钾（$K_2Cr_2O_7$）	$30\sim50g/L$	温度	$80\sim95℃$
碳酸钠（Na_2CO_3）	$2\sim4g/L$	时间	$5\sim15min$

填充后，可以根据需要在锭子油、防锈油或润滑油中进行封闭。如需涂漆，应在钝化处理干燥后进行，工序间隔不超过24h。

五、有色金属的磷化处理

除钢铁外，有色金属铝、锌、铜、钛、镁及其合金都可进行磷化处理，但其表面获得的磷化膜远不及钢铁表面的磷化膜，故有色金属的磷化膜仅用作涂漆前的打底层。由于有金属磷化膜应用的局限性，因此，对有色金属磷化处理的研究和应用远远少于钢铁。有色金属及其合金的磷化与钢铁的磷化基本相同，大多采用磷酸锌基的磷化液。不过，在磷化液中常添加适量的氟化物。

第六节　金属表面的钝化及活化

一、金属表面钝化现象

金属表面钝化是指由于金属表面状态的改变引起金属表面活性的突然变化，使表面反应（如金属在酸中的溶解或在空气中的腐蚀）速度急剧降低的现象。金属钝化后所处的状态叫钝态，钝态金属所具有的性质称为钝性。

图3-2为工业钝铁在硝酸中的溶解速度与硝酸浓度的关系。当硝酸的质量分数 $w_{HNO_3}=30\%\sim40\%$ 时，溶解速度达到最大值，其后突然下降，即金属表面变为钝化状态。如再将其移到硫酸中去也会受到浸蚀。

金属的钝化往往与氧化有关，如含有强氧化性物质（硝酸、硝酸银、氯酸、氯化钾、重铬酸钾、高锰酸钾和氧）的介质都能使金属钝化，它们统称为钝化剂。金属与钝化剂间自然作用而产生的钝化现象，称为自然钝化或化学钝化。如铬、铝、钛等金属在空气中与氧作用而形成钝态。

如果在金属表面上沉积出盐层时，将对进一步的表面反应产生机械阻隔作用，使表面反应速度降低，这一现象被称为机械钝化。

被过分抛光的金属表面也可产生钝化现象，被抛光的金属表面有较好的抗蚀性能，如将钢铁零件抛光，渗氮就会变得困难，使渗氮层变薄或完全没有渗氮层。

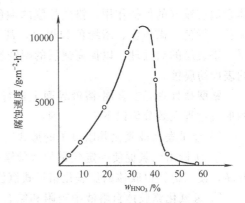

图 3-2　工业钝铁在硝酸中的溶解速度
与硝酸浓度的关系

二、钝化理论

（1）成相膜理论　这种理论认为，金属在介质中，表面上能生成一层致密的，覆盖良好的保护膜，这种保护膜作为一个独立的相存在，并把金属与介质隔开，使表面反应速度明显下降，金属表面转为钝态。

实验确实发现了在某些金属表面上的钝化膜，如在硝酸溶液中的工业纯铁表面上，可产生 $2.0 \sim 3.0nm$ 的钝化膜，碳素钢的钝化膜厚度可达 $9.0 \sim 11.0nm$，不锈钢的钝化膜厚度约为 $0.9 \sim 1.0nm$。利用电子衍射法对钝化膜进行相分析的结果证明，金属的钝化膜大多由其氧化物组成。例如铁的钝化膜为 $\gamma\text{-}Fe_2O_3$；铝的钝化膜为 $\gamma\text{-}Al_2O_3$，其外层为多孔的 $\beta\text{-}Al_2O_3$。

（2）吸附理论　虽然已经证明金属的钝化大多都有钝化膜的生成，但并不能证明钝化膜的机械隔离作用是产生钝化作用的唯一或主要的因素，实际上还存在比机械隔离更复杂的过程——钝态的吸附作用。

吸附理论认为，引起金属表面钝化不一定要形成完整的钝化膜，只要在金属表面或部分表面上形成氧粒子的吸附层，就能产生钝化。吸附层可以是单分子层或 OH^-、O^{2-} 离子层，而更多的人认为是氧原子层。氧原子与金属表面因化学吸附而结合，并使金属表面的自由键能趋于饱和，改变了金属与介质界面的结构及能量状态，降低了金属与介质间的反应速度，即产生钝化作用。

实验证明，金属表面吸附层不一定是连续的、完全覆盖表面的，只要在表面的反应活性区产生吸附层就可以引起极强的钝化作用。

在吸附理论中，究竟哪一种含氧粒子的吸附会引起钝化，吸附层如何影响表面反应的机理等还不很清楚，有人认为主要是吸附作用使不饱和键变为饱和键的结果。

成相膜理论与吸附理论并不是两种完全不同的理论，它们都认为产生金属表面钝化是由于在表面上产生了钝化层（三维的成相膜或二维的吸附层）。但成相膜理论强调了钝化层的机械隔离作用，而吸附理论认为主要是吸附层改变了金属表面的能量状态，使不饱和键趋于饱和，降低了金属表面的化学活性，造成钝化。钝化过程实际上要复杂得多，不会是某一单一因素造成的，它与材料的表面成分、组织结构、能量状态等多种因素的变化有关。

三、铬酸盐处理

把金属或金属镀层放入含有某些添加剂的铬酸或铬酸盐溶液中，通过化学或电化学的方法使金属表面生成由三价铬和六价铬组成的铬酸盐膜的方法，叫做金属的铬酸盐处理，也称钝化。铬酸盐膜与基体结合力强，结构比较紧密，具有良好的化学稳定性，耐蚀性好，对基体金属有较好的保护作用；铬酸盐膜的颜色丰富，从无色透明或乳白色到黄色、金黄色、淡绿色、绿色、橄榄色、暗绿色和褐色，甚至黑色，应有尽有。铬酸盐处理工艺常用作锌镀层、铬镀层的后处理，以提高镀层的耐蚀性；也可用作其他金属如铝、铜、锡、镁及其合金的表面防腐蚀。

铬酸盐处理是在金属-溶液界面上进行的多相反应，过程十分复杂，一般认为铬酸盐膜的形成过程大致分为以下三个步骤：

① 金属表面被氧化并以离子的形式转入溶液，与此同时有氢气析出；

② 所析出的氢促使一定数量的六价铬还原成三价铬，并由于金属-溶液界面处的 pH 值升高，使三价铬以胶体的氢氧化铬形式沉淀；

③ 氢氧化铬胶体自溶液中吸附和结合一定数量的六价铬，在金属界面构成具有某种组成的铬酸盐膜。

以锌的铬酸盐处理为例，其化学反应式如下。

锌浸入铬酸盐溶液后被溶解：

$$Zn + 2H^+ \longrightarrow Zn^{2+} + H_2 \uparrow$$

析氢引起锌表面的重铬酸离子的还原：

$$Cr_2O_7^{2-} + 2H^+ + 3H_2 \longrightarrow 2Cr(OH)_3 + H_2O$$

由于上述溶解反应和还原反应，锌-溶液界面处的 pH 值升高，从而生成以氢氧化铬为主体的胶体状的柔软不溶性复合铬酸盐膜。

$$2Cr(OH)_3 + CrO_4^{2-} + 2H^+ \longrightarrow Cr(OH)_3 \cdot Cr(OH) \cdot CrO_4 \cdot H_2O + H_2O$$

这种铬酸盐膜像糨糊一样柔软，容易从锌表面去掉，待干燥脱水收缩后，则固定在锌表面上形成铬酸盐特有的防护膜：

$$Cr(OH)_3 \cdot Cr(OH) \cdot CrO_4 \cdot H_2O \longrightarrow xCr_2O_3 \cdot yCrO_3 \cdot 2H_2O$$

铬酸盐膜主要由三价铬和六价铬的化合物，以及基体金属或镀层金属的铬酸盐组成。不同基体金属采用不同的铬酸盐处理溶液，得到的膜层颜色和膜的组成也不相同。在铬酸盐膜中，不溶性的化合物构成了膜的骨架，使膜具有一定的厚度。

四、铜及铜合金的钝化

钝化的目的是提高工件抗腐蚀能力。其特点是成本低，操作简便。

1. 钝化工艺流程

化学除油→热水洗→流动冷水洗→预腐蚀（100% HCl 或 10% H_2SO_4，室温，时间 30s）→流动冷水洗→强腐蚀（H_2SO_4 1L＋HNO_3 1L＋NaCl 3g，室温，时间 3s，精密零件不进行此工序）→流动冷水洗→出光（30～90g/L CrO_3 ＋15～30g/L H_2SO_4，时间 15～30s）→流动冷水洗→弱腐蚀（10% H_2SO_4）→流动冷水洗→钝化处理→流动冷水洗→吹干→烘干（70～80℃）→检验。

钝化液化学成分及工艺条件见表 3-16。

表 3-16　铜及铜合金钝化液成分及工艺条件

	配方号	1	2	3	4
成分 /g·L⁻¹	重铬酸钠（$Na_2Cr_2O_7$）	100～150			
	重铬酸钾（$K_2Cr_2O_7$）			150	

续表

配方号		1	2	3	4
成分 /g·L^{-1}	铬酐(CrO_3)		80～90		
	硫酸(H_2SO_4)	5～10	25～30	18	
	氯化钠(NaCl)	4～7	1～2		
	苯并三氮唑				0.05～0.15
工艺条件	温度/℃	室温	室温	室温	50～60
	时间/s	3～8	15～30	2～3	2～3min

注：在4号液中钝化处理前需在下列溶液中漂洗：草酸40g/L；氢氧化钠16g/L；双氧水80g/L；苯并三唑0.2g/L；pH 3～4；温度：30～40℃；时间1～3min。

2. 工艺操作中注意事项

（1）成膜物质　溶液中重铬酸盐及铬配合物是主要成膜物质，均为强氧化剂，其浓度高、氧化力强、钝化源光亮。

（2）钝化膜的厚度和形成速度　这与钝化液中酸度和阴离子种类有关，加入穿透力较强的氯离子后，才能得到厚度较大的膜层。若硫酸含量太高时，膜层疏松、不光亮、易脱落，而含量太低时膜的生成速度较慢。

（3）质量检验

① 外观。钝化膜应有均匀彩虹色到古铜色。深褐色不合格。

② 结合力。用滤纸或棉布轻擦时膜层应不脱落。

③ 耐蚀性。用5％ HNO_3 溶液滴在工件表面，观察气泡产生时间，大于6s为合格。

（4）不合格钝化膜退除

① 在热的300g/L NaOH溶液中退除；

② 在100％ HCl或10％ H_2SO_4 溶液中退除。

五、不锈钢钝化

不锈钢钝化处理液配方及工艺条件见表3-17。

表 3-17　不锈钢钝化处理液配方及工艺条件

配方号		1	2	3	4
成分 /g·L^{-1}	硝酸(HNO_3)	220～340	400～700	600～700	600～700
	重铬酸钾($K_2Cr_2O_7$)				8～12
工艺条件	温度/℃	50～60	室温	70～80	70～80
	时间/min	15～30	30～40	150～200	180～200

注：适用于1Cr18Ni9Ti等不锈钢，可获得高耐蚀性钝化膜。

六、金属表面的活化

金属表面活化过程是钝化的相反过程，能消除金属表面钝化状态的因素都有活化作用。

（1）金属表面净化　用氢气还原、机械抛光、喷砂处理、酸洗等方法去除金属表面氧化膜，都可消除金属表面的钝态。用加热或抽真空的方法减少金属表面的吸附，可进一步提高金属表面的化学活性。

（2）增加金属表面的化学活性区　可以用机械的方法（如喷砂等）使金属表面上的各种晶体缺陷增加，化学活性区增多，能有效地使金属表面活化，如经喷砂的钢表面更容易渗氮。用离子轰击的方法可使金属表面净化并增加化学活性区，有更好的表面活化效果，并可提高表面覆盖层与基体的结合强度。

使金属表面钝化是提高金属抗蚀能力的主要方法，如不锈钢、铝、镀铬层表面的自然钝化层，使它们具有良好的抗大气腐蚀的性能。在化学热处理中为进行局部防渗，常采用局部钝化的方法，如为防止局部渗碳，可采用镀银或涂防渗剂进行局部钝化处理。但对于要进行表面强化的金属表面，必须进行活化处理，以便加速表面反应过程，缩短工艺时间。

第七节　空气火焰超音速喷砂、喷丸表面预处理

空气火焰超音速表面预处理技术，是利用气体燃料或液体燃料与高压氧气或高压空气，在超音速喷枪燃烧室内混合燃烧膨胀产生高温高速焰流，从而带动砂粒或丸粒以超音速喷向零件处理表面。燃烧焰流速度可达 1500m/s 以上，粒子速度为 $300\sim600$m/s，从而可获得高效优质的表面预处理效果。

由于超音速喷枪是借助于燃料在燃烧室内燃烧，使气体膨胀产生的气动力将粒子以极高的速度喷向零件表面的，因此，火焰燃烧性能对于表面预处理的质量和效率影响极大。而火焰燃烧性能又主要取决于燃料的性能和燃烧室的结构。

超音速喷枪使用的燃料分为气体燃料和液体燃料两种。气体燃料主要包括乙烯、丙烯、丙烷、乙炔、氢气及天然气等，液体燃料主要包括汽油、煤油、乙醇等。气体燃料的优点在于：免去了燃料蒸发与雾化过程，点火启动时的燃料浓度及其分布规律容易控制，点火成功率高；减少了燃烧前混气形成时间，使延续燃烧的总时间增加，因此可提高燃烧效率和燃烧强度。气体燃料有许多优点，但其最大的缺点就是燃料在输送、使用过程中易发生危险，安全性较差。因此近年来超音速表面处理使用液体燃料逐渐增多，在汽油、乙醇和煤油等液体燃料中，从安全性、使用性及经济性等综合性能比较较为理想的是煤油，近年来煤油已成为超音速表面喷砂喷丸的主要燃料。

一、超音速喷砂

由于超音速喷砂的效率是普通喷砂的 $3\sim5$ 倍以上，因此广泛应用于大型结构件的表面预处理，如对桥梁、船舶、锅炉、输送管道等表面做防锈层前的表面清理。此外，由于其喷砂速度快，表面粗化效果好，常用于对喷涂效果要求较高的零件或大型设备喷涂前的表面粗化，以及设备表面受各种自然污染如油漆、松脂、水泥、有机与无机积垢后的表面清理。表面粗化处理是指基体表面形成凹凸不平的粗糙表面，并控制到所要求的粗糙度。粗化处理在涂层制备工艺（如热喷涂工艺、涂装工艺、粘接工艺）中能增加涂层与基体的"锚钩"效应，减少涂层的收缩应力，从而提高涂层与基体的结合强度。

超音速喷砂粗化是利用压缩空气做动力，将硬质磨料高速喷射到基体表面，通过磨料对表面的机械冲刷作用而使表面粗化。按照磨料喷射的原理不同，可分为吸入式与压入式两种。

吸入式喷砂粗化是利用压缩空气在喷枪的射吸室内造成负压，磨料通过吸砂管吸入，并

随气流从喷嘴喷出,射向工件表面。这种喷砂方式结构简单,但由于砂的吸入量有限,相对压入式而言粗化效果略差;压入式喷砂粗化是利用压缩空气的压力和磨料的自重,将密闭压力容器中的磨料压入喷砂管,砂粒在喷砂管中由压缩空气推动、加速,从喷嘴中高速喷出,射向工件表面。压入式喷砂磨料喷射速度快、喷射量大,并可选用较粗的磨料,因而压入式喷砂具有生产效率高、加工表面粗糙度大的特点,特别适用于大型工件表面粗化处理。喷砂所用磨料的基本要求是硬度高、密度大、抗破碎性好、含尘量低、锋利且粒度大小可根据所需表面粗糙度要求而定。常用的磨料有刚玉砂(氧化铝)、石英砂、碳化硅、金刚砂、铜矿渣砂等。

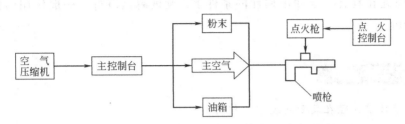

图 3-3 超音速喷砂原理图

超音速喷砂系统工作原理见图 3-3。由空气压缩机产生的压缩空气一方面为超音速喷枪产生的高速焰流提供气源,另一方面又将所喷粒子和液体燃料送进喷枪。主控制台主要负责调节气流的压力和流量。此外,喷枪还需有专门的点火设备实施点火操作,由点火控制台进行控制。

二、超音速表面喷丸

喷丸表面强化是将大量高速运动的弹丸喷射到零件表面,使金属零件表面产生一定的塑性变形,从而获得一定厚度的喷丸表面强化层的工艺过程。

在喷丸过程中,弹丸犹如无数的小锤反复击打金属表面,使表面产生塑性变形,这种塑性变形使零件表面产生一定厚度的加工冷作硬化层,该层称为喷丸表面硬化层。从组织结构上看,强化层内形成了密度极高的位错。在交变应力或温度同时作用下,符号相反的位错相遇后会相互抵消,符号相同的位错将重新排列,形成多边形化。此时,强化层内位错密度虽有下降,但逐渐形成更加细小的亚晶粒。从应力状态上看,由于表层与内层金属变形的不均匀性,表层向四周塑变延伸时,受到内层金属的阻碍,使强化层内形成了较高的残余压应力。

所以,零件喷丸表面强化层有着与内层材料完全不同的组织结构和应力状态。高密度的位错和细小的亚晶粒,提高了材料的屈服强度,从而控制了疲劳源的产生,使零件表面的疲劳强度大大提高,表面残余压应力的存在,可部分抵消引起零件疲劳破坏的循环拉应力或者使零件表面始终处于压应力状态,疲劳源的形成进一步得到抑制,疲劳裂纹的扩展也被延缓,从而显著提高了零件的抗疲劳性能。

在中温条件下,只要喷丸表面强化层的组织无

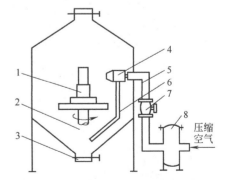

图 3-4 超音速表面喷丸设备简图
1—零件;2—储丸箱;3—换丸口;
4—超音速喷枪;5—管道;
6—道丸管;7—阀门;
8—空气过滤器

明显回复，上述的强化效果仍将保留。在高温条件下，由于喷丸表面强化层内发生了回复与再结晶，表面残余应力基本消失，但再结晶使零件表面形成了一层不同于心部的细晶粒层，此晶粒层也将提高零件的高温疲劳强度。

超音速表面喷丸的生产效率是普通喷丸的2～4倍，特别适用于大型结构件表面高效喷丸强化。

超音速表面喷丸设备见图3-4。超音速喷枪射出的弹丸速度为300～500m/s，随着零件的转动可实现整个零件表面的喷丸强化。喷丸强化使用的介质主要是弹丸。按弹丸的材料可分为黑色金属、有色金属及非金属等。超音速喷丸强化用的弹丸，首先要求它具备圆球形状，其次是弹丸在具有一定冲击韧性的条件下，硬度越高越好。一般使用的弹丸直径为0.05～1.5mm。

 复习思考题

1. 简述基体前处理在表面处理中的作用。
2. 从原理、用途、要求等方面比较分析表面整平的各种方法。
3. 表面清洗的目的及清洁对象是什么？不同清洗对象各有哪些清洗方法？
4. 简述用于除油的各种方法的基本原理。
5. 什么是化学抛光？低碳钢和铝合金所用化学抛光液有何不同？
6. 什么是电化学抛光？与机械抛光相比，电化学抛光有哪些特点？
7. 金属为什么要进行磷化处理？其基本原理是什么？
8. 影响磷化的因素有哪些？
9. 什么是金属表面的钝化现象？活化和钝化相比其作用有何不同？
10. 比较分析超音速喷砂和超音速喷丸的应用场合、原理和作用。

第四章

电镀、化学镀新技术

镀层常用来获得要求的表面性能。镀层涂镀的方法有多种，但其中的电镀和化学镀因经济、易于投产并适用于各类镀层而获得广泛应用。

电镀是在外电流作用下，电解质水溶液中的金属离子迁移到作为阴极的被镀基体金属表面，发生氧化还原反应并沉积形成镀层的一种表面技术。电镀方式主要有槽镀、滚镀和刷镀等。

化学镀是在没有外电流作用下，通过化学方法使溶液中的金属离子还原为金属并沉积在基体表面，形成镀层的一种表面技术。

第一节 合 金 电 镀

电镀是金属电沉积技术之一，是通过电解方法在固体表面上获得金属沉积层的过程，其目的在于改变固体材料的表面特性。镀后形成单一金属镀层的方法称为单金属电镀。常用的单金属电镀主要有镀锌、镀铜、镀镍、镀铬、镀锡、镀镉、镀银和镀金等。现代科技的发展对材料表面性能提出了种种新的要求，仅靠有限的十多种单一金属镀层远远满足不了需要。通过电镀合金的方法来改变镀层的性能，可获得数百种性能各异的镀层，能满足各种特殊表面性能的要求。

在阴极上同时沉积出两种或两种以上金属，形成结构和性能符合要求的镀层的工艺过程，称为合金电镀。

一、合金电镀基本知识

1. 电镀液

目前，工业化生产上使用的电镀溶液大多是水溶液，在有些特殊情况下，也使用有机溶液或熔盐镀液。电镀液一般由主盐、附加盐、缓冲剂、阳极活化剂和添加剂等组成。主盐是析出金属的易溶于水的盐类。主盐主要有单盐和络盐两种类型。金属离子在镀液中的存在形式有简单金属离子和金属络离子两类，单盐提供简单金属离子，络盐提供金属络离子。简单金属离子大多极化作用小，故从单盐溶液中电沉积往往只能得到结晶粗糙的镀层。当金属离子以络离子形式存在时，由于络离子在阴极表面还原需较大的活化能，造成了放电迟缓效应而促使电化学极化与过电位的提高，故从络盐溶液中沉积容易得到结晶细致的镀层。常用电镀液基本类型见表4-1。

附加盐是电镀液中除主盐以外的某些碱金属或碱土金属盐类，主要用于提高电镀液的导电性，对主盐中的金属离子不起络合作用。缓冲剂是指用来稳定溶液酸碱度的物质，它一般是由弱酸和弱酸盐或弱碱和弱碱盐组成的，能使溶液在遇到碱或酸时，溶液的 pH 值变化幅

表 4-1　常用电镀液基本类型

单　盐	主盐形态	镀种实例
硫酸盐	MSO_4	镀铜、锌、镉、镍、钴等
氯化物	MCl_2	镀铁、锌、镍
氟硼酸盐	$M(BF_4)_2$	镀锌、镉、铜、铅、锡、钴等
氟硅酸盐	$MSiF_6$	镀铅、锌等
氨基磺酸盐	$M(H_2NSO_3)_2$	镀镍、铅等
氨合络盐	$[M(NH_3)_n]^{2+}$	镀锌、镉等
有机络盐	$[ML]^{n-}$	镀锌、铜、镉等
焦磷酸盐	$[MP_2O_7]^{2+}$ 或 $[M(P_2O_7)_2]^{6-}$	镀铜、锌、镉等
碱性络盐	$[M(OH)_n]^{(n-m)-}$ 或 $[MO_n]^{(2n-m)-}$	镀锌、锡等
氰合络盐	$[M(CN)_n]^{(n-m)-}$	镀金、银、铜等

度缩小。阳极活化剂是镀液中能促进阳极活化的物质，它能提高阳极开始钝化的电流密度，从而保证阳极处于活化状态而能正常地溶解。添加剂是不明显改变镀层导电性，而能显著改善镀层性能的物质。

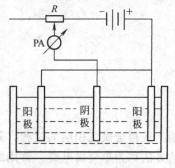

图 4-1　电镀装置示意图

2. 电镀反应

图 4-1 是电镀装置示意图，被镀工件为阴极，与直流电源的负极相连，金属阳极与直流电源的正极连接，阴阳两极均浸入镀液中。当在阴阳两极间施加一定电压时，则在阴极发生如下电化学反应：从镀液内部扩散到电极和镀液界面的金属离子 M^{n+} 从阴极上获得 n 个电子，被还原成金属 M，$M^{n+}+ne^- \longrightarrow M$；另一方面，在阳极则发生与阴极完全相反的反应，即阳极界面上发生金属 M 的溶解，释放 n 个电子生成金属离子 M^{n+}，$M-ne^- \longrightarrow M^{n+}$。

当金属电极浸入含有该金属离子的溶液中时，金属失电子而溶解于溶液的反应和金属离子得电子而析出金属的逆反应同时存在：$M^{n+}+ne^- \longrightarrow M$。当无外加电压时，正、逆反应很快达到动态平衡，电极金属和溶液中的金属离子之间建立所谓平衡电位。但由于反应平衡建立以前，以金属失电子的氧化反应为主，电极上有多余的电子存在，而靠近电极附近的溶液区有较多的金属离子，即在金属与溶液的交界处出现双电层。由于形成双电层就产生了电位差，这种由金属与该金属盐溶液界面之间产生的电位差叫该金属的电极电位。

平衡电位与金属的本性和溶液的温度、浓度有关。为了精确比较物质本性对平衡电位的影响，人们规定当溶液温度为 25℃、金属离子的浓度为 1mol/L 时，测得的电位叫标准电极电位。标准电极电位的高低反映了金属的氧化还原能力。标准电极电位负值较大的金属都易失掉电子被氧化，而标准电极电位正值较大的金属都易得到电子被还原。

有电流通过电极时，电极电位偏离平衡电极电位的现象称为极化。阳极极化时，电极电位随电流密度增大而不断变正；阴极极化时，电极电位随电流密度增大而不断变负。通常把某一电流密度下电极电位与平衡电位的差值称过电位。过电位由电化学极化过电位、浓差极化过电位和溶液的欧姆电压降构成，用来定量地描述电极极化的状况。产生极化作用的原因主要是电化学极化和浓差极化。

因阴极上电化学反应速度小于外电源供给电极电子的速度，而使电极电位向负的方向移动引起的极化作用称为电化学极化（阴极极化）。因邻近电极表面液层的浓度与溶液主体的浓度发生差异而产生的极化称浓差极化，这是由于溶液中离子扩散速度小于电子运动速度造成的。

3. 金属的电沉积过程和共沉积

（1）金属的电沉积过程 电镀过程是镀液中的金属离子在外电场的作用下，经电极反应还原成金属原子并在阴极上进行金属沉积的过程。完成电沉积过程必须经过液相传质、电化学反应和电结晶三个步骤。

液相传质是镀液中的水化金属离子或络离子从溶液内部向阴极界面迁移，到达阴极的双电层溶液一侧，形成从阴极到阳极金属离子浓度逐渐增大的浓度梯度。传质有电迁移、对流和扩散三种形式。在通常的无搅拌的镀液中，电迁移和对流可略去不计。扩散传质是溶液里存在浓度差时出现的一种现象，是物质由浓度高的区域向浓度低的区域的迁移过程。扩散总是存在的，它是液相传质的主要方式。

电化学反应是水化金属离子或络离子通过双电层到达阴极表面后，水化程度较大的简单金属离子转化为水化程度较小的简单离子，配位数较高的络合离子转化为配位数较低的络合金属离子，并去掉它周围的水化分子或配位体层，从阴极上得到电子，生成金属原子（吸附原子）。

电结晶是金属原子沿金属表面扩散到达结晶生长点，以金属原子态排列在晶格内，形成镀层。

电镀时，以上三个步骤是同时进行的，但进行的速度不同，速度最慢的一个被称为整个沉积过程的控制环节。假如传质作为电沉积过程的控制环节，则电极以浓差极化为主，很容易产生镀层缺陷。因此，电镀生产不希望传质步骤作为电沉积过程的控制环节。假如电化学步骤作为电沉积过程的控制环节，则电极以电化学极化为主。电化学极化对获得良好的细晶镀层非常有利，它是人们寻求最佳工艺参数的理论依据。

（2）金属共沉积 电镀技术包含两大共沉积类型，一类为金属共沉积，所得为二元或多元合金镀层；另一类为固体微粒与金属共沉积，即通常所称的复合电镀。

金属共沉积即合金电镀。对二元合金共沉积而言，其基本条件有两个。其一是构成合金的金属中至少有一种金属能单独从其盐类的水溶液中沉积出来。有些金属如钨、钼等虽不能从其盐的水溶液中沉积出来，但它可以与铁族金属一同共沉积。其二是两种金属的析出电位应充分接近或相等。否则，电位较正的金属将优先沉积，甚至完全排斥电位较负的金属析出。

金属共沉积常分为正常共沉积与非正常共沉积。

① 正常共沉积。正常共沉积又分为正则共沉积、非正则共沉积和平衡共沉积三种类型，其共同特征是两金属在共沉积层中的相对含量可以定性地依据它们在对应溶液中的平衡电位来推断，电位较正的金属优先析出。正则共沉积基本上受扩散步骤控制，电位较正金属在镀层中的含量随阴极扩散层中金属离子总浓度的提高而增多，主要出现在单盐镀液中。非正则共沉积受扩散控制的程度小，主要受阴极电位的控制，一般出现在采用配合物沉积的镀液体系。平衡共沉积在低电流密度下小极化情况下发生，镀层中各组元比值等于镀液中金属离子的浓度比，只有很少几个共沉积过程属于平衡共沉积体系。

② 非正常共沉积。非正常共沉积又有异常共沉积和诱导共沉积之分。异常共沉积的特征是电位较负的金属反而优先析出，对于给定的镀液，只有在特定浓度和特定工艺条件下才出现异常共沉积，而在另外的情况下则出现其他共析形态，异常共沉积较少见。诱导共沉积的特征是难以从水溶液中单独沉积出的金属，如钼、钨、钛等，在铁族金属诱导下发生

共析。

③ 影响金属共沉积层的因素。影响金属共沉积层组成的最重要的因素是金属离子在溶液中的浓度比。对于正则共沉积，提高镀液中不活泼金属的浓度，镀层中不活泼金属的含量也按比例增加。对于非正则共沉积，虽然提高镀液中不活泼金属的浓度，镀层中的不活泼金属的含量也随之提高，但却不成比例。

在金属浓度比不变的情况下，改变镀液中金属的总浓度，在正则共沉积时将提高不活泼金属的含量，但没有改变该金属浓度时那么明显。对非正则共沉积的合金组分影响不大，而且与正则共沉积不同，增大总浓度，不活泼金属在合金中的含量视金属在镀液中的浓度比而定，可能增加也可能降低。

在采用单一络合剂同时络合两种离子的镀液中，如果配合物含量增加，使其中某一金属的沉积电位比另一金属的沉积电位变负得多，则该金属在合金镀层中的含量下降。例如镀黄铜、铜氰络离子比锌氰络离子稳定，增加氰化物浓度，铜的析出较困难，合金中含铜量将降低。在两种金属离子分别用不同的络合剂络合的镀液中，如氰化物镀铜锡合金，铜呈氰化络离子，锡被碱络合，它们在同一体系中，增加氰化物含量，铜放电困难，合金中铜则减少。同样用碱可方便地调节锡在合金中的含量。所以铜锡合金电镀中调节合金成分比较方便。

镀液中的 pH 值可以影响氢的放电电位、碱性夹杂物的沉淀，还可以影响络合物或水化物的组成以及添加剂的吸附程度。在含简单离子的合金镀液中，pH 值的变化对镀层组成影响不大。在含有络离子的镀液中，pH 值的变化往往影响络离子的组成与稳定性，对镀层组成影响较大。但 pH 值的变化对镀层物理性能的影响比对其组成的影响更大，故对电镀一些特殊的合金，控制镀液的 pH 值至关重要。通过加入适当的缓冲剂可以将 pH 值稳定在一定范围。

镀液中的光亮剂、整平剂、润湿剂等添加剂能明显改善镀层组织。这些添加剂有无机和有机之分。它们或在电解液中形成高分散度的氢氧化物或硫化物胶体，或本身为表面活性物质，吸附在阴极表面阻碍金属析出，提高阴极极化作用。另外，某些有机添加剂在电解液中形成胶体，会与金属离子络合形成胶体-金属离子型配合物，阻碍金属离子放电而提高阴极极化作用。

任何电镀液都有一个能产生正常镀层的电流密度范围。在电流密度下限值以下，阴极极化作用较小，镀层结晶粗大，甚至没有镀层。在下限值以上，随着电流密度的提高，阴极极化和过电位增大，有利于晶核形成，结晶细化，并有利于电位较负的金属析出，提高其在镀层中的含量；在少数情况下，也会出现一些反常现象，有的金属含量在电流密度变化时会出现最大值或最小值。但当电流密度达到上限即极限电流密度时，镀层质量开始恶化。电流密度的上下限是由电镀液的本性、浓度、温度和搅拌等因素决定的。一般情况下，主盐浓度增大，镀液温度升高，以及有搅拌的条件下，可以允许采用较大的电流密度。

电流波形是通过阴极电位和电流密度的变化来影响阴极沉积过程的，它进而影响镀层的组织结构，甚至成分，使镀层性能和外观发生变化。几种特殊的电流波形对电镀质量有显著影响。目前应用较多的特殊波形主要有换向电流和脉冲电流。换向电流通过直流电流周期性换向，使镀件处于阴极与阳极的交替状态而呈间歇沉积，电流正反向时间比为重要可控参数。当镀件由阴极转变为阳极时，界面上已被消耗的金属离子得到适时补充，浓差极化受到抑制，有利于极限电流的提高。另外，原先沉积上的劣质镀层与异常长大的晶粒受到阳极刻蚀作用而去除，不仅有利于镀层的整平细化，且因去除物溶解在界面上，一定程度上提高了表面有效浓度，对提高电化学极化有利。但有些情况下，镀件处于阳极状态可能引发镀层钝化，而造成镀层分层缺陷或结合力下降。脉冲电流通过单向周期电流被一系列开路所中断而呈间歇沉积状态。脉冲电流作用下的高频间歇阴极过程，由于电流或电压脉冲的张弛导致阴极电化学极化的增加与浓差极化的降低，对电结晶细化作用往往十分明显。

镀液温度的升高使放电离子活化，电化学极化降低，导致结晶变粗。某些情况下镀液温度升高，稳定性下降，使离子的脱水过程加快。但当其他条件有利时，升高镀液温度不仅能提高盐类溶解度和溶液导电性，还能增大离子扩散和对流速度，使优先沉积的电位较正的金属易得到补充，加速该金属的沉积，使其在镀层中的含量增加。升高镀液温度能提高阴极电流效率，电流效率提高得较多的金属，不管它的电位高低，都会增加它在沉积合金中的含量。此外，温度升高对减少镀层含氢量和降低脆性也有利。

搅拌促使溶液对流，减薄界面扩散层厚度而使传质步骤得到加快，对降低浓差极化和提高极限电流、提高生产率有显著效果。搅拌使扩散层内电位较正的金属离子的浓度提高，使该金属在沉积合金中的含量提高。此外，搅拌还可增强整平剂的效果。但搅拌降低阴极极化，使晶粒变粗。

二、合金电镀工艺

合金镀层具有许多单金属镀层所不具备的特殊性能，如外观、颜色、硬度、磁性、半导体性、耐蚀以及装饰等方面的性能。合金电镀的主要特点是：易制取高熔点和低熔点金属组成的合金，如 Sn-Ni 合金；可获得平衡相图没有的合金，如 δ-铜锡合金；易获得近年来引起人们广泛关注的具有优异性能的非晶态合金，如 Ni-P 合金；能获得水溶液中难以单独沉积金属的合金，如各种 W、Mo、Ti 的合金；控制一定的条件还可使电位较负的金属优先析出，如 Zn-Fe、Zn-Ni 合金。

合金电镀通常可按镀层功能进行分类，主要有：防护性合金电镀、装饰性合金电镀、耐磨性合金电镀、减摩性合金电镀、钎焊性合金电镀、电学性能合金电镀、磁学性能合金电镀、光学性能合金电镀和其他性能合金电镀等。

合金电镀工艺过程一般包括电镀前预处理、电镀及镀后处理三个阶段。镀前预处理的目的是为了得到干净新鲜的金属表面，为最后获得高质量镀层作准备，主要进行脱脂、去锈蚀、去灰尘等工作。镀后处理主要有钝化处理和除氢处理。钝化处理是指在一定的溶液中进行化学处理，在镀层上形成一层坚实致密的、稳定性高的薄膜的表面处理方法。钝化使镀层耐蚀性大大提高并能增加表面光泽和抗污染能力。这种方法用途很广，镀 Zn、Cu 及 Ag 等后，都可进行钝化处理。有些金属如锌，在电沉积过程中，除自身沉积出来外，还会析出一部分氢，这部分氢渗入镀层中，使镀件产生脆性，甚至断裂，称为氢脆。为了消除氢脆，往往在电镀后，使镀件在一定的温度下热处理数小时，称为除氢处理。

1. 防护性合金电镀

电镀防护性合金多属于钢铁的阳极性镀层，应用上较广的有两类。第一类以电位比铁负的锌为基，或是通过加入电位比锌正的铁族元素如镍、铁、钴，在相对于钢铁仍为阳极性镀层的基础上提高合金的电极电位，从而延缓镀层的腐蚀进程；或是加入电位与锌相当或更负的元素如锰、铬或钛，通过这些元素在腐蚀历程中易促使镀层表面形成致密的保护膜来抑制腐蚀反应的进一步发展。第二类以电位略比铁正的金属如镉或锡为基，通过加入电位比铁负的金属如钛或锌来降低合金的电极电位，从而提供更好的防护性能。

（1）锌基合金电镀　锌基合金电镀以锌镍合金应用最广，其次是锌铁和锌镍铁合金。近年来还相继开发了锌钴、锌锰、锌铬、锌钛及锌镉合金。此外，在锌钴合金基础上还开发出锌钴钼及锌钴铬三元合金，在防护性镀层的选择上拓宽了范围。

① 锌镍合金。一般采用含镍量7%～18%的锌镍合金，此成分的锌镍合金镀层的电位与铁的电位接近，但仍为阳极镀层。电镀锌镍合金对钢铁具有优异的保护作用，尤其是含镍量13%的锌镍合金电镀层是最理想的高抗蚀性镀层，其耐蚀性最高，可达锌镀层的5倍。锌镍合金可自氯化物、硫酸盐或硫酸盐与氯化物混合型槽液中获得，典型工艺见表4-2。从这些槽液中镀锌镍合金，一般属于异常共沉积，电位比镍负很多的锌比镍优先析出。锌镍合金镀层一般需进行彩色或黑色或白色钝化处理，经钝化处理后，其耐蚀性进一步提高，且具有良好的外观。

表4-2　锌镍合金电镀规范

组分/g·L^{-1}	氯化物型	硫酸盐型	混合盐型
氯化锌	100		
硫酸锌		150	80
氯化镍	140		
硫酸镍		130	200
氯化铵	200		30
聚乙烯乙二醇胺苯醚	2	0.01	
苯亚甲基丙酮	0.15		
硼酸		30	
pH 值	5.5	1～3	2.2
镀液温度 T/℃	30～40	35～45	50
电流密度 D/A·dm^{-2}	1～8	0.1～10	20

② 锌镍铁合金。为了节省战略资源镍，降低成本，常在锌镍合金中加入若干铁以形成Zn-Ni-Fe 三元合金。常用的含镍6%～10%、铁2%～5%的锌镍铁合金镀层外观呈银白色，结晶细致，易抛光，具有良好的耐蚀性，目前主要作为日用五金等零件镀铬前的底镀层，它可代替氰化物镀黄铜作为钢铁基体的底镀层。槽液可选用焦磷酸-酒石酸双络合剂体系。锌镍铁镀层含锌量不宜高于85%，否则在其上套铬困难。镀液中存在 Fe^{2+}，可抑制镀层中锌、镍的含量，提高镀层光泽。但硫酸亚铁超过 2.5g/L 时镀层容易呈现条纹，电流效率下降；铁盐含量过低则镀层粗糙，套铬困难。

(2) 镉基合金电镀　用作防护性镀层的镉基合金，以镉钛合金用得最广，其抗海水腐蚀性能比镉镀层高，且具有低氢脆性特点，故常应用于航空航天、航海、军工及电器工业。镉锡合金在湿热环境、有机气氛及燃料油中具有较好的耐蚀性，即使镀层出现腐蚀点后，腐蚀面积的扩展也非常缓慢，故常用于航空发动机上。

2. 耐磨性合金电镀

电镀耐磨性合金中以镍基合金应用最广，常见有镍钨合金、镍钼合金及镍磷合金。其次，铁基合金及铬基合金在工业上的应用也已得到开发。这类合金的特点是具有较高的硬度和耐磨性，并往往可通过热处理以获得更好的使用性能。

(1) 镍基合金　工业上用作耐磨的镍基合金，一般是在镍的基体上加入钨、钼、钛及磷等元素。这些合金元素从其水溶液中难以单独沉积出，但与铁族元素一起时可通过诱导效应发生共析。

① 镍钨合金。主要用于轴承、活塞、汽缸、挺杆及曲轴等机械零件的表面强化，以及模具等要求抗高温磨损的场合。从酸性及碱性槽液中均可镀出镍钨合金，其电镀规范参见表4-3。

表 4-3　镍钨合金电镀规范

组分/g·L^{-1}	1	2	3	4
硫酸镍	300～600	250	13	150
钨酸钠	30	20～30	68	2
柠檬酸钠		50	200	
氯化铵			50	
硼酸	50	30		20～30
双氧水	21			
十二烷基硫酸钠		0.01		0.01
pH 值	1.9～2.3	2～2.4	8.5	6～6.4
镀液温度 T/℃	40～50	30～50	90	40～45
电流密度 D_k/A·dm^{-2}	10	1～10	20	0.8～1.2

② 镍钼合金。最早以硫酸盐镀镍槽液中添加钼酸铵的方法在弱酸性条件下镀出黑镍，主要用于光学仪器、兵器及铭牌。自20世纪70年代起开发了碱性镀镍钼合金体系，含钼量稳定在25%，镀层硬度约400HV，经热处理后提高到1000HV，并已在工业上用作耐磨性镀层。酸性镍钼合金槽液镀耐磨镀层的规范可参考如下：硫酸镍300g/L，钼酸钠12.6g/L，氯化钠28g/L，庚酸钠200g/L，硼酸40g/L；pH3.5，T 55℃，D_k 4A/dm^2。从这种通用型槽液可得到含5%钼的合金镀层。目前已在该槽液基础上开发出钴钼合金，用于延长冲压模和塑料模具的寿命。

③ 镍磷合金。镍磷合金是目前耐磨性镀层中应用最广的一类，其硬度一般可达500HV以上，经400℃×1h热处理后可提高到1000HV以上，耐滑动磨损性能优于镀铬层，故常用作代铬镀层，以减轻铬对环境的污染。电镀镍磷合金镀层含磷量通常在3%～12%。镀层组织与含磷量有关，含磷量超过7%的镍磷合金为非晶态，在氯化钠、氯化铵、盐酸、硫酸、氢氟酸及一些有机酸中具有很好的耐蚀性。电镀镍磷槽液按磷的来源大致可分为次磷酸盐型及亚磷酸型两种。前者分散能力和覆盖能力较好，但稳定性较低；后者成分简单，镀层结合力好，但分散能力与覆盖能力较差。

（2）其他耐磨合金　铬钼合金的硬度与耐磨性比镀铬层高，且镀层致密，耐蚀性也比镀铬层好。目前的应用配方一般是在标准镀铬液中加入钼酸、钼酸钠（或铵）或三氧化钼而获得铬钼合金，含钼量为0.2%～25%，当含钼量在1%时，耐磨性比镀铬层高2～7倍。镀层硬度随含钼量增加而提高，最高可达1600HV。由铬钼、镍钼、铁钼及钴钼合金体系中均能得到非晶态结构。铬钼合金在含钼量达1.4%时镀层为非晶态组织。

钴钼和钴钨合金已被成功地应用于模具表面强化上。典型的镀液配方为在双络合剂体系中含2mol钴和0.2mol钼或钨，pH值控制在1.2～1.7。合金镀层中含6%钼或8%钨。用在热锻模上可提高寿命100%，冷作模上可提高寿命20%～120%。

3. 减摩性合金电镀

电镀减摩性合金以铅基合金应用最广，如铅锡、铅锰、铅锑、铅铜、铅银、铅铟二元合金及铅锡锑、铅锡铜等三元合金。减摩性电镀合金主要用于航空、航天及汽车内燃机发动机轴瓦作第三合金层，其结构形式为钢背-铜基或铝基合金衬里-减摩合金表层。

（1）铅基二元合金　常用铅锡合金。含锡6%～20%，含锡低于6%时，镀层抗油酸腐蚀性能过低，使用寿命短；高于20％时，镀层熔点过低，承载能力不足。铅锡合金电镀槽液现以氟硼酸盐型应用较广，其电镀规范参见表4-4。含锡10％～40％的镀层用于改善电子元件的钎焊性。

表 4-4　铅锡合金电镀规范

组分/g·L^{-1}	氟硼酸盐型	氨基磺酸盐型	氟硅酸盐型
氟硼酸铅	160		
氨基磺酸铅		50	
氟硅酸铅			100～150
氟硼酸亚锡	14.5		
氨基磺酸亚锡		30	
氟硅酸亚锡			40～60
游离氟硼酸	100～200		
游离氟硅酸			60～100
氨基磺酸		100	
蛋白胨	5		
硼酸		30	
胶		2	1
邻苯二酚		1～2	
表面活性剂		0.1～0.2	
pH 值		1～2	
镀液温度 T/℃	15～38	室温	18～25
电流密度 D_k/A·dm^{-2}	3	4～25	4～5

（2）铅基三元合金　常用铅锡铜及铅锡锑三元合金。在铅锡合金中加入少量的铜，就是铅锡铜三元合金，该镀层中一般含锡9％～12％，含铜2％～3％。铜和锡具有一定的亲和力和溶解度，加入2％～3％铜，可抑制镀层在工作中锡向衬里的扩散。铅锡铜合金目前主要从氟硼酸盐镀铅锡合金槽液中添加氟硼酸铜而获得。

在铅锡合金中加入一定的锑，就是铅锡锑三元合金，它可从氟硼酸盐体系中镀出，也可从氨三乙酸-乙二胺体系中镀出，但其配方复杂，用于生产时维护困难。

4. 装饰性合金电镀

装饰性合金电镀的基本要求体现在平整、光亮、色调或花纹等四方面外观质量。此外，还需考虑到产品使用中对防锈、耐磨等功能的要求。目前工业上用作装饰性合金的镀层主要有铜基合金及锡基合金两类。

（1）铜基合金　主要镀种有铜锌、铜锡、铜镍等二元合金，以及铜锡锌三元合金。

① 铜锌合金。俗称黄铜，其镀层具有良好的外观色泽和较高的耐蚀性，其外观色泽随含锌量不同可呈现红色、金黄色、绿黄色或银白色。电镀铜锌合金常用于室内装饰品、家具、首饰及建筑五金件的装饰，也可用于钢铁件上电镀锡、镍、铬、银层或铝材电镀时的底层，以及轮胎钢丝上增强与橡胶结合力的过渡层。电镀铜锌合金按镀层含锌量的高低可分为低锌黄铜（Zn 10％左右）、中锌黄铜（Zn 30％左右）及高锌黄铜（Zn 70％左右，实际为锌铜合金）。装饰上应用最广的为中锌黄铜，也称仿金铜。铜和锌的标准电极电位相差约1.1V，从简单盐溶液中很难实现共沉积，故铜锌合金电镀槽液主要以络盐体系为主。早期使用的为氰化物类型槽液，并一直沿用至今。由于氰化物引起的公害问题，已开发了不少较可行的无氰镀液，如甘油-锌酸盐型、酒石酸型、乙二胺型、焦磷酸型及葡萄糖庚酸型等，其应用仍在探索。氰化物电镀铜锌工艺规范参见表4-5。表中绿黄铜含锌5％～10％，为高

铜合金，镀层色泽与青铜近似。白黄铜含铜 30％左右。仿金铜实为铜锌锡三元合金。在 70/30 黄铜液中加砷化合物及酚等可提高光亮度。电镀铜锌合金层易在高温、潮湿环境或含硫气氛中变色、泛黑点，故装饰性镀层应在镀后进行钝化处理或涂保护漆，还可进行氧化或着色处理。

表 4-5　氰化物电镀铜锌合金规范

组分/g·L^{-1}	70/30 黄铜	绿黄铜	白黄铜	仿金铜
氰化亚铜	26～31	52	17	20
氰化锌	9～11.3	7	64	6
氰化钠	45～60	70	85	50
碳酸钠	30	30		7.5
氢氧化钠			60	
硫化钠			4	
酒石酸钾钠		45	0.4	
氨水	1～3	4～18		
锡酸钠				2.4
pH 值	10～11.5	10.3	12～13	12.7～13.1
镀液温度 T/℃	30～45	40～55	25～40	20～25
电流密度 D_k/A·dm^{-2}	0.3～1	0.5～3.2	1～4	2.5～5

② 铜锡合金。俗称青铜，其镀层外观色泽随含锡量不同可呈现红色、金黄、淡黄或银白色，耐蚀性好。电镀铜锡合金常用作日用品、餐具、乐器等的装饰，或用作代银、代铬、代镍镀层。在工业上，还常用作防渗氮层、反光层、轴承合金，以及与热水接触的工件防护层。电镀铜锡合金按含锡量不同可分为低锡青铜（7％～15％Sn）、中锡青铜（15％～30％Sn）及高锡青铜（40％～50％Sn）。铜与锡的标准电极电位相差约 0.476V，通常采用络盐体系槽液电镀。目前电镀铜锡合金多数仍采用氰合络盐，如氰化物-锡酸盐型、氰化物-焦磷酸盐型及氰化物-三乙醇胺型等。无氰电镀铜锡合金仍处于发展中，其中焦磷酸盐-酒石酸盐型已得到较好的应用。

③ 铜镍合金。俗称白铜，镀层外观色泽依含镍量不同可呈现红色、金黄色及银白色。铜镍合金电镀在 1980 年投入工业应用，但发展较慢。目前主要从焦磷酸盐槽液中电镀铜镍合金。

④ 铜锡锌三元合金。装饰性铜锡锌电镀合金依含锡量不同分为两种，一种为含锡量在 15％～35％的银白色镀层，另一种为含锡量在 1％～3％的仿金镀层。实用性槽液以氰化物类型为主，已获得应用的无氰电镀工艺主要有焦磷酸盐类型。铜锡锌合金电镀主要用于家电、灯具、钟表及小五金的装饰。

（2）锡基合金　装饰性锡基合金以锡镍和锡钴以及由此发展的锡镍铜等三元合金较常见。锡镍合金镀层色泽为光亮的青白色或略带黑的粉红色，耐蚀性较好，焊接性优良，可作为代铬镀层，或镀金层的底层，常用于自行车、汽车及电子等产品。电镀锡镍合金以焦磷酸盐槽液应用较广，典型工艺规范可参考如下：氯化亚锡 28g/L，氯化镍 30g/L，焦磷酸钾 200g/L，氨基乙酸 20g/L，氢氧化铵 5mL/L，光亮剂 1mL/L；pH 8，T 50℃，D_k 0.11A/dm^2。

锡钴合金镀层色泽接近于镀铬层，常用作代铬镀层，主要应用于塑料手柄、旋钮等的表面电镀，或螺钉、螺母等小零件的滚镀。锡钴合金电镀工艺的优点是深镀能力好，适合于形状复杂件的镀覆，但其耐磨性比镀铬层低，一般为 400～500HV。实用电镀锡钴合金的槽液以焦磷酸盐为主。镀层外观色泽与含钴量有很大关系，含钴量<20％时为光亮银白色，含钴量在20％～30％时与铬镀层最接近，含钴量>30％时则呈灰黑色。

第二节　复 合 电 镀

复合电镀是用电镀方法使固体微粒与金属共沉积从而在基体上获得基质金属（或称为主体金属）上弥散分布微粒结构的复合镀层。复合镀层的特点是具有两相组织，通过还原反应形成镀层的基质金属为均匀连续的金属相，固体微粒为均匀地弥散于基质金属之中的分散相，复合镀层综合了其组成相的优点。可采用的基质金属有镍、铬、钴、铜、银、铁、锌、镉、锡、铅等单质金属及镍钴、镍铁、铅锡、镍磷、铁磷、镍硼等合金。固体微粒可以是无机粒子，如氧化物、碳化物、硼化物、金刚石、石墨、氮化物等，也可以是有机粒子，如聚四氟乙烯、尼龙、氨基甲醛树脂等，还可以是不同于基质金属的另一种金属粒子，如镍粉、铝粉等。

复合电镀的主要特点是：镀覆材料广泛，同一种基质金属可沉积一种或数种性质各异的固体颗粒，同一种固体颗粒也可沉积在不同的基质金属中；加工过程不需高温（一般均低于100℃），可制取有机材料和金属组成的复合镀层，且工件不会变形；可沿用原来的电镀设备、镀液和阳极等，既方便又经济；可根据需要选择任意厚度的、用廉价基体材料镀上所需性能的、表面光滑的复合镀层，代替由贵重材料制造的整体实心工件，以节省大量的贵金属；镀层厚度不够均匀，工艺实施存在一些困难。

一、复合电镀原理

1. 原理

在复合电镀过程中，固体微粒均匀分散于电解液中，要使微粒大量而均匀地沉积在基质中，必须使微粒不断地向阴极表面迁移，这可通过搅拌方法来实现。搅拌和起微弱作用的电场力使被吸附离子和溶剂分子所包覆的微粒运动到阴极的紧密层外侧，在范德瓦尔斯力作用下形成弱吸附。当带电荷的微粒迁移到双电层内时，由于静电引力的增强，微粒与阴极建立起较强的强吸附，在界面电场的作用下，微粒被固定在阴极表面，而后被不断沉积的金属基质所掩埋。被掩埋的微粒仍有被冲刷的可能，只有当被沉积的金属基质掩埋超过微粒半径时，微粒才能牢牢地嵌埋在基质中，与基质发生"嵌合"而形成复合镀层。

2. 主要影响因素

复合镀层的性能与镀层中微粒含量密切相关。微粒在复合镀层中的含量是影响镀层性能的一个主要因素，也是复合电镀工艺控制中的一个重要问题。影响微粒在镀层中含量的主要因素有：微粒的性质，包括晶体结构、密度、粒度、导电性及润湿性；镀液的组成，如微粒添加浓度、镀液种类与体系、共沉积促进剂、pH值等；电镀工艺条件，主要有搅拌强度与方式、阴极电流密度、镀液温度及电流波形等。

二、复合电镀工艺

复合镀液主要由电镀基质金属溶液、固体微粒和共沉积促进剂（表面活性剂）组成。要制备复合电镀层，必须满足的条件为：

① 使固体微粒在镀液中均匀悬浮，微粒尺寸要适当。

② 微粒应亲水，在水溶液中最好是带正电荷。

③ 为保证微粒在镀液中润湿并均匀地悬浮，形成表面带有正电荷的胶体微粒，需对微粒进行活化处理。微粒的活化处理主要有三种：除去微粒表面油污的碱处理；除去微粒表面可溶性不纯物（多为氧化物）的酸处理；在镀液中添加适量的表面活性剂以使微粒润湿、表面荷电的表面活性剂处理。

复合电镀装置（主要指镀槽）与一般电镀装置的主要差异是在镀槽上配备搅拌装置，以确保固体微粒在电镀过程中始终保持均匀悬浮状态。常用的复合镀液搅拌方法有机械搅拌法、溶液搅拌法、联合搅拌法、上流循环法和夹板泵法等。搅拌方式有连续搅拌和间歇搅拌两种。间歇搅拌可提高镀层中微粒含量，但搅拌时间与间歇时间之比对不同微粒、不同粒径，有不同的最佳值。

复合镀层的分类方法很多。按功能分类，有防护性复合镀层、耐磨性复合镀层、减摩性复合镀层、装饰性复合镀层、切削性复合镀层及其他功能性复合镀层。

1. 防护性复合电镀

防护性复合电镀层是目前国内外大规模生产中用得最多最早的一类镀层，在多层镍-铬防护性镀层体系中，铜-半亮镍-亮镍-镍封闭-微孔铬组合中，镍封闭（镍封）是复合电镀层，它是通过微粒与镍共沉积形成复合镀层，从而在后续套铬工艺中形成具腐蚀电流分散型耐蚀结构的微孔铬层，以成倍地提高 Cu/Ni/Cr 组合镀层的耐腐蚀能力。

金属铝粉与锌共沉积形成的 Zn-Al 复合镀层的大力开发，成为机动车辆、电机、建材等工业部门中代替热镀锌的一种有前途的手段。此外锌基上弥散酚醛树脂、苯乙烯-丁二烯共聚物乳胶等高分子微粒，以及用硅烷偶联剂对 Zn-SiO$_2$ 复合镀层作接枝处理，都已被研究用作防护性复合涂装的底层，以增强有机涂料的结合力。

（1）镍封 镍封是在一般光亮镀镍液中加入粒径 <1μm 的不溶性微粒，如 SiO$_2$、BaSO$_4$、高岭土等，在共沉积促进剂作用下发生共沉积，形成镍基复合镀层。微粒在镀层内弥散分布，使光亮镍固有的高应力得到松弛；且在其上套铬时由于铬不能在微粒上沉积，结果形成大量微小孔隙，使作为腐蚀电池中阳极层的光亮镍暴露面积增加，降低了局部腐蚀电流的密度。镍封-微孔铬组合镀层可使镍层暴露面积达 25%～50%。为防止镀铬层光亮度下降，可控制微孔数在 $(2\sim5)\times10^4/cm^2$，镍封厚度在 0.2～2μm，套铬层厚度在 0.25～0.5μm。

（2）Zn-Al 复合镀层 由金属铝粉与锌共沉积的复合镀层中，锌与铝组成腐蚀电池，因铝表面存在氧化膜，故铝为阴极。由于氧在铝上扩散速度低，电子转移受阻，致使电极过程减慢，遂使金属锌上的阳极溶解速度下降。Zn-Al 复合镀层的耐蚀寿命远高于电镀锌及电镀锌后作扩散处理的镀层。Zn-Al 复合电镀工艺规范举例如下：硫酸锌 0.5mol/L，氢氧化锌 0.5mol/L，氢氧化铝 0.2mol/L，硼酸 30g/L，金属铝粉 30g/L；pH 5±0.2，T 40℃±5℃，D_k 15～30A/dm^2。

2. 耐磨性复合电镀

提高镀层的耐磨性是复合电镀的主要目的之一。耐磨性复合镀层一般以高硬度微粒，如各类氧化物、碳化物、硼化物等陶瓷微粒，弥散分布于硬度较高的基质金属如镍、铬、钴、铁等上的结构来提高耐磨性，通常应用于滑动磨损工况。

（1）镍基复合镀层　Ni-SiC 复合镀层很早就应用于发动机汽缸内表面、缸体型面上。镀层厚度 $300\sim450\mu m$，硬度 $300\sim600HV$，SiC 粒度 $2.5\sim4.5\mu m$，其在镀层中的含量约 $2\%\sim4\%$。因镀层较厚，通常采用氨基磺酸盐镀镍槽液，典型工艺规范如下：氨基磺酸镍 $500g/L$，氯化镍 $15g/L$，硼酸 $45g/L$，糖精 $3g/L$，SiC（$1\sim4.5\mu m$）$15g/L$，pH 4，T 57℃，D_k $20A/dm^2$。为了提高基质金属的硬度，目前的发展趋势是以合金为基质金属，例如电镀 Ni-P-SiC 复合镀层，可从 Watts 镀镍液或氨基磺酸盐镀镍浴中添加 H_3PO_4、NaH_2PO_4 等磷的化合物而获得。

（2）铁基复合镀层　复合镀铁在农机、交通及矿山设备的修复上应用较多。$Fe-Al_2O_3$、$Fe-B_4C$ 是较早开发的镀种。一般是在氯化物型低温镀铁槽液中加入粒度为 $3\sim7\mu m$ 的 Al_2O_3 或 B_4C 微粒，在间歇搅拌条件下复合电镀。微粒事先经活化处理，添加浓度在 $30\sim55g/L$ 为宜。用这种方法也可镀出 Fe-SiC 复合镀层。复合镀铁层显微硬度为 $900\sim1000HV$，耐磨性高于镀铁层，常用于轴类零件、内燃机汽缸套及犁铧的表面强化与修复。$Fe-P-Al_2O_3$ 复合镀层已成功地应用于铝合金表面强化。镀层经 $400℃\times1h$ 热处理，硬度可达 $1000\sim1400HV$，在干摩擦条件下的相对耐磨性比 45 钢高频淬火高 2 倍。

3. 减摩性复合电镀

减摩性复合镀层也称自润滑复合镀层，是将固体润滑剂微粒加入镀液使之与基质金属发生共沉积而形成的。可作为固体润滑剂的微粒主要有四类：层状结构的微粒，如 MoS_2、WS_2、石墨、氟化石墨、云母、滑石等；软金属微粒，如铅、锡、铟、银、金等；高分子材料微粒，如聚四氟乙烯（PTFE）、尼龙、聚酰亚胺等；氧化物、氟化物等其他微粒，如氧化铅、氧化锑及氟化钙、氟化钡等。用作减摩性复合镀层的基质金属常用的有铜、镍、铁、钴、锡、锌、铅、银、金等金属及其合金。

（1）铜基复合镀层　常用硫酸盐、焦磷酸盐或氟硼酸盐型镀铜槽液作为载体，固体润滑剂微粒常用 MoS_2、WS_2 及石墨。铜基复合镀层（如 Cu-石墨、$Cu-MoS_2$）硬度随固体润滑剂微粒在镀层中的含量增加而下降，一般在 $40\sim60HV$；其摩擦系数随微粒含量增加而急剧下降，并随负荷增加而明显降低，但与运动速度关系不大。

（2）镍基复合镀层　减摩性镍基复合镀层常以 Watts 型或氨基磺酸盐型镀镍液作载体，微粒选 h-BN、$(CF)_n$、MoS_2 或 PTFE。

（3）其他减摩性复合镀层　锡基、锌基、钴基、铁基、银基及金基减摩性复合镀层也已得到开发与应用。在碱性镀锡液中添加粒径在 $0.2\sim1\mu m$ 的镍粉，可在电流密度为 $0.5\sim3A/dm^2$ 范围得到 Sn-Ni 复合镀层，镍微粒的加入能显著降低镀层的摩擦系数。在氯化物镀锌液中添加平均粒径为 $2\mu m$ 的胶体石墨，添加浓度在 $5\sim75g/L$，可在电流密度为 $0.5\sim4A/dm^2$ 条件下得到摩擦系数极低的 Zn-石墨复合镀层。从硫酸盐或氯化物镀钴液中添加 h-BN、CaF_2、石墨等微粒制取的钴基减摩性复合镀层，已被应用于轴承、模具及齿轮上。由氯化物镀铁液中复合电镀 $Fe-MoS_2$ 或 $Fe-WS_2$，可使镀铁层的摩擦系数从 0.6 降低到 0.1，内应力从 240MPa 降低到 $140\sim200MPa$。

第三节　非晶态合金电镀

非晶态合金是一种微观近程有序和远程无序的结构。由于它是多种元素的固溶体，是均匀的单相，不存在晶体缺陷，表现出各向同性，所以具有许多比晶态金属优异的特性，如高强度、高耐蚀性、高耐磨性、非磁性、超导性、良好的光泽性及独特的电致发光变色特性等。由于非晶态金属特殊的组成、结构特性和优异的力学、物理、化学特性，人们称其为"世纪性"材料。最早的电镀非晶态合金是用电镀技术获得的 Ni-P、Co-P 镀层。目前由电镀法制备的非晶态合金镀层有 Ni-H、Pd-H、Cr-H、Cr-W-H、Cr-Mo-H、Cr-Fe-H、Ni-P、Fe-P、Co-Ni-P、Co-Zn-P、Ni-S、Co-S、Cr-C、Pd-（As）、Ni-B、Co-W-B、Ni-Cr-P、Ni-Fe-P、Ni-W、Co-W、Fe-W、Ni-Mo、Co-Mo、Fe-Mo、Co-Re、Co-Ti、Fe-Cr、Fe-Cr-P、Fe-Mo-W、Bi-S、Bi-Se、Cd-Te、Cd-Se、Cd-Se-S、Si、Si-C-F、Ir-O 等。电镀法制备非晶态合金的主要特点是：可获得其他方法所得不到的非晶态合金；镀层结构可实现非晶结构-晶态结构的连续变化；通过改变电沉积条件，可制备不同组成的非晶态合金镀层；可制作大面积及形状复杂的非晶态合金；可在非金属基材上得到非晶态合金；适于连续作业和批量生产。非晶态合金电镀件主要用作发动机的主轴、叶片、叶轮、活塞、喷嘴及各种泵、阀门、管道、压力容器、反应交换器，也可用作离合器、齿轮、轴承等。

非晶态合金电镀按元素组成分有金属-半金属型和金属-金属型两种。前者是通过添加 P、B、C、S 等元素制得，其中以 Ni-P 合金研究最多，此外，研究较多的为 Fe-P、Ni-B、Co-P、Co-B 等；后者是由铁族元素与高熔点金属 Mo、W、Re 和 Cd 等诱导共沉积而成，如 Re-Mo、Fe-W、Ni-Mo、Ni-W 等。

一、电镀镍磷非晶态合金

含磷量超过 7% 的镍磷合金是一种单相均一的非晶态合金，它具有耐蚀性和硬度高、镀层致密、耐药品性和耐磨性好、能屏蔽电磁波等特性，其耐蚀性比镍高，且随镀层磷含量的增加而提高，含磷量为 10%～11% 的合金具有最高的耐蚀性，含磷量超过 11% 时其耐蚀性反而下降。当镀层磷含量超过 8% 时，镀层变为非磁性。

镍磷合金镀层是随着镀层中磷含量的增加而从晶态连续地向非晶态变化的。大致情况为：微细晶态（含磷 3% 左右）→微细晶态＋非晶态（含磷 5% 左右）→非晶态（含磷 7% 以上）。镍磷合金受热后会发生晶化转变，由均一单相的非晶态结构变为镍晶体与 Ni_3P 两相组织，一般加热到 400℃ 基本上由非晶态转变为晶态结构。

镍磷合金常用的电镀液有氨基磺酸盐型、次磷酸盐型和亚磷酸盐型等。典型工艺规范如下：氨基磺酸镍 200～300g/L，氯化镍 10～15g/L，硼酸 15～20g/L，亚磷酸 10～12g/L；pH 1.5～2，T 50～60℃，D_k 2～4A/dm²。

二、电镀镍硫非晶态合金

在碳素钢上沉积厚的 Ni-S 非晶态镀层，对析氢反应的催化作用相当好，且镀层与基体结合良好，经久耐用，可用作低氢过电位的阴极材料，作为电解食盐的阴极材料是很有发展前途的。其工艺规范参见表 4-6。

三、电镀铁钼非晶态合金

钼不能单独从水溶液中电沉积，但可以与 Fe、Co、Ni 等铁族金属发生诱导共沉积。镀层中 Mo 含量、镀液的温度、pH 值、电流密度等对非晶态的形成产生重大影响。镀层中 Mo 含量低时为晶态，当含量超过 20% 时就成为非晶态。当 pH 高于 4.1 时，随 pH 增高，阴极电流效率降低，能保持非晶态结构。若 pH 低于 4.1，电流效率也降低，镀层将成为晶

表 4-6 镍硫非晶态合金电镀工艺规范

组分/g·L^{-1}	1	2	3	组分/g·L^{-1}	1	2	3
硫氰酸镍	87			氨水	200mL/L		
柠檬酸	126			硫代硫酸钠		150～200	200
硫酸镍		27～54		氯化镍			47.5
硫酸铵		23～46		pH	8	4	4
氯化铵	50	15	40	T/℃	30	30	30

态结构。电镀铁钼非晶态合金的工艺规范见表 4-7。

表 4-7 铁钼非晶态合金电镀工艺规范

组分/g·L^{-1}	1	2	组分/g·L^{-1}	1	2
氯化铁	9		柠檬酸钠		76～230
钼酸钠	40	31～94	pH	8～10	4～5
焦磷酸钠	45		T/℃	50	30
碳酸氢钠	75		D_k/A·dm^{-2}	15.6	0.8
硫酸亚铁		20～70			

第四节　电刷镀新技术

　　电刷镀是从传统电镀（槽镀）技术上发展起来的一种新的电镀方法，又称刷镀、选择性电镀、笔镀、涂镀、擦镀、无槽镀等，它是在被镀零件表面局部快速电沉积金属镀层的技术，其本质上是依靠一个与阳极接触的垫或刷提供电镀需要的电解液的电镀，它与传统电镀有很大区别，它使用专用电源、镀笔与电解液，无需常规电镀槽，局部镀时的不镀部位不需全部绝缘。

　　与槽镀相比，电刷镀的主要特点有：设备简单，工艺灵活，不需常规镀槽；沉积速度快，电流密度大，故有时也称之为快速电镀；镀层种类多，与基体材料的结合力强，力学性能好，可以有选择地进行局部镀，能保证满足各种维修性能的要求；电解液一般不含氰化物类剧毒物，利于环保；镀液大多采用有机络盐体系，稳定性好，可循环使用，废液量少；消耗包缠材料，不适于大批生产作业，工艺过程在很大程度上依赖于手工操作，劳动强度较大。

　　电刷镀主要应用有：机械构件的表面强化与防护；磨损件、腐蚀件、误加工件以及其他表面损伤件的修复；材料的表面改性及表面装饰。

一、电刷镀基本原理

　　图 4-2 是电刷镀工艺原理示意图，将表面处理好的工件与专用的直流电源的负极连接作为阴极，镀笔与电源的正极连接作为阳极，电刷镀时，使棉花包套中浸满电镀液的镀笔以一定的相对运动速度及适当的压力在被镀工件表面上移动，在镀笔与被镀工件接触的部分，镀液中的金属离子在电场力的作用下扩散到工件表面，在表面获得电子被还原成金属原子而沉积在工件表面形成镀层。因电刷镀时阴阳极处在动态条件下，故镀层是一个断续的电结晶

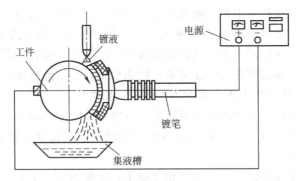

图 4-2　电刷镀工艺原理示意图

过程。

二、电刷镀设备

电刷镀设备主要包括专用直流电源、镀笔及其他辅助装置，国内外均有系列化产品。

电刷镀专用直流电源不同于其他电镀所使用的电源，按主电路形式可分为硅整流式、可控硅整流式、逆变式及脉冲式等几种。小容量电源一般采用硅整流式，大容量电源多采用可控硅整流式，逆变式目前已在中小容量电源上应用。

镀笔是电刷镀的重要工具，其结构见图 4-3。

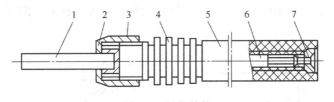

图 4-3　镀笔结构

1—阳极；2—"O"形密封圈；3—锁紧螺母；4—散热器体；

5—绝缘手柄；6—导电杆；7—电缆线插座

阳极一般为仿形结构，有圆柱、半圆、月牙、平板、条状等多种形状，以适应不同形状工件的施镀需要，其表面积通常为被镀面的 1/3。阳极材料多为不溶性，通常使用高纯石墨、铂铱合金及不锈钢等。阳极需包裹一层脱脂棉花并外套涤棉或纱布。脱脂棉用于储存镀液，防止阴、阳极直接接触产生电弧。涤棉外套用于防止棉花松脱并提高耐磨性。

电刷镀时，要连续给镀笔提供镀液，以保证电沉积的正常进行。供液方式主要有蘸取式、浇淋式和泵液式，应根据被镀工件的大小选择供液方式。流淌下来的镀液一般采用塑料桶、塑料盘等容器收集，以供循环使用。

三、电刷镀工艺

电刷镀一般工艺过程主要有镀前预处理、镀件刷镀和镀后处理三大步，每步又有几道工序，每道工序完毕后要立即将镀件冲洗干净。镀前预处理的工序有表面整修、表面清理、电净处理和活化处理，镀件刷镀的工序有刷镀打底层（对一些特殊镀种必要）和刷镀工作镀层，镀后处理的工序主要有清除残积物（水迹、残液痕迹等）和采用必要的保护方法（烘干、打磨、抛光、涂油等）等。

（1）电刷镀液　电刷镀液是电刷镀技术中必不可少的物质条件，镀液质量的好坏，直接影响着镀层的性能。镀液品种很多，按其用途可分为表面预处理溶液、金属电刷镀液、退镀溶液和钝化溶液四类。金属电刷镀液的种类很多，按获得镀层的化学成分可分为单金属镀液、合金镀液和复合金属镀液三类。电刷镀液由专业厂生产，可长期存放。电刷镀液的特点有：金属离子含量高；多采用有机络盐体系；性能稳定，工作范围宽；毒性小，不易燃，不易爆，腐蚀性小；pH 值变化不大；添加剂种类少，用量少。

（2）活化液和电净液　表面预处理溶液主要有电解除油的电净液和对表面进行电解刻蚀的活化液。根据溶液的性质，活化液又分为强活化液和弱活化液，前者包括硫酸型和盐酸型，后者属于柠檬酸型。

电净液配方及操作规范如下：氢氧化钠 25g/L，碳酸钠 21.7g/L，磷酸三钠 50g/L，氯化钠 2.4g/L；pH 11～13，工作电压 4～20V，极性正。

（3）退镀液　退镀液是用来退除镀件表面不合格镀层、多余镀层的溶液。退镀一般采用电化学方法进行，在反向电流（镀件接正极）下操作。退镀液主要由不同的酸类、碱类、盐类、金属缓蚀剂、缓冲剂和氧化剂等组成。使用时应防止退镀液对基体的过腐蚀。

（4）钝化液　钝化液是用来在铝、锌、镉等金属表面生成能提高表面耐蚀性钝态氧化膜的溶液，常用的有铬酸盐、硫酸盐及磷酸盐等的溶液。

四、流镀

流镀又称机械化或自动化的电刷镀，它是一种采用强制手段使电解液流过阳极与阴极构成的窄小空间，从而可在高电流密度下获得镀层的快速电沉积技术。图 4-4 为流镀镀液的流动方式。

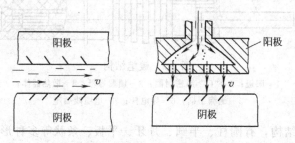

图 4-4　流镀镀液的流动方式

1. 流镀的特点

生产率高，因电解液流速在 1.0～1.2m/s 以上，比普通电刷镀的流速（0.25m/s 左右）高一个数量级，故极限电流密度大，所用电流密度比槽镀大几十到几百倍，比普通电刷镀大几倍到几十倍，相应地沉积速度也快得多；电解液循环流动，供液状态好，废液少，可封闭作业，有利于环保，便于更换镀液改变镀层或进行复合流镀；易于实现机械化或自动化作业，劳动强度低，占地面积小；阳极与阴极间距小（一般为 1～10mm），有利于降低浓差极化，降低工作电压，保证镀层的均匀性；一般需根据镀件来设计制造专机或工装夹具；由于结构上的限制，通常仅应用于外形简单或规则的工件，如轴类零件、缸套、活塞杆、液压缸、型材（板材、线材、管材等）及电子工业上的电器接点、线路板孔等。

2. 设备

流镀设备的核心是流镀机。一台流镀机相当于一个小型电镀车间，可完成工件的脱脂、活化、冲水、预镀及镀工作层等工艺过程。流镀机一般根据具体加工要求作专机设计。

3. 发展方向

目前流镀技术正朝自动化和高速化方向发展，已出现了计算机数控流镀机，可按预先设定的程序全自动地进行流镀加工。激光技术也已被应用于强化流镀过程。

4. 应用

流镀锌是最早开发的流镀工艺之一，主要用于钢带或钢板的防护性镀覆。流镀镍早期主要用于钢管和钢板的镀覆，后来逐渐应用到机械零件的表面强化与防护。流镀铬主要用于活塞环和汽缸套的表面强化与修复。流镀铜较早应用于印刷电路板，目前主要应用于机械零件修复中作尺寸恢复层。流镀铁使用在修复性场合较为经济，在国内已应用于曲轴和液压支架的修复。流镀贵金属，如钯、银、金等，已应用在电子元器件和半导体器件上制备功能镀层。流镀合金目前也已受到关注，但合金流镀目前研究和应用的还不多，较成熟的工艺主要是 Sn-Pb、Zn-Ni 及 Ni-W 合金的流镀。用流镀方法也可制备 Ni-P 非晶态合金镀层，并在此基础上还开发出 Ni-Co-P、Ni-Co-P-W 等多元非晶态合金镀层。复合流镀有广阔的应用前景，国内外已应用复合流镀对缸套和缸体进行表面强化。

第五节　非金属电镀

近年来，塑料、玻璃、陶瓷和石膏等非金属材料已在汽车、电器、电子、五金等产品制造中得到广泛使用。它们不仅能代替贵重的有色金属，而且能节约机加工时间，提高生产率，减轻重量和降低成本。但由于它们不导电、不导热、易变形、耐磨性差、不耐污染和缺乏金属光泽而在使用上受到限制。如果在其表面上沉积一层金属，就能大大提高性能，扩大使用范围。在非金属表面电镀金属层是提高其性能、扩大其应用的重要手段。

要在塑料、玻璃、陶瓷、木材和石膏等不导电材料表面上电镀金属层，首先必须使它们表面金属化，在不通电的情况下，在其表面施镀一层导电的金属膜，使其具有一定的导电能力，然后再进行电镀。非金属电镀按表面金属化方法分有物理涂覆法和化学镀法。其主要工艺流程一般为：化学除油→水清洗→粗化表面→水清洗→溶剂除油→水清洗→表面金属化→水清洗→电镀→水清洗→抛光→涂防护剂。

一、塑料电镀

塑料电镀是非金属材料电镀中用得最广泛的一类，其主要特点是：提高了塑料制品的表面强度，延长了其使用寿命；使塑料制品具有导电性、导磁性和可焊性；使塑料制品对光和大气等外界因素有较高的稳定性，可防止老化；使塑料制品表面具有金属光泽，美观且不易污染；塑料电镀制品比金属制品轻。塑料电镀一般采用化学镀法。

1. 塑料的表面准备

（1）除油　与金属电镀一样，塑料表面上的油污也必须彻底清除。塑料表面的除油方法一般有化学除油和有机溶剂除油两种。

（2）粗化　粗化的目的是使塑料表面微观粗糙，使塑料表面由憎水变为亲水，以增大涂层与基体的结合面积，提高结合强度。粗化有三种方法：机械粗化、化学粗化和有机溶剂粗化。机械粗化一般有砂轮打磨、手工砂布打磨和喷砂处理，但塑料电镀很少采用机械粗化法。化学粗化使用强酸化学溶液，对材料表面进行刻蚀，塑料电镀基本上采用化学粗化法。有机溶剂粗化是利用有机溶剂对基体的溶解作用来粗化的，在用有机溶剂除油的同时，对基体表面也起一定的粗化作用。对于不适宜用酸液粗化的热固性塑料等塑料制品，可用有机溶剂粗化。

（3）敏化　经粗化处理的塑料件，一般要敏化处理。敏化处理是将粗化并用水清洗后的塑料件放入含有敏化剂的溶液中浸渍，使其表面吸附一层易于氧化的物质（催化剂），作为下一步活化处理时催化金属离子的还原剂。敏化的质量是决定塑料电镀效果的关键因素。常用的敏化剂是二价锡盐和三价钛盐，最常用的是氯化亚锡。敏化后的塑料件要清洗干净，以免污染活化液。

（4）活化　活化的目的是在塑料表面上产生有催化性的贵金属薄层，作为下一步化学镀时氧化还原反应的催化剂。活化剂一般为金、银、钯、铂等贵金属的盐溶液。常用的活化液有离子型活化液和胶体钯活化液两种类型。离子型活化液以含有银离子和钯离子的活化液应用最多。当敏化后的塑料件浸入活化液中，催化贵金属离子就立即被原来敏化后吸附在表面上的易于氧化的物质还原，生成贵金属微粒黏附在塑料表面。这些活性催化微粒成为化学镀的结晶中心。活化处理后，应将塑料件清洗干净，以免污染化学镀液。

（5）解胶或还原　用胶体钯活化的塑料件，其表面吸附一层胶体钯微粒为核心的胶团。为使钯能起催化作用，必须进行解胶处理，把附着在钯外面的 SnO_3^{2-}、Sn^{2+}、Cl^- 等离子去掉。常用的解胶溶液和工艺规范为：盐酸 100mL，水 900mL；温度 40～45℃，时间 0.5～1min；或氢氧化钠 5～15g，水 1000mL；温度室温，时间 0.5～1min。

对于用离子型活化液活化的塑料件，必须进行还原处理，以使化学镀加速或防止化学镀液污染。对需化学镀铜的塑料件，可在 10% 的甲醛溶液中浸渍，再直接放入碱性化学镀铜槽中进行化学镀铜。对需化学镀镍的塑料件，可在 3% 的次磷酸钠溶液中室温处理 0.5～2min，再直接放入化学镀镍槽中进行化学镀镍。

2. 塑料件的化学镀及电镀

（1）塑料件的化学镀　塑料件表面经过前处理后，即可进行化学镀。塑料件的化学镀是用化学的方法，选择合适的还原剂使溶液中的金属离子被还原成金属状态，沉积在塑料表面上，形成一层金属导电膜，使之成为导电体，以便进行电镀。最常用的有化学镀铜和化学镀镍。

（2）塑料件表面电镀　经过化学镀后的塑料件表面已形成了一层连续的金属导电膜，膜的厚度一般为 $0.05～0.8\mu m$。由于该金属膜太薄，往往难以满足产品性能的使用要求，故还需用电镀的方法加厚金属层，根据使用要求再电镀一层金属，如铜、镍、铬、银、金或合金等，采用通常的电镀工艺即可。

二、石膏和木材电镀

石膏和木材的表面一般都比较疏松多孔，所以首先需封闭工件表面的孔隙。封闭处理就是将表面孔隙封闭。

1. 石膏电镀

石膏电镀的物理涂覆法是先封闭处理，再喷涂导电胶，使表面成为导电层，然后进行电镀，或者直接喷涂既能封闭表面又能使表面成为导体的致密型导电胶进行电镀。

石膏电镀的化学镀法通常可采用以下工艺：封闭处理（将石膏制品浸入温度为 105℃ 的

熔融石蜡中约半小时取出滴干和冷却，也可选用树脂胶等进行封闭处理）→喷涂 ABS 塑料（将熔融的 ABS 塑料黏状液体喷涂在石膏制品表面）→除油→粗化→敏化→活化→化学镀铜、电镀光亮铜。

2. 木材电镀

木材电镀的物理涂覆法是直接喷涂致密型导电胶，封闭表面并使表面成为导电层，再电镀。

木材电镀的化学镀法常采用的工艺是先在表面涂覆一层含有氧化亚铜粉的催化活性树脂胶层以封闭表面，再将封闭处理的表面层用软磨轮磨光，然后用稀硫酸处理。表面胶层中的氧化亚铜与酸反应，使表面层生成金属铜。如果封闭层的导电性良好，就直接化学镀铜。通常需对涂层进行敏化和活化处理，提高其导电性后再化学镀铜。

三、玻璃和陶瓷电镀

玻璃和陶瓷电镀件因具有高介电常数特性，制成的电容器体积小、重量轻、稳定性好和膨胀系数小等特点而在电子工业中得到广泛应用。

1. 玻璃电镀

玻璃电镀的化学镀法常用的工艺流程为：喷砂（视产品对粗糙度的要求，选用不同粒度的石英砂，一般用 200 目即可）→化学粗化→烘烤→敏化（最好在敏化液中加入一定量的氟离子以提高镀层结合力）→活化→化学镀→电镀。

玻璃电镀的物理涂覆法常称为热扩散法，其常用的工艺流程为：清洗→涂银浆→热扩散→二次涂银浆→二次热扩散→电镀铜。

涂银浆是将主要成分为氧化银的含有助熔剂的银浆涂刷在玻璃表面上，经 300～520℃高温处理后，氧化银分解为金属银，金属银和玻璃表面熔成玻璃状组织。冷却后，银与玻璃表面紧密结合。

热扩散是将经均匀涂覆银浆的玻璃制品，先在一般烘箱中用 80～100℃预烘 10min 左右。预烘后，将制品放入马弗炉中，以 100～150℃/h 升温到 200℃，保温 10～15min 后，再继续升温到 520℃，保温 25～30min。当温度在 300～520℃范围时，氧化银分解。当温度在 500～520℃时，玻璃、银和助熔剂进行熔解，银渗入玻璃基体，结合牢固。

渗银完毕后，制品随炉冷却到 50℃，取出冷到室温。为保证渗银层质量，可采用二次或三次渗银处理。

2. 陶瓷电镀

陶瓷电镀可采用与玻璃电镀类似的渗银后电镀的方法，也可采用一般化学镀方法。化学镀的简要工艺为：喷砂（毛面陶瓷件不需喷砂处理而直接粗化）→粗化（喷砂和粗化也可用浸漆代替）→烘烤→敏化→活化→化学镀→电镀。

第六节 化学镀与化学转化镀新技术

一、化学镀

化学镀又称无电镀，它是在无外加电流通过的情况下，将镀件浸入镀液中，利用化学方法使金属沉积在镀件表面形成镀层。根据被覆表面与沉积金属是否具有催化性质，化学镀可分为自催化镀和非催化镀两种。自催化镀是利用还原剂将电解质溶液中的金属离子化学还原在呈活性催化的镀件表面，沉积出与基体牢固结合的镀覆层。非催化镀是通过置换反应或均相反应等非催化过程形成镀层，例如浸镀或银镜镀，这些非催化过程中被覆表面与沉积金属不具有催化性质，一旦被覆表面被金属薄膜完全覆盖后沉积过程便自动终止。工业上习惯将自催化镀称为化学镀或无电镀，本书按这一习惯，所称化学镀即指自催化镀。化学镀件可以是金属，也可以是非金属。镀覆层主要是金属和合金，也可以是复合材料。在工业上已获得应用的有化学镀镍、铜、银、金、钴、钯、铂、锡，以及化学镀合金和化学复合镀层，最常用的是化学镀镍和铜。

1. 原理

镀件浸入镀液中，化学还原剂在溶液中提供电子使金属离子还原沉积在镀件表面：$M^{n+} + ne^- \longrightarrow M$。化学镀是一个催化的还原过程，还原反应仅仅发生在催化表面上。如果被镀金属本身是反应的催化剂，则化学镀的过程就具有自动催化作用，使反应不断继续下去，镀层厚度逐渐增加，获得一定的厚度。具有自动催化作用的金属有镍、钴、铑、钯等。对于不具有自动催化表面的塑料、玻璃、陶瓷等非金属制件，通常要经过特殊的预处理，使其表面活化而具有催化作用，方能进行化学镀。

2. 还原剂

化学镀液中采用的还原剂有次磷酸盐、甲醛、肼、硼氢化物、氨基硼烷和它们的某些衍生物等。硼氢化物和氨基硼烷虽价格较贵，但工艺性能比次磷酸盐好。

3. 化学镀的特点

与电镀相比，化学镀的特点主要有：不存在电力线分布不均匀的影响，无论镀件形状如何复杂，其镀层厚度都很均匀；镀层致密，孔隙少；不需外加直流电源，设备简单；可在金属、非金属、半导体等各种不同基材上镀覆；溶液稳定性差，使用温度高，寿命短，镀覆成本高。随着科技的发展，化学镀的缺点正逐步得到改善，如使用低温高速长效型的镀液体系，通过气体或超声波搅拌以及精密过滤提高镀液稳定性，采用物理手段如外加磁场、紫外线照射、脉冲电流辅助、激光等强化化学镀过程并提高镀层性能。

4. 化学镀实例

（1）化学镀镍　化学镀镍在化学镀中应用最广泛。对要求高硬度、耐磨的零件，可用化学镀镍代替镀硬铬。目前使用最广泛的是以次磷酸盐作还原剂的酸性化学镀镍液，次磷酸盐将镍盐还原成镍，同时使金属镀层中含有一定的磷。表 4-8 为其典型工艺规范。

表 4-8　次磷酸钠化学镀镍工艺规范

组分/g·L^{-1}	1	2	3	组分/g·L^{-1}	1	2	3
氯化镍	21			丙酸			2.5
硫酸镍		30	28	铅离子			0.001
次磷酸钠	24	26	24	中和用碱	NaOH	NaOH	NaOH
苹果酸		30		pH	6	4~5	4~5
琥珀酸	7			温度/℃	90~100	85~95	90~100
氟化钠	5			沉积速度 v/m·h^{-1}	15	15	20
乳酸		18	27				

非金属材料上应用化学镀镍越来越多，尤其是塑料制品经化学镀镍后即可按常规的电镀

方法镀上所需的金属镀层，获得与金属一样的外观。

（2）化学镀铜　化学镀铜主要用于非导体材料的金属化处理，目前，在印刷电路板孔金属化和塑料电镀前的化学镀铜已广泛应用。化学镀铜的物理化学性质与电镀法所得铜层基本相似。化学镀铜的主盐通常采用硫酸铜，生产中广泛使用的化学镀铜液，以甲醛为还原剂，酒石酸钾钠为络合剂。

（3）化学镀合金　用次磷酸盐作还原剂的化学镀镍其实是化学镀镍磷合金，在镀液中加入适量的铜酸盐、钼酸盐和钨酸盐，可得到镍铜磷、镍钼磷和镍钨磷化学镀合金层。用硼氢化物或氨基硼烷作还原剂进行化学镀镍，可得到镍硼镀层。适当控制磷和硼等的含量，可制得非晶态镍磷类和镍硼类合金。用化学镀制得的非晶态合金镀层有 Ni-P、Co-P、Ni-Co-P、Ni-Fe-P、Ni-Mo-P、Ni-W-P、Ni-Cu-P、Pd-P-（H）、Pd-Ni-P、Ni-Re-P、Ni-B、Co-B、Ni-Co-B、Co-W-B、Ni-Mo-B、Ni-W-B 等。

二、化学转化镀

化学转化镀又称金属的表面转化、金属的化学处理，是采用化学处理液使金属表面与溶液界面上产生化学或电化学反应，在金属表面形成稳定的化合物膜层的方法。这种通过化学转化镀生成的膜层叫表面转化膜。表面转化膜是金属基体直接参与成膜反应而成，膜与基体的结合力比电镀层和化学镀层这些外加膜层大得多。成膜的典型反应为：$mM + nA^{z-} \longrightarrow M_mA_n + nze^-$，其中 M 为参加反应的金属原子或镀层金属原子，$A^{z-}$ 是价态为 z 的介质中的阴离子。

表面转化膜的分类方法很多，按化学转化镀过程中是否存在外加电流，分为化学转化膜与电化学转化膜两类，后者常称为阳极化膜。按膜的主要组成物类型，可分为氧化物膜、磷酸盐膜和铬酸盐膜等。氧化物膜是金属在含有氧化剂的溶液中形成的膜，其成膜过程叫氧化。磷酸盐膜是金属在磷酸盐溶液中形成的膜，其成膜过程称磷化。铬酸盐膜是金属在含有铬酸或铬酸盐的溶液中形成的膜，其成膜过程在我国习惯上称钝化。

表面转化膜主要用途有：金属表面防护、耐磨或减摩、装饰、涂装底层、绝缘和防爆等。表面转化膜几乎在所有的金属表面都能生成，目前工业上应用较多的是铁、铝、锌、铜、镁及其合金的转化膜。表面转化膜的防腐蚀能力较电镀层和化学镀层要差得多，通常要有补充防护措施。

1. 氧化处理

氧化处理常用于铝材及钢铁，有化学氧化和电化学阳极氧化两种方法。

（1）铝及铝合金氧化处理　铝及铝合金表面自然形成的氧化膜厚度一般为 $0.01\sim 0.02\mu m$，为非晶质，疏松多孔，不均匀，抗蚀能力较低，并易沾染污迹使铝件失去光泽。铝及铝合金经氧化处理可生成较厚的氧化膜，从而提高抗蚀、耐磨、绝缘、绝热和吸附等能力或光亮度及装饰功能。铝及铝合金氧化处理常用方法有化学氧化法和电化学阳极氧化法。阳极氧化是在适当的电解液中，以金属作阳极，在外加电流的作用下，使金属表面生成氧化膜的方法。由阳极氧化法获得的铝及铝合金膜层比其化学氧化膜硬，耐蚀性、耐热性、绝缘性及吸附能力更好，因而应用范围广泛。化学氧化法的特点是设备简单，操作方便，生产效率高，不消耗电能，成本低，不受工件大小和形状的限制，适于一些不适合阳极氧化的场合。

铝及铝合金的化学氧化膜厚度约 $0.5\sim 4\mu m$，具有质地软、吸附能力好的特点，常用作涂装底层。铝及铝合金化学氧化的工艺按其溶液性质可分为碱性氧化法和酸性氧化法两大类，表4-9是化学氧化的工艺规范。

表4-9　化学氧化工艺规范

组分/g·L^{-1}	1	2	3	4	组分/g·L^{-1}	1	2	3	4
碳酸钠	40～60	40～50			铁氰化钾			0.5～0.7	
铬酸钠	15～25	10～20			磷酸				10～15
氢氧化钠	2～8				氟化钠			1～1.2	3～5
硅酸钠		0.6～1			温度/℃	90～100	90～95	25～35	20～25
铬酐			4～5	1～2	时间/min	3～5	8～10	0.5～1	8～15

铝及铝合金的阳极氧化膜厚度一般为 $5～20\mu m$，若经硬质阳极氧化则可达 $60～250\mu m$。铝及铝合金阳极氧化的方法很多，主要有硫酸阳极氧化、铬酸阳极氧化、草酸阳极氧化、硬质阳极氧化和瓷质阳极氧化等。对铝及铝合金阳极氧化膜作封闭处理，可有效地提高其防护性能。封闭处理方法有热水法、蒸汽法、镍（钴）盐法、重铬酸盐法及二步封闭法等。

（2）钢铁氧化处理　钢铁表面在大气中形成的氧化膜一般为 Fe_2O_3 和少量 FeO，即锈层。通过氧化处理可形成以 Fe_3O_4 为主要成分的厚度为 $0.6～1.5\mu m$ 的氧化膜，再经皂化、填充或封闭处理，可提高抗蚀性和润滑性。钢铁氧化处理以化学法为主，按化学处理液的酸碱性分为碱性及酸性两类；按所获得的膜层颜色，习惯上分为发蓝和发黑两种工艺。目前用得较多的是在含氧化剂的浓碱溶液中进行的碱性氧化法。

2. 磷化处理

磷化处理主要使用化学方法，常用于钢铁。有色金属及其合金都可进行磷化处理，但其表面的磷化膜远不及钢铁表面的磷化膜，故有色金属的磷化膜仅用作涂漆前的打底层。用电化学方法磷化的应用还不成熟。磷化膜厚度一般为 $1～50\mu m$，为微孔结构，与基体结合牢固，具有良好的吸附性、润滑性、耐蚀性、不黏附熔融金属性及较高的电绝缘性，主要用作涂料的底层、金属冷加工时的润滑层、金属表面保护层以及用作电机硅钢片的绝缘处理和压铸模具的防粘处理等。钢铁磷化工艺通常按处理温度高低分高温、中温和低温三种类型，目前主要朝中、低温磷化方向发展。为提高磷化膜的防护能力，在磷化后应对磷化膜进行填充和封闭处理。

3. 钝化处理

钝化处理是把金属或金属镀层放入含有某些添加剂的铬酸或铬酸盐溶液中，通过化学或电化学方法使金属表面生成由三价铬和六价铬组成的铬酸盐膜的方法。铬酸盐膜与基体结合力强，有良好的稳定性和耐蚀性，对基体金属有较好的保护作用，同时具有装饰功能。钝化处理常用作钢铁上锌镀层或镉镀层的后处理，以提高镀层的耐蚀性，也可用作其他金属，如铝、铜、锡、镁及其合金的表面防腐蚀。

第七节　表面着色新技术

表面着色是用一定的方法，使金属或非金属表面产生与其本色不同的色彩。金属着色是指通过特定的处理方法，使金属自身表面上产生与原来不同的色调，并保持金属光泽的工艺。金属着色可用化学或电化学方法，在金属表面产生一层有色膜或干扰膜，一般着色膜层厚度为 25～55nm，有时干扰膜自身几乎没有颜色，而当金属表面与膜的表面发生光反射时，光波在相外相互抵消，形成各种不同的色彩。所以，当膜的厚度逐步增长时，色调随之变化，一般自黄、红、蓝到绿色，直至显露膜层自身的颜色。当膜的厚度不均匀时，将产生彩虹色或花斑的杂色。金属着色目前主要用于金属制品的表面装饰，模仿较昂贵的金属或金属古器外表，以改善金属外观。

金属着色一般有化学法、电解法、热处理法、置换法、染色法和气相沉积法。

① 化学法是把工件浸入溶液中，或用该溶液揩擦或喷涂于工件表面，使金属工件表面生成相应的氧化物、硫化物等有特征颜色的化合物膜层。

② 电解法是把工件置于一定的电解液中，用直流、交流或交直流等方式电解，使工件表面形成多孔、无色的薄的氧化膜，再通过着色或染色得到所需色彩的膜层。

③ 热处理法是把工件置于空气介质或其他气氛中加热到一定温度进行热处理，使金属表面形成具有适当结构和外表的有色氧化膜。

④ 置换法是把工件浸入在比该金属电位较正的金属盐溶液中，通过化学置换反应，使溶液中的金属离子置换并沉积在工件金属表面，形成一层膜层。

⑤ 染色法是使用颜料通过金属表面的吸附作用和化学反应使其发色，或通过电解作用使金属离子与染料共沉积而产生色彩。

⑥ 气相沉积法是利用气相中发生的物理化学过程使材料表面产生金属或化合物有色膜层。

有些金属制品的着色，如钢铁制品等，通常先电镀后再着色以收到更好的效果。钢铁制品一般是先镀铜后再在铜镀层上着色，这是因为铜层易着各种令人满意的色彩。

非金属着色可用化学镀、气相沉积、涂装等方法产生所需色彩的膜层。

经着色的工艺制品，一般仅应用于室内使用。由于金属表面着色膜层的耐蚀性和耐久性等一般较差，故金属着色后表面要涂覆一层透明的保护层。

一、铝及铝合金着色

铝和铝合金容易生成阳极氧化膜，阳极氧化膜层是最理想的着色载体，所以铝材是最容易着色的金属。着色氧化铝在轻工、建筑等方面应用的激增，促进了着色技术的迅速发展，以提供色彩鲜艳，非常耐光、耐气候的精饰表面。铝及铝合金着色氧化工艺主要有化学氧化法和电化学氧化法即阳极氧化法两大类。由于阳极氧化法所得的氧化膜更为优良，故阳极氧化法应用较为广泛。根据着色物质和色素体在氧化膜上分布的不同，可将铝阳极氧化膜着色分为自然发色法、电解着色法和染色法三类。发色法是在阳极氧化电解的同时，就使氧化膜获得了颜色，而着色法是在制得阳极氧化膜后再进行上色。

1. 自然发色法

自然发色法又叫整体发色法或一步电解着色法，一般有合金发色法和电解液发色法，前者是含有硅、铬、锰等成分的铁合金材料在进行阳极氧化时，能获得带有颜色的氧化膜的方法；后者是以磺基水杨酸、马来酸和草酸等为主的有机酸溶液中进行阳极氧化而得到着色氧化膜的方法。此外，还有一种是两者兼用而获得着色氧化膜的方法。其色调范围由青铜色到黑色，颜色的深浅与氧化膜厚度有关。自然发色法的工艺流程为：抛光→除油→清洗→阳极氧化→清洗→自然发色→清洗→封闭→光亮，其处理规范见表 4-10。

表 4-10　自然发色法处理规范

组分/g·L^{-1}	青铜色	红棕色	琥珀色	组分/g·L^{-1}	青铜色	红棕色	琥珀色
磺基水杨酸	62~68			酚磺酸			90
硫酸	5.6~6	0.5~4.5	6	温度/℃	15~35	20~22	20~30
铝离子	1.5~1.9			电压/V	35~65	20~35	40~60
草酸		5		电流密度/A·dm^{-2}	1.3~3.2	5.2	2.5
草酸铁		5~80		厚度/μm	18~25	15~25	20~30

2. 电解着色法

电解着色法又称二次电解着色法，它是将铝件先在一般电解液中生成洁净的透明多孔的阳极氧化膜，然后转移到酸性的金属盐溶液中施以交流电电解处理，使金属微粒沉积在氧化膜孔隙的底部而着色。凡能由水溶液中电沉积出来的金属，大部分都可用在电解着色上，但其中只有锡、镍、钴盐和用得较少的铜盐等几种金属盐具有实用价值。除了铜单独使用呈红色外，其他金属的色调范围也是由青铜色到黑色。在特定的介质中，色泽的深浅由金属粒子沉积量来决定，而与氧化膜的厚度无关。电解着色法的工艺流程为：除油→清洗→抛光→清洗→阳极氧化→清洗→中和→清洗→电解着色→清洗→封闭→光亮，其处理规范见表 4-11。

表 4-11　交流电解着色法处理规范

组分/g·L^{-1}	青铜色→黑色	浅黄→深古铜	黑色	金绿色	浅黄色	粉红色→淡紫色	赤紫色
硫酸镍	25						
硫酸镁	20						20
硫酸铵	15		15				
硼酸	25		25				
硫酸亚锡		10					
硫酸		10~15		5	10		5
稳定剂		适量					
硫酸钴			25				
硝酸银				0.5			
亚硒酸钠					0.5		
盐酸金						1.5	
甘氨酸					15		
硫酸铜							35
温度/℃	20	20	20	20	20	20	20
时间/min	2~15	2.5	13	3	3	1~5	5~20
pH 值	4.4	1~1.5	4~4.5	1		4.5	1~1.3
电压/V	10~17	8~16	17	10	8	10~12	10
电流密度/A·dm^{-2}	0.2~0.4					0.5	

3. 染色法

染色法是利用阳极氧化膜多孔质的特点，将已氧化处理的铝制品浸渍在含有染料的溶液中，氧化膜针孔吸附染料而着色。吸附染色的氧化膜以无色透明的硫酸阳极氧化膜为最佳，在特殊情况下，可采用草酸阳极氧化膜。在染色液和电解液不发生互相作用的情况下，可采用两者的混合液复合电镀成膜而染色。目前，铝氧化制品的染色处理，已由单色处理发展到多色处理，由无规则图案发展到有规则图案。其工艺有一次氧化多次染色和二次氧化多次染色。染色法所用的染料有有机染料和无机染料，有机染料因可得到高度均匀和再现性好且色调范围宽广的各种颜色而一直被用于阳极氧化铝的染色，但其耐光保色性能不如无机染料，故无机染料也获得一定程度的应用。

二、不锈钢着色

不锈钢着色以其独特的着色加工方法和某些无法替代的应用功能越来越引起人们的广泛关注。目前不锈钢着色工艺有表面化学氧化法、电化学氧化法、离子沉积法和高温氧化法等。不锈钢化学着色常用彩色法与黑色法，处理溶液多为铬酸（盐）-硫酸盐体系或其派生液。彩色法可得到蓝色、蓝灰色、黄色、紫色和绿色等不同色调，主要取决于膜厚，因膜厚与处理时间有很大关系，故一般是通过控制时间来获取所需色调。不锈钢着色处理过程一般为：抛光→清洗→酸洗→清洗→着色→清洗→固膜→清洗→干燥。着色处理规范参见表4-12。

表 4-12　不锈钢着色处理规范

组分/g·L⁻¹	化 学 法				电化学法
	蓝→紫彩→鲜红	黑 色	巧克力色	仿金色	
铬酐	250		100		250
硫酸	490		700	1000~1250	500~600
草酸		10			
偏钒酸钠				120~150	
温度/℃	70~90	室温	100	90	70~80
时间/min	17→25~30		18	5~8	10~15
电流密度/A·dm⁻²					0.15~0.3

三、铜及铜合金着色

铜及其合金的着色是近年来得以发展的一种新型工艺，主要应用于装饰、光学仪器及美术。它利用化学浸蚀和电化学处理方法，在铜或铜合金表面形成一层极薄的化合物，由此产生各种浓淡不一的色彩。通常可形成绿、黑、蓝、红等基调，并派生出古铜、金黄、古绿、褐色、蓝黑、淡绿、紫罗兰、橄榄绿、巧克力、灰绿、灰黄、红黑等色调。铜及铜合金着色处理规范参见表4-13。

表 4-13　铜及铜合金着色处理规范

组分/g·L⁻¹	铜 着 色			铜合金着色		
	古铜色	仿金色	黑 色	古绿色	蓝 色	黑 色
硫化钾	5~15		10~50			
氨水	2~5					260~400
硫代硫酸钠		120		60		
醋酸铅		40	1			
亚硫酸钠				硫酸镍铵60	6.25	
硝酸铁					50	
碳酸铜						400
温度/℃	40~60	60~70	<80	71	75	80
时间/min	0.5~3	0.1~0.15	1~2	4~8	3~5	3~5

复习思考题

1. 什么是电镀？什么是化学镀？简述化学镀的原理、特点。

2. 什么是合金电镀？简述合金电镀的反应和过程。

3. 按镀层功能，合金电镀可分为哪几种？

4. 简述复合电镀的原理、特点和影响因素。

5. 复合镀层按功能分为哪些？分别采用何种工艺？

6. 什么是非晶态合金，它有哪些特点？举例说明几种非晶态合金的电镀工艺。

7. 简述点刷镀的原理、特点、应用和工艺。

8. 对比塑料、石膏、木材、玻璃电镀的工艺。

9. 化学转化镀为什么需补充防护措施？其处理方法有哪些？

10. 表面着色的方法有哪些？简述铝合金、不锈钢、铜及铜合金的着色方法及相应工艺。

第五章

表面涂敷新技术

第一节 表面涂装新技术

用有机涂料通过一定的方法涂覆于材料或制件表面，形成涂膜的全部工艺过程称为涂装。涂装用的有机涂料是涂于材料或制件表面而能形成具有保护、装饰或特殊性能的固体涂膜的一类液体或固体材料的总称。早期大多以植物油为主要原料，故有"油漆"之称，后来合成树脂逐步取代了植物油，因而统称为"涂料"。现在对于呈黏稠液态的具体涂料品种仍可按习惯称为"漆"，对于其他一些涂料，如水性涂料、粉末涂料等新型涂料就不能这样称呼了。

一、涂料

涂料主要由成膜物质、颜料、溶剂和助剂四部分组成。

1. 成膜物质

成膜物质是组成涂料的基础，具有粘接涂料中其他组分形成涂膜的功能，并对涂料和涂膜的性质起决定作用。成膜物质一般有天然油脂、天然树脂和合成树脂，目前广泛应用合成树脂。

2. 颜料

颜料能使涂膜呈现颜色和遮盖力，还可增强涂膜的耐老化性和耐磨性以及增强膜的防腐蚀、防污等能力。颜料呈粉末状，不溶于水或油，而能均匀地分散于介质中。大部分颜料是某些金属氧化物、硫化物和盐类等无机物。有的颜料是有机染料。

3. 溶剂

溶剂使涂料的成膜物质溶解或分散为液态，以便于施工，施工后又能从薄膜中挥发至大气中，从而使液态薄膜形成固态的涂膜。常用的有植物性溶剂（如松节油等）、石油溶剂（如汽油、松香水）、煤焦溶剂（如苯、甲苯、二甲苯等）、酯类（如乙酸乙酯、乙酸丁酯）、酮类（如丙酮、环己酮）和醇类（如乙醇、丁醇等）。

4. 助剂

助剂在涂料中用量虽少，但对涂料的储存性、施工性以及对所形成涂膜的物理性质有明显的作用。常用的助剂有催干剂（如二氧化锰、氧化铝、氧化锌、醋酸钴、亚油酸盐、松香酸盐和环烷酸盐等，主要起促进干燥的作用）、固化剂（有些涂料需要利用酸、胺、过氧化物等固化剂与合成树脂发生化学反应才能固化、干结成膜，如用于环氧树脂漆的乙二胺、二乙烯三胺、邻苯二甲酸酐、酚醛树脂、氨基树脂、聚酰胺树脂等）和增韧剂（常用于不用油而单用树脂的树脂漆中，以减少脆性，如邻苯二甲酸二丁酯等酯类化合物、植物油、天然蜡等）。除上述三种助剂外，还有表面活性剂（改善颜料在涂料中的分散性）、防结皮剂（防止油漆结皮）、防沉淀剂（防止颜料沉淀）、防老化剂（提高涂膜理化性能和延长使用寿命）以及紫外线吸收剂、润湿助剂、防霉剂、增滑剂、消泡剂等等。

5. 涂料分类

涂料产品种类多达千种，用途各异，有许多分类方法。一般按成膜干燥机理和涂料中的主要成膜物质来分类。根据成膜干燥机理，可将涂料分为溶剂挥发类和固化干燥类。前者在成膜过程中靠溶剂挥发或熔融后冷却等物理作用而成膜，为使成膜物质转变为流动的液态，必须将其溶解或熔化，而转为液态后，就能均匀地分布在工件表面，由于成膜时不伴有化学反应，所形成的漆膜能被再溶解或热熔以及具有热塑性，因而又称为热塑性涂料。后者的成膜物质一般是相对分子质量较低的线性聚合物，可溶解于特定的溶剂中，经涂装后，待溶剂挥发，就可通过化学反应变成固态的网状结构的高分子化合物，所形成的漆膜不能再被溶剂溶解或受热熔化，因此又称为热固性涂料。

目前我国涂料产品是以涂料中的主要成膜物质为基础来分类的。若主要成膜物质由两种以上的树脂混合组成，则按在成膜物质中起决定作用的一种树脂作为分类的依据。按此分类方法，将成膜物质分为 17 大类，相应地将涂料品种分为 17 大类。

按涂膜功能分，涂料主要有装饰性涂料、保护性涂料和特殊功能涂料。装饰性涂料是使用着色颜料赋予涂膜以美丽的色彩，主要起装饰性作用，同时也能给予涂膜以一定的遮盖力和耐久性。着色颜料是颜料品种中最多的一种。我国生产的着色颜料，许多品种耐晒性都较差，尤其无机颜料更甚，为此常常要对颜料进行表面改性。

保护性涂料主要是指金属防腐蚀涂料，涂料对金属的防腐蚀机理基本上有三种：隔绝环境作用（又称为物理覆盖作用）、缓蚀剂作用和阴极保护作用。除透水性非常小的涂料，绝大多数涂料都使用防锈颜料（起缓蚀剂作用）和金属粉（起阴极保护作用）来达到防止金属腐蚀的目的。

特殊功能涂料除具有一般涂料的性能以外，还具有其独特的物理、化学和生物等功能，其品种非常多，有的用量很小，有时在市面上不能买到，需特别订货。常用的特殊功能涂料有海洋防污涂料、导电涂料、防火阻燃涂料、迷彩伪装涂料、阻尼隔声涂料、绝缘涂料、示温涂料、红外辐射涂料、发光涂料、耐磨涂料、化纤保护涂料、金属热处理保护涂料、有机温控涂料、飞机蒙皮涂料、建筑涂料、防锈涂料、润滑涂料等。

二、涂装工艺

使涂料在被涂的表面形成涂膜的全部工艺过程称为涂装工艺。具体的涂装工艺要根据工件的材质、形状、使用要求、涂装用工具、涂装时的环境、生产成本等加以合理选用。涂装工艺的一般工序是：涂前表面预处理→涂布→干燥固化。

（1）涂前预处理　涂前预处理的主要内容有：清除工件表面的各种污垢；对清洗过的金属工件进行各种化学处理，以提高涂层的附着力和耐蚀性；若前道切削加工未能消除工件表面的加工缺陷和得到合适的表面粗糙度，则在涂前要用机械方法进行处理。

（2）涂布的方法　涂布的方法很多，主要有刷涂、揩涂、滚刷涂、刮涂、浸涂、淋涂、转鼓涂布法、空气喷涂法、无空气喷涂法、静电涂布法、电泳涂布法、粉末涂布法、自动喷涂、幕式涂布法、辊涂法、气溶胶涂布法、抽涂和离心涂布法等。

（3）涂膜干燥固化　涂膜干燥固化方法主要有自然干燥和人工干燥两种，人工干燥又有加热干燥和照射干燥两种。工业中应用的涂料大多采用加热干燥，干燥方式主要有热风对流加热、辐射加热和对流辐射加热。

三、静电喷涂

静电喷涂是用静电喷枪使油漆雾化并带负电荷，与接地的工件间形成高压静电场，静电引力使漆雾均匀沉积在工件表面，形成均匀的漆膜。它是提高漆膜质量的一种方法，主要提高产品的装饰性，为轻工产品广泛采用。静电喷涂有手提式、固定式和自动式三种。固定式和自动式主要用于成批生产的、形状简单的中小型工件和形状较简单的大型工件。对形状复杂的工件可用手提式。

静电喷涂的特点是：漆膜均匀，装饰性好，易于实现半自动化或自动化，提高生产率；油漆利用率高，达 $80\%\sim90\%$（一般涂漆工艺为 $60\%\sim70\%$），减少了漆雾飞散和污染，改善了环境卫生和劳动条件；对于形状复杂的工件，凹孔处不易喷到，凸尖部分漆膜不均匀，往往需要手工补涂；维护管理要求严格，操作不当或管理不善容易发生如击穿放电、引起火灾等事故。

四、电泳涂装

电泳涂装是将电泳漆用水稀释到固体分为 $10\%\sim15\%$ 左右，加入电泳槽内，将工件浸入作为电极，通以直流电，这时电泳漆中的树脂和颜料移向工件，并沉积在工件表面，形成不溶于水的涂层，用水冲去附于表面的槽液，烘干后形成均匀的漆层。这是一种环保、节能型的涂装方法。电泳涂装由电泳、电沉积、电渗和电解四个物理化学过程配合而进行。

（1）电泳　电泳漆是一种分散胶体，它分散于水中，树脂粒子电离成负离子，颜料表面吸附带负电荷的树脂，在电场作用下，带负电的树脂粒子与颜料粒子一起移向阳极，这就是电泳。

（2）电沉积　电沉积是指在电场作用下，带电荷的树脂粒子通过电泳到达阳极，放出电子并沉积在阳极表面，形成不溶于水的涂膜。

树脂胶体粒子在电场作用下向阳极移动并沉积时，水和助溶剂从阳极附近穿过沉积的漆膜进入漆液中，这种相对移动称为电渗。由于电渗，沉积漆膜固体份增加，含水量降低，可以直接高温烘干而不起泡和流挂。

（3）电解　电解指的是电泳漆是电解质水溶液，通直流电后，水在阳极和阴极分别产生氧和氢，使工件易形成针孔和气泡。

（4）电泳涂漆的特点　施工易自动化，能稳定地操作；生产效率高，应用范围广；漆膜质量好，厚度均匀，边缘覆盖好，里外可以涂漆，无流挂，很少需要打磨；涂料利用率高，可达 95% 以上，因而成本低；为水性系统，安全而污染少；可用密闭的循环工艺；设备费用高；不能用同法进行再涂装，且只适用于导电体的涂装；管理比较复杂；对涂料的要求高。

（5）阴极电泳涂装新技术　为克服阳极电泳的缺陷，20 世纪 70 年代发展了阴极电泳涂装新技术。1977 年，美国通用汽车公司首先开始用阴极电泳底漆涂装汽车车身，近年来，世界上阴极电泳涂装得到迅速发展，开发了各种阴极电泳漆。阴极电泳涂装原理与阳极电泳涂装相似，只不过以工件作阴极，阴极电泳漆水解后，树脂离子带正电荷向阴极移动，与首先在阴极上发生水的电解而产生的 OH^- 发生电沉积。从理论上讲，阴极钝化，基体金属不易离子化溶出，从而防止金属离子渗入电泳漆膜，提高被涂物耐腐蚀性能。

目前应用最广泛的是阳极电泳，发展很迅速的是阴极电泳。

五、粉末喷涂

为减少金属腐蚀的损失，人们采取了许多措施，目前仍以有机涂层应用最为普遍。传统的油性漆，对金属表面有优异的湿润性和较好的耐候性，但涂膜本身的耐蚀性，特别是耐水性、耐化学介质性差，难以满足恶劣环境下的防腐蚀要求。人工合成的树脂，具有比较优异的耐蚀性能，但常规的液态树脂涂料一般涂层较薄，厚膜涂装困难，难以形成无缺陷的涂膜，无法满足苛刻环境下防腐蚀所需的厚膜涂层的要求；并且，常规的液态树脂涂料中含有有机溶剂这个重要组分，没有它，则涂料的制造、储存、施工都会发生困难，涂层的质量难以保证，溶剂虽在涂料中占有一定的比例，但成膜后几乎全部挥发到空气中，一方面造成材料的浪费，另一方面由于大多数溶剂是有毒有害物质，造成严重的环境污染，且易引起火灾和爆炸事故。为解决厚膜涂装及环境污染等问题，粉末涂料应运而生。

（1）粉末涂料特点　粉末涂料诞生于20世纪40年代末，是一种不含溶剂的新型固态涂料，与传统液态涂料相比，其主要特点有：

① 所用树脂的分子量较大，涂敷层的质量和耐久性好；

② 不含溶剂，避免了有机溶剂挥发所引起的环境污染和火灾事故，节省了大量溶剂，且物料无毒，大大降低了对操作人员的危害；

③ 只需选择相应的粉种，即可得到具有所需性能的涂层，所提供的粉末均为标准化生产；

④ 操作简单，使用方便，涂装前无需再进行物料混合，不需随季节调节黏度，节省了大量时间和人工，厚膜也不易产生流挂，且易于实现自动化流水线生产；

⑤ 涂料为固体，可采用闭路循环体系，喷溢的粉末可回收，涂料利用率高达95%；

⑥ 可控制膜厚，一次涂装可达 $30\sim500\mu m$，相当于溶剂型涂料的几道至几十道涂装的厚度，减少了施工时间，节能高效；所有涂装工作均在同一系统中完成，没有溶剂干燥时间，不需通风来干燥溶剂，涂装时间大大缩短，输入的热量保持在炉内，减少了能源损耗，易于保持施工环境的卫生；

⑦ 粉末制造工艺复杂，制造成本较高，且需要专门的粉末涂装设备和回收设备；

⑧ 成膜烘烤温度高，制备厚涂层较易，但很难制备薄到 $15\sim30\mu m$ 的膜层；

⑨ 更换颜色及品种麻烦等。

（2）粉末涂料分类　塑料粉末涂料有热固性和热塑性两大类。热固性粉末涂料的主要组成是各种热固性的合成树脂，它与固化剂交联后成为大分子网状结构，从而得到不溶、不熔的坚韧而牢固的保护涂层。热塑性粉末涂料以热塑性合成树脂（特别是不能为溶剂所溶解的合成树脂）为主要成膜物质，它经熔化、流平，在油、水或空气中冷却固化成膜，配方中不加固化剂。

（3）改性　单一材料的粉末涂层，其强度、硬度、导热性、耐磨性等性能有限，可采用添加改性树脂或填料的方法来提高其性能。粉末中添加金属粉末、陶瓷粉末等材料可显著地改善涂层性能。

（4）粉末涂装方法　粉末涂料涂装技术自20世纪80年代后，发展迅速并逐渐进入实用阶段。粉末涂装主要有静电喷涂法、流化床法、静电流化床法、静电振荡粉末涂覆法、热喷涂技术和预制涂敷层衬里技术。

① 静电喷涂法一般是工件接地，喷枪带负高压电，粉末粒子在静电场的作用下飞向接

地的待涂工件上，获得均匀的涂层，然后在固化炉中流平，形成均匀的薄膜。喷涂过程中剩余的粉末通过回收装置重复利用。其主要特点是：涂膜均匀程度较好，粉末损失较少；在冷态下涂覆，一般喷涂可达 $100\mu m$ 左右。

② 流化床法是将粉体放在开口的容器中，容器的下部装有用石英砂与环氧树脂按一定配比制成的多孔板。在容器的下部通以压缩空气，使容器内的粉末浮动成流态状，当加热的工件浸入浮动的粉层中，表面披上粉末，将工件移出烘烤、固化，形成光滑涂层。其主要特点是：一般膜层较厚，设备造价较低，涂覆时间较短，适于小工件；膜层不均匀。

③ 静电流化床法是在流化床的基础上导入静电场，是流化床与静电涂覆法的组合形式。在容器底部的多孔板上按一定间隔装上高压电极，工件接地，电极为负高压，高压电极与工件之间形成高压电场。与流化床法的不同点是工件可不预热；有了静电场，对粉末涂覆厚度的均匀性和黏附性均有改善。不需回收装置也是其优点之一。其缺点和流化床法相同，不适用于大件。

④ 静电振荡粉末涂覆法是在静电流化床法的基础上，把原来固定的直流高压电场改为交变高压静电场，其周期性的变化产生电场的振荡，使容器中粉末的表面层产生飘浮现象，在工件上沉积。静电振荡粉末涂覆法与流化床法比较，省去多孔板部件，不需要使粉末飘浮起来的压缩空气。但这种粉末涂覆方法仅限于小型工件，不适用于尺寸略大的工件。

⑤ 塑料粉末热喷涂是新兴技术，主要有塑料粉末火焰喷涂技术和塑料粉末等离子喷涂技术。塑料粉末火焰喷涂原理是利用燃气与助燃气燃烧产生的热量将塑料粉末加热至熔融或半熔融状态，在压缩空气作用下通过喷枪中心管道喷向经过预处理和预热的工件表面，液滴经流动、流平形成涂层。为解决效率低和大型工件现场预热难的问题，发展了不预热塑料粉末火焰喷涂技术。不预热塑料粉末火焰喷涂技术是在金属表面预涂一层胶黏剂，待底胶处于半固态状态时，直接在胶黏剂表面喷涂塑料粉末以获得涂层。塑料粉末等离子喷涂技术利用等离子焰流来加热塑料粉末。

⑥ 粉末涂料预制涂敷层衬里技术是针对大型设备，特别是一些大型金属容器现场涂装和保证一些塑料涂层长期可靠地附着在金属基体上而发展起来的涂装新技术。它是将具有良好黏附性的塑料复合薄膜的金属面涂胶后直接粘贴在金属基体上。塑料复合膜一面是一定厚度的防腐蚀塑料层，另一面是一层薄薄的金属层，薄薄的金属层经特殊的化学处理与塑料粉末通过热复合得到塑料-金属的复合膜。这种预制复合膜的方法适于多种塑料，可在工厂流水线上进行大规模生产。

六、粘涂

粘涂是将加入二硫化钼、金属粉末、陶瓷粉末和纤维等特殊填料的胶黏剂，直接涂敷于材料表面，使之具有耐磨、耐蚀、绝缘、导电、保温、防辐射等功能的一项新技术，目前主要用于表面强化和修复。

粘涂应力分布均匀，容易做到密封、绝缘、耐蚀和隔热，工艺简单，不需要专门设备，而是将配好的胶涂敷于清理好的材料表面，待固化后进行修整即可。它通常在室温操作，不会使工件产生热影响和变形等。

粘涂工艺适用范围广，能粘涂各种不同的材料。粘涂层厚度可以从几十微米到几十毫米，并且具有良好的结合强度。在修复应用方面，除一般零件外，粘涂对难于或无法焊接的材料制成的零件、薄壁零件、复杂形状的零件、具有爆炸危险的零件以及需要现场修复的零件等也可使用。

粘涂层一般由黏料、固化剂、特殊填料及辅助材料组成。四种组分按要求配制，一般以A、B两组分的形式按一定比例进行使用。

黏料主要有热固性树脂、合成橡胶等，是粘涂层的基材。固化剂的作用是与黏料发生化学反应，形成网状立体聚合物，把填料包络在网状体中，形成三向交联结构。特殊填料是包括一种或多种具有一定大小的粉末或纤维，如金属粉末、氧化物、碳化物、氮化物、石墨、二硫化钼、聚四氟乙烯等。辅助材料包括增韧剂、稀释剂、固化促进剂、偶联剂、消泡剂、防老剂等。

粘涂工艺的一般过程为初清洗→预加工→最后清洗及活化处理→配胶→涂敷→固化→修整。

第二节　热喷涂表面覆盖技术

热喷涂表面覆盖技术是使工件表面强化和表面防护的一门技术，是采用气体、液体燃料或电弧、等离子弧、激光等作热源，将粉末状或丝状的金属或非金属喷涂材料加热到熔融或半熔融状态，并用热源自身的动力或外加高速气流雾化，使喷涂材料的熔滴以一定的速度喷向经过预处理的工件表面，依靠喷涂材料的物理变化和化学反应，形成附着牢固的表面层的加工方法。由于它可以喷涂几乎所有的固体工程材料，如金属、合金、陶瓷、石墨、氧化物、碳化物、塑料尼龙以及它们的复合材料，所以能形成耐磨、耐蚀、隔热、抗氧化、绝缘、导电、间隙控制、防辐射等涂层，使工件具有许多特有的功能。

热喷涂技术具有工艺灵活、施工方便、适应性强、涂层厚度和工件受热程度可控、生产率高、技术及经济效果显著等特点。在许多材料，如金属、合金、陶瓷、水泥、塑料、石膏及木材等表面上都能进行喷涂。喷涂层厚度达 0.5~5mm，对基体材料的组织和性能的影响很小。目前，热喷涂技术已广泛应用于宇航、国防、机械、冶金、石油、化工、地质、交通、建筑和电力等部门，并获得了迅速发展。

热喷涂技术又是一门高科技的技术，利用它可研制出新的材料，如现代宇航技术中应用的防远红外、微波、激光等功能性涂层；生物工程新型材料及其他领域的压电陶瓷材料、非晶态材料等，它作为一个学科的综合应用技术已显示出很大作用，并随着科学发展而向更高的水平发展。

热喷涂的种类很多，按涂层加热和结合方式分，热喷涂有喷涂和喷焊两种。前者是基体不熔化，涂层与基体形成机械结合；后者则是涂层经再加热重熔，涂层与基体互熔（基体极小熔化）并扩散形成冶金结合。按热源分，热喷涂主要有电弧喷涂、等离子喷涂、火焰喷涂、爆炸喷涂、超音速喷涂和激光喷涂等。

一、热喷涂原理

热喷涂时，一般要经过以下四个阶段：

第一阶段　喷涂材料被加热成熔化或半熔化状态。

第二阶段　喷涂材料的熔滴被雾化。

第三阶段　雾化了的喷涂材料被气流或热源射流推动向前喷射飞行。

第四阶段　喷涂材料的雾滴以一定的动能冲击基体表面，产生强烈碰撞展平成扁平状涂层并瞬间凝固［见图 5-1(a)］，在此后的 0.1s 中，扁平状涂层继续受环境和热气流影响［见图 5-1(b)］。每隔 0.1s，形成第二层薄片，后形成的薄片通过已形成的薄片向基体或涂层进行热传导，逐渐形成层状结构的涂层［见图 5-1(c)］。

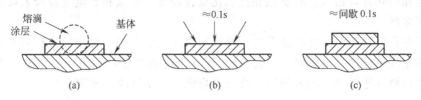

图 5-1　热喷涂涂层形成过程示意图

喷涂层是由无数变形粒子相互交错呈波浪式一层一层堆叠而成的层状结构，如图 5-2 所示。涂层的性能具有方向性，涂层中伴有氧化物和夹杂，颗粒与颗粒之间存在部分孔隙或空洞，其孔隙率一般为 4%～20%。

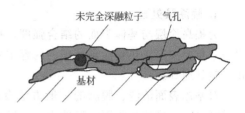

图 5-2　喷涂层结构示意图

喷涂层的形成包含有两种结合，其一是涂层（颗粒）与基体表面的结合，其结合强度称为结合力；其二是涂层内部（颗粒间）的结合，其结合强度称为内聚力。涂层的结合通常认为有机械结合、冶金-化学结合和物理结合三种方式。机械结合指的是碰撞成扁平状并随基体表面起伏的颗粒，与凹凸不平的表面相互嵌合而形成机械钉扎的结合。一般说来，涂层与基体表面的结合以机械结合为主。冶金-化学结合是当涂层与基体表面出现扩散和合金化时的一种结合类型，包括在结合面上生成金属间化合物或固溶体。当喷涂后进行重熔即喷焊时，喷焊层与基体的结合主要是冶金结合。物理结合是由范德瓦尔斯力或次价键形成的颗粒对基体表面的结合。

二、热喷涂材料

热喷涂材料有线材和粉末两类。热喷涂线材主要有碳素钢及低合金钢丝、不锈钢丝、铝丝、锌丝、钼丝、锡及锡合金丝、铅及铅合金丝、铜及铜合金丝、镍及镍合金丝和复合喷涂丝（用机械方法将两种或更多种材料复合压制而成的喷涂线材）等。热喷涂材料应用最早的是一些线材，但只有塑性好的材料才能做成线材。随着科技的发展，发现任何固体材料都可制成粉末，故热喷涂粉末的应用越来越广泛。热喷涂粉末主要有金属及合金粉末、陶瓷材料粉末、复合材料粉末和塑料粉末。

金属及合金粉末有喷涂合金粉末和喷焊合金粉末。喷涂合金粉末又称冷喷合金粉末，它不需或不能进行重熔处理，按其用途可分为打底层粉末和工作层粉末。喷焊合金粉末在重熔时，其中特意加入的强烈脱氧元素如 Si、B 等优先与合金粉末中的氧和工件表面的氧化物作用，生成低熔点的硼硅酸盐覆盖在表面，防止液态金属氧化，改善基体的润湿能力，起到良好的自熔剂作用，故又称之为自熔性合金粉末。喷焊合金粉末有镍基、钴基、铁基和碳化钨等四种系列。

陶瓷为高温无机材料，是金属氧化物、碳化物、硼化物和硅化物等的总称，它硬度和熔点高，脆性大。常用的陶瓷粉末有氧化物和碳化物。

复合材料粉末是由两种或更多种金属和非金属（陶瓷、塑料、非金属矿物）固体粉末混合而成。按结构分，复合粉末有包覆型（芯核被包覆材料完整地包覆）、非包覆型（芯核被包覆材料包覆程度是不均匀和不完整的）和烧结型。按形成涂层的机理分，复合粉末有自黏结（增效或自放热）复合粉末和工作层粉末。按涂层功能分，复合粉末有硬质耐磨复合粉末、耐高温和隔热复合粉末、耐腐蚀和抗氧化复合粉末、绝缘和导电复合粉末以及减摩润滑复合粉末等多种。

塑料具有良好的防粘、低摩擦系数和特殊的物理化学性能。常用的塑料粉末有热塑性塑料（受热熔化或熔化冷却时凝固）、热固性塑料（由树脂组成，受热产生化学变化，固化定型）和改性材料（塑料粉中混入填料，改善其物化、力学性能，改变颜色等）。

三、热喷涂工艺

热喷涂工艺的一般过程为喷涂预处理→喷涂→喷涂后处理。

1. 喷涂预处理

为提高涂层与基体表面的结合强度，在喷涂前，对基体表面进行预处理，是喷涂工艺中的一个重要工序。热喷涂预处理的内容主要有基体表面的清洗、脱脂、除氧化膜、粗化处理和预热处理等。

对基体表面清洗、脱脂的一般方法有碱洗法、溶液洗涤法和蒸汽清洗法。对疏松表面（如铸铁件），虽然油脂不在工件表面，但在喷涂时，因基体表面的温度升高，疏松孔中的油脂就会渗透到基体表面，对涂层与基体的结合极为不利。故对疏松基体表面，经过一般的清洗、脱脂后，还需将其表面加热到250℃左右，尽量将油脂渗透到表面，然后再加以清洗。

基体表面的氧化膜一般采用切削加工法和人工法去除，也可采用酸洗法去除。

基体表面的粗化处理是提高涂层与基体表面机械结合强度的一个重要措施。常用的表面粗化处理方法有喷砂法和机加工法。喷砂是最常用的粗糙化工艺方法，它是用高压、高速压缩空气将砂粒喷射撞击到待喷涂基体表面上，使基体形成凹凸不平的粗糙表面的预处理过程。砂粒有冷硬铁砂、氧化铝砂、碳化硅砂等多种，可根据工件表面的硬度选择使用。由于喷砂后的粗糙面易氧化或受污染而影响结合，故工件喷砂后应尽快转入喷涂工序。据报道，钢与铁不要超过30min，铝及钛不超过4h。机加工是采用车螺纹、滚花和拉毛等使基体表面粗化的方法。此外，还有化学腐蚀法和电弧法等表面粗化的方法。

基体表面的预热处理可降低和防止因涂层与基体表面的温度差而引起的涂层开裂和剥落。

2. 喷涂

工件经预处理后，一般先在表面喷一层打底层（或称过渡层），然后再喷涂工作层。具体喷涂工艺因喷涂方法不同而有所差异。

（1）电弧喷涂　如图5-3所示为电弧线材喷涂装置。电弧喷涂是将金属或合金丝制成两个熔化电极，由电动机变速驱动，在喷枪口相交产生短路而引发电弧、熔化，再用压缩空气穿过电弧和熔化的液滴使之雾化，以一定的速度喷向工件表面而形成连续的涂层。电弧喷涂的优点是：喷涂效率高；在形成液滴时，不需多种参数配合，故质量易保证；涂层结合强度高于一般火

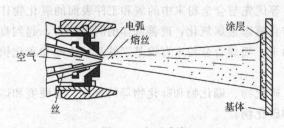

图5-3　电弧喷涂

焰喷涂；能源利用率高于等离子喷涂；设备投资低；适于各种金属材料。电弧喷涂发展迅速，除在大气下的一般电弧喷涂外，又出现了真空电弧喷涂。

（2）等离子喷涂　如图5-4所示为等离子喷涂装置。等离子喷涂是将惰性气体通过喷枪体正负两极间的直流电弧，被加热激活后产生电离而形成温度非常高的等离子焰流，将喷涂材料加热到熔融或高塑性状态，被高速喷射到预先处理好的工件表面形成涂层。等离子焰流的产生有转移弧和非转移弧两种。前者是将工件带电呈阳性，将喷涂材料引出喷嘴直接射向工件表面，犹如粉末焊在工件表面，形成一层熔池，冷却凝固与工件形成完全的冶金结合，但工件受热影响大，易产生变形；后者是工件不带电，受热影响小，不易产生变形，喷在表面形成的涂层与工件属机械结合。等离子喷涂产生特别高的温度，可喷涂几乎所有的固态工程材料。

（3）火焰喷涂　如图5-5所示为火焰喷涂装置。火焰喷涂是利用燃气（乙炔、丙烷）及助燃气体（氧）混合燃烧作为热源，或喷涂粉末从料斗通过，随输送气体在喷嘴出口遇到燃烧的火焰被加热熔化，并随着焰流喷射在工件表面，形成火焰粉末喷涂；或喷涂丝从喷枪的中心送出，经燃烧的火焰加热熔化，并被周围的压缩空气将熔滴雾化，随焰流喷射到工件表面，

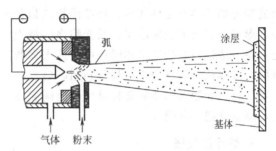

图 5-4　等离子喷涂

形成火焰线材喷涂。火焰喷涂的特点是：可喷涂各种金属、非金属陶瓷及塑料、尼龙等材料，应用广泛；喷涂设备轻便简单、可移动、价格低、经济性好；是目前喷涂技术中使用较广泛的一种工艺。

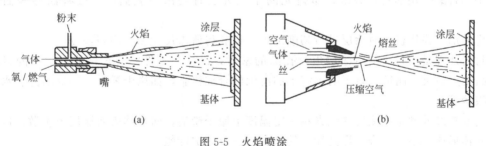

(a)　　　　　　　　　　　　(b)

图 5-5　火焰喷涂

（4）爆炸喷涂　如图5-6所示为爆炸喷涂装置。爆炸喷涂是将一定量的喷涂粉末注入喷枪的同时，引入一定量的按一定比例配制的氧气及乙炔气混合气体，点燃混合气体产生爆炸能量，使粉末熔融并被加速冲击枪口，撞击工件表面形成涂层，每爆炸喷射一次，随即有一股脉冲氮气流清洗枪管。爆炸喷涂的最大特点是涂层非常致密，气孔率很低，与基体结合性强，表面平整，可喷涂金属陶瓷、氧化物及特种金属合金。但因设备昂贵、噪声大等原因，使用还不广泛。

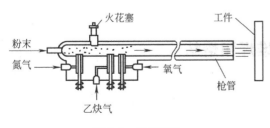

图 5-6　爆炸喷涂

（5）超音速喷涂　如图5-7所示为超音速喷涂装置。超音速喷涂发明的目的是为了替代爆炸喷涂，而且在涂层质量方面也超过了爆炸喷涂。后来人们将它统称为

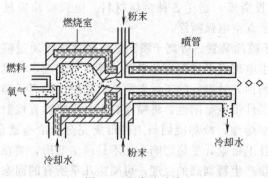

图 5-7　超音速喷涂

高速火焰热喷涂。与一般火焰喷涂相比，要求有足够高的气体压力，以产生高达 5 倍于声速的焰流；有庞大的供气系统，以满足较大的气体消耗量（所需氧气是一般火焰喷涂的 10 倍）。超音速火焰喷涂的燃气可采用乙炔、丙烷、丙烯或氢气，也可采用液体煤油或工业酒精。

（6）激光喷涂　如图 5-8 所示为激光喷涂原理。它是用高强度能量的激光束朝着接近于工件表面的方向直射，同时用辅助的激光加热器对工件加热，将喷涂粉末以倾斜的角度吹送到激光束中熔化黏结到工件表面，形成一层薄的表面涂层。激光喷涂的特点是：涂层结构与原始粉末相同；可喷涂大多数材料，范围从低熔点的涂层材料到超高熔点的涂层材料，如制备固体氧化物燃料电池陶瓷涂层，制备高超导薄膜等。

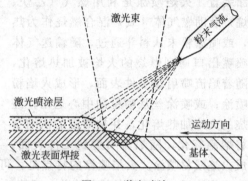

图 5-8　激光喷涂

3. 喷涂后处理

热喷涂后，涂层应尽快进行后处理，以改善涂层质量。喷涂后处理的方法主要有手工打磨、机械加工、封闭处理、高温扩散处理、热等静压处理及激光束处理等。

手工打磨是用油石、砂纸、布抛光的手工方法打磨涂层表面，以改善涂层表面的粗糙度。

机械加工是用机床对涂层进行切削加工，以获得所需尺寸和表面粗糙度。

封闭处理是用封闭剂对涂层进行孔隙的密封，以提高工件的防护性能。常用的封闭剂有：高熔点蜡类，耐蚀、减摩的不溶于润滑油的合成树脂，如烘干酚醛、环氧酚醛、水解乙基硅酸盐等。

高温扩散处理是使涂层的元素在一定温度下原子激活，向基体表面涂层内扩散，以使涂层与基体形成半冶金结合，提高涂层的结合强度及防护性能。

热等静压处理是将带涂层的工件放入高压容器中，充入氩气后，加压加温，以使涂层及基体金属内存在的缺陷受热受压后得到消除及改善，进而提高涂层的质量及强度。

激光束处理是用激光束为热源加热或重熔涂层，以使涂层中的微气孔、微裂纹消除，表面光滑，与基体表面形成冶金结合，提高涂层的抗磨损和耐腐蚀性能。

第三节　堆焊和熔结

一、堆焊

堆焊是用焊接的方法把耐磨、耐蚀等特殊性能的填充金属熔敷在基体金属表面的一种工艺方法。堆焊能达到的表面层厚度，在各类表面技术中，仅次于整体复合。堆焊受工件的限制小，工艺灵活，有利于工地施工。堆焊层致密，与基体有牢固的冶金结合，使用范围广。堆焊设备较简单，可与焊接设备通用。堆焊技术成熟，是大型工程中表面防护的主要方法之一。通过堆焊可以修复外形不合格的金属零部件及产品，或制造双金属零部件。采用堆焊可以延长零部件的使用寿命，降低成本，改进产品设计，尤其对合理使用材料，特别是贵重金属材料具有重要意义。目前堆焊已广泛用于矿山、冶金、农机、建筑、电站、交通、石油、化工、纺织、能源、航天、兵器设备及工模具的制造和修复。

1. 堆焊材料

堆焊材料可按堆焊层硬度、用途、合金总含量、抗磨性等进行分类，但最好的方法是同时考虑堆焊层的成分和焊态时的组织，因为这两者对堆焊层性能都有重要的影响。所有堆焊材料都可归纳为铁基、镍基、钴基、铜基和碳化钨基等几种类型。

（1）铁基堆焊材料　有珠光体、马氏体、奥氏体钢类和合金铸铁类，它性能变化范围广，韧性和耐磨性匹配好，能满足许多不同的要求，而且价格低，故应用最广泛。珠光体钢堆焊金属含碳量一般在0.5%以下，含合金元素总量通常在5%以下，堆焊层焊态组织以珠光体为主，包括一部分索氏体和屈氏体。马氏体钢堆焊金属除低碳、中碳、高碳马氏体钢外，还包括高速钢、工具钢及Cr13型耐蚀高铬不锈钢，其含碳量一般在0.1%～1.0%范围内，个别的高达1.5%。合金总含量5%～12%，属中合金钢范畴，堆焊层焊态组织为马氏体，有时也会出现少量的珠光体、屈氏体、贝氏体和残余奥氏体。奥氏体钢堆焊金属有奥氏体锰钢（高锰钢）、铬锰奥氏体钢和铬镍不锈钢等，其堆焊层焊态组织一般为单一的奥氏体。合金铸铁堆焊金属有马氏体合金铸铁、奥氏体合金铸铁和高铬合金铸铁，其含碳量大于2%，通常含有一种或几种合金元素，抗磨性比马氏体和奥氏体钢堆焊合金高，但延性差，易出现裂纹。

（2）镍基、钴基堆焊材料　价格较高，高温性能好，耐腐蚀，主要用于要求耐高温磨损、耐高温腐蚀的场合。常用的镍基堆焊材料有纯镍、镍铬硼硅和镍铬钼钨合金，镍铬钨硅和镍钼铁合金近年来也得到发展。钴基堆焊材料主要指钴铬钨堆焊合金，即所谓的斯太利合金，因其价格比镍还昂贵，故尽量用镍基和铁基堆焊材料代替。

（3）铜基堆焊材料　耐蚀性好，能减少金属间的磨损，主要有紫铜、黄铜、白铜和青铜四类。

（4）碳化钨基堆焊材料　主要有铸造碳化钨和以钴为黏结金属的烧结碳化钨，其价格较高，在严重磨料磨损零件和刀具堆焊中，占有重要地位。

2. 堆焊工艺

几乎任何一种焊接方法都能用于堆焊，它们各有其特点和应用范围。火焰堆焊和手弧堆焊最常用。

（1）火焰堆焊　火焰堆焊是用气体火焰作热源使填充金属熔敷在基体表面的一种堆焊方法，常用的气体火焰是氧-乙炔焰。氧-乙炔焰堆焊设备可与气焊、气割设备通用，其组成如图5-9所示。火焰堆焊设备简单，成本低，操作较复杂，劳动强度大；火焰温度较低，稀释

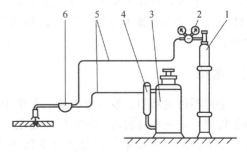

图5-9　气焊设备组成

1—氧气瓶；2—减压阀；3—乙炔发生器；
4—回火保险器；5—橡皮管；6—焊炬

率小，单层堆焊厚度可小于1.0mm，堆焊层表面光滑；常用合金铸棒及镍基、铜基的实芯焊丝；适于堆焊批量不大的零件。

（2）手弧堆焊　手弧堆焊是手工操纵焊条，用焊条和基体表面之间产生的电弧作热源，使填充金属熔敷在基体表面的一种堆焊方法。手弧堆焊用的设备和手弧焊一样，电源可用直流弧焊发电机、直流弧焊整流器和交流弧焊变压器。其设备简单，机动灵活，成本低，能堆焊几乎所有实芯和药芯焊条，常用于小型或复杂形状零件的全位置堆焊修复和现场修复。

（3）埋弧堆焊　埋弧堆焊是用焊剂层下连续送进的可熔化焊丝和基体之间产生的电弧作热源，使填充金属熔敷在基体表面的一种堆焊方法。堆焊时焊剂部分熔化成熔渣，浮在熔池表面对堆焊层起保护和缓冷作用。埋弧堆焊设备可与埋弧焊通用，其组成如图5-10所示。埋弧堆焊有单丝、多丝和带极埋弧堆焊，用于具有大平面和简单圆形表面的零件。单丝埋弧堆焊是常用的堆焊方法，堆焊层平整，质量稳定，熔敷率高，劳动条件好，但稀释率较大，生产率不够理想。多丝埋弧堆焊是双丝或三丝或多丝并列接在电源的一个极上，同时向堆焊区送进，各焊丝交替堆焊，熔敷率大大增加，稀释率下降10％～15％。带极埋弧堆焊熔深浅，熔敷率高，堆焊层外形美观。

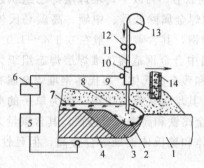

图5-10　埋弧堆焊示意图

1—基体；2—电弧；3—金属熔池；4—焊缝金属；

5—焊接电源；6—电控箱；7—凝固熔渣；

8—熔融熔渣；9—焊剂；10—导电嘴；

11—焊丝；12—焊丝送进轮；

13—焊丝盘；14—焊剂输送管

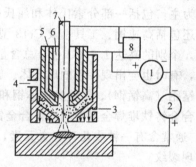

图5-11　粉末等离子弧堆焊示意图

1—非转移弧电源；2—转移弧电源；

3—保护气；4—粉末和送粉气；

5—冷却水；6—离子气；

7—钨极；8—高频振荡器

（4）等离子弧堆焊　等离子弧堆焊是利用等离子体弧作热源，使填充金属熔敷在基体表面的堆焊方法，有粉末等离子弧堆焊和填丝等离子弧堆焊两大类。粉末等离子弧堆焊主要用于耐磨层堆焊，填丝等离子弧堆焊主要用于包覆层堆焊。粉末等离子弧堆焊设备组成如图5-11所示。等离子弧堆焊稀释率低，熔敷率高，堆焊零件变形小，外形美观，易实现机械化和自动化。

二、熔结

金属零件的磨损、疲劳等破坏，发生于表面或先从表面开始。通过表面强化处理，提高表面性能，是发挥材料潜力的重要途径之一。金属表面强化有许多技术，其中表面冶金强化是经常采用的一种技术，它包括以下四个方面：表面熔化-结晶处理；表面熔化-非晶态处理；表面合金化；涂层熔化、凝结于表面。

将涂层熔化、凝结于金属表面，形成与基体具有冶金结合的表面层。通常把这种表面冶金强化方法简称为"熔结"。熔结与表面合金化相比，特点是基体不熔化或熔化极少，因而涂层成分不会被基体金属稀释或轻微地稀释。熔结有许多方法，如火焰喷焊、等离子喷焊、真空熔结、火焰喷涂后激光加热重熔等，其中用得最多的熔结方法是火焰喷焊。此外，目前最理想的喷熔材料是自熔合金。值得指出的是，熔结后的组织完全晶化。以火焰喷焊（两步法）为例，重熔前，粉末颗粒以微熔黏结或是机械堆积的形式存在，而重熔后完全被晶化，如图 5-12 所示。

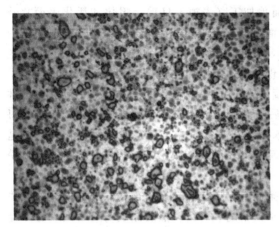

(a) 喷涂层 (×2000)　　　　　　　　　　　　　(b) 喷焊层 (×2000)

图 5-12　喷涂层和喷焊层组织形貌

1. 自熔性合金

自熔性合金于 1937 年研制成功，1950 年开始用于喷焊技术，现已形成系列，广泛用来提高金属表面的耐磨、耐蚀性能。其主要特点是：绝大多数的自熔合金是在镍基、钴基、铁基合金中添加适量的硼、硅元素而制得，并且通常为粉末状；加热熔化时，B、Si 扩散到粉末表面，与氧反应生成硼、硅的氧化物，并与基体表面的金属氧化物结合生成硼硅酸盐，上浮后形成玻璃状熔渣，因而具有自行脱氧造渣的能力；B、Si 与其他元素形成共晶组织，使合金熔点大幅度降低，通常在 900～1200℃ 之间，低于钢铁等基体金属的熔点；B、Si 的加入，使液相线与固相线之间的温度区域展宽，一般为 100～150℃，提高了熔融合金的流动性；B、Si 具有脱氧作用，净化和活化基体表面，提高了涂层对基体的润湿性。

自熔性合金主要有镍基、钴基、铁基和弥散碳化钨型自熔性合金四类。镍基自熔性合金以 Ni-B-Si 系、Ni-Cr-B-Si 系为多，显微组织为镍基固溶体和碳化物、硼化物、硅化物的共晶，具有良好的耐磨、耐蚀和较高的热硬性。钴基自熔性合金以 Co 为基，加入 Cr、W、C、B、Si，有的还加 Ni、Mo，显微组织为钴基固溶体，弥散分布着 Cr_7C_3 等碳化物，合金强度和硬度可保持到 800℃，由于价格高，这种合金只用于耐高温和要求具有较高热硬性的零部件。铁基自熔性合金主要有两类：一是在不锈钢成分基础上加 B、Si 等元素，具有较高的硬度和较好的耐热、耐磨、耐蚀等性能；二是在高铬铸铁成分基础上加 B 和 Si，组织中含有较多的碳化物和硼化物，具有高硬度和高耐磨性，但脆性大，适用于不受强烈冲击的耐磨零件。弥散碳化钨型自熔性合金是在上述镍基、钴基和铁基自熔性合金粉末中加入适量的碳化钨而制成，具有高的硬度、耐磨性、热硬性和抗氧化性。

2. 熔结工艺

（1）火焰喷焊　火焰喷焊是火焰喷涂形成涂层后，再对涂层用火焰直接加热，使涂层在基体表面重新熔化，基体金属的表面完全湿润，界面有相互的元素扩散，产生牢固的冶金结合。火焰喷焊工艺有一步法（边喷边重熔）和两步法（先喷形成涂层，再重熔）两种，不论何种方法，均需对工件进行预热。一步法的合金粉末较细，粒度分布较分散；通常用手工操作，简单、灵活，适用于小零件表面保护和修复，以及中型工件的局部处理。两步法的粉末较粗，粒度分布集中，易于实现机械化操作，喷熔层均匀平整，适用于大面积工件以及圆柱形或旋转零件。

① 一步法的工序为：工件清洗脱脂→表面预加工（去掉不良层，粗化和活化表面）→预热工件→预喷粉（预喷保护粉，以防工件表面氧化）→喷熔→冷却→喷熔后加工。喷熔的主要设备是喷熔枪。火焰集中在工件表面局部，使之加热，当此处预喷粉开始润湿时，喷送自熔性合金粉末，待熔化后出现"镜面反光"现象后，将喷枪匀速缓慢地移到下一区域。

② 两步法的前四道工序与一步法相同，接下来分喷粉和重熔两步进行。喷粉是在工件预热后，先喷 0.1～0.15mm 厚的保护粉，然后升温到 500℃ 左右喷上自熔性合金粉末，每次喷粉厚度不宜大于 0.2mm。如果喷焊层要求较厚，必要时先重熔一遍后再喷粉。重熔是把喷粉层加热到液相线与固相线之间，使原来疏松的粉层变成致密的熔敷层。重熔要在喷粉后立即进行。

（2）真空熔结　真空熔结是在一定的真空条件下迅速加热金属表面的涂层，使之熔融并润湿基体表面，通过扩散互熔而在界面形成一条狭窄的互熔区，然后涂层与互熔区一起冷凝结晶，实现涂层与基体之间的冶金结合。真空熔结包括以下几个工艺步骤：

① 调制料浆。即由涂层材料与有机黏结剂混合而成。涂层材料除了前述的几种自熔性合金粉末外，还可根据需要选用铜基合金粉、锡基合金粉、抗高温氧化元素粉以及元素粉或合金粉与金属间化合物的混合物。黏结剂常用的有汽油橡胶溶液、树脂、糊精或松香油等。

② 工件的表面清洗、去污与预加工。

③ 涂敷和烘干。即把调制好的料浆涂敷在工件表面，在 80℃ 的烘箱中烘干，然后整修外形。

④ 熔结。主要在真空电阻炉中进行，也可用感应法、激光法等进行熔结。

⑤ 熔结后加工。

第四节　其他表面涂敷技术

表面涂敷技术除上面介绍的以外，还有许多，主要有电火花表面涂敷、热浸镀、搪瓷涂敷、陶瓷涂层、塑料涂敷等。

一、电火花表面涂敷

电火花涂敷是直接利用电能的高密度能量对金属表面进行涂敷处理的工艺。它是通过电极材料与金属零件表面的火花放电作用，把作为火花放电电极的导电材料（如 WC、TiC 等）熔渗进金属工件的表层，从而形成含电极材料的合金化的表面涂敷层，使工件表面的物理性能、化学性能和力学性能得到改善，而其心部的组织和力学性能不发生变化。除被处理零件表面因电极材料的沉积有规律地胀大外，不存在变形问题。经电火花涂敷后，在零件表面上形成 5～60μm 的显微硬度高达 1200～1800HV 的白亮层，并存在过渡层。表面涂敷层与基体的结合强度高。电火花涂敷可有效地提高零件表面耐磨性、耐蚀性、热硬性和高温抗氧化性等。但电火花涂敷会加大表面粗糙度和影响材料的疲劳性能。

电火花涂敷特别适合于工模具和大型机械零件的局部处理，是一种简单经济又有前途的表面涂敷手段。电火花涂敷工艺已在机械制造、电机、电器、轻工、化工、纺织、农业机械、交通和钢铁工业等许多部门得到了应用。

电火花涂敷方法在进一步发展，将由单电极、多电极和粉末涂敷等多种方法形成一大领域。激光-电火花涂敷、超声-电火花涂敷以及其他机械加工方法的复合，将使电火花涂敷工艺获得更大的生命力。

1. 电火花涂敷工作原理

电火花涂敷设备的最基本组成部分是脉冲电源和振动器，前者供给瞬间放电能量，后者使电极振动并周期地接触工件。其工作原理如图 5-13 所示。

工作时，电极随振动器作上下振动。当电极接近工件但还没有接触工件时，电极与工件的状态如图 5-14(a) 所示，图中箭头表示该时刻电极振动的方向。当电极向工件运动而接近工件达到某个距离时，电场强度足以使间隙电离击穿而产生电火花，这种放电使回路形成通路。在火花放电形成通路时，相互接近的微小区域内将瞬时流

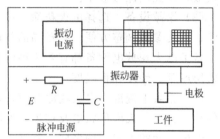

图 5-13　电火花涂敷原理

过非常大的放电电流，电流密度可达 $10^5 \sim 10^6\,\text{A/cm}^2$，而放电时间仅为几微秒至几毫秒。

由于这种放电在时间上和空间上的高度集中，在放电微小区域内会产生约 $5000 \sim 10000\,^\circ\text{C}$ 的高温，使该区域的局部材料熔化甚至气化，而且放电时产生的压力使部分材料抛离工件或电极的基体，向周围介质中溅射。此状态参见图 5-14(b)。

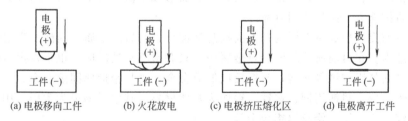

(a) 电极移向工件　　(b) 火花放电　　(c) 电极挤压熔化区　　(d) 电极离开工件

图 5-14　电火花涂敷过程的电极状态

接着，电极继续向下运动，使电极和工件上熔化了的材料挤压在一起，如图 5-14(c) 所示。由于接触面积的扩大和放电电流的减小，使接触区域的电流密度急剧下降，同时接触电阻也明显减小，因此这时电能不再能使接触部分发热。相反，由于空气和工件自身的冷却作用，熔融的材料被迅速冷却而凝固。接着，振动器带动电极向上运动而离开工件，如图 5-14(d) 所示。通过这一过程，电极材料脱离电极而黏结在工件上，成为工件表面的涂敷点。

因此，电火花涂敷的原理，是直接利用电火花放电的能量，使电极材料在工件表面形成特殊性质的合金层或表面渗层。并且，电火花放电的骤热骤冷作用具有表面淬火的效果。

2. 电火花涂敷工艺

电火花涂敷工艺有涂敷前准备、涂敷和涂敷后处理。涂敷前准备的主要内容有确定涂敷

部位和要求、选择电极材料、选择涂敷设备和选择涂敷电规准。

（1）涂敷部位和要求　确定涂敷部位和要求时，首先要了解工件的材料、硬度、工作表面或刃口的状况、工作性质和涂敷技术要求。一般碳素钢、合金工具钢、铸铁等黑色金属是可以涂敷的，但其涂敷层的厚度是有差别的，合金钢较厚，碳素钢次之，铸铁最薄。而有色金属如铝、铜等是很难涂敷的。进行修复时，由于涂敷层较薄，对于磨损量在 0.06mm 以上的零件就难以用电火花涂敷工艺进行修复。对于要求粗糙度较细的量具，修复量就更小了。

（2）电极材料　选择电极材料以提高工件寿命为目的时，常用 YG、YT、YW 类硬质合金、石墨、合金钢作电极；以修复为目的时，应根据工件对硬度、厚度等的要求采用硬质合金、碳素钢、合金钢、铜、铝等材料作电极。一般电火花涂敷时，电极材料为正极，工件为负极，以提高涂敷效率。

（3）涂敷设备　选择电火花涂敷设备时要考虑以下因素：必要的放电能量和适当的短路电流；电气参数调整方便；有较高的放电频率、较高的电能利用率；运行可靠和便于维修。

各类电火花放电设备都有若干种电规准（放电电容），选择电规准的原则是获得理想的涂敷层厚度、硬度和粗糙度。

（4）涂敷电规准　电火花涂敷时，电极与工件涂敷表面的夹角大小要根据所用设备振动器的性能、工件表面形状以及加工条件随时予以调整，以获得稳定的火花放电和均匀的涂敷层。电极移动的方式多种多样，移动的速度要根据电规准选择，速度应均匀，尽可能使涂敷层均匀细致。涂敷结束后，对涂敷表面进行清理和修整，必要时应进行涂敷层厚度测试、小负荷硬度试验和金相试验，有些工件还要进行研磨和回火处理才可使用。

二、热浸镀

热浸镀简称热镀，是将工件浸在熔点较低的与工件材料不同的液态金属中，在工件表面发生一系列物理和化学反应，取出冷却后，在表面形成所需的合金镀层。这种涂敷主要用来提高工件的防护能力，延长使用寿命。

（1）基本前提　形成热镀层的基本前提是被镀金属与熔融金属之间能发生溶解、化学反应和扩散等过程。在目前所镀的低熔点金属中，只有铅不与铁反应，也不发生溶解，故在铅中添加一定量的如锡或锑等元素，与铁反应形成合金，再与铅形成固溶合金。

（2）基体材料　热镀用钢、铸铁、铜作为基体材料，其中以钢最为常用。用于热镀的低熔点金属有锌、铝、锡、铅及锌铝合金等。

（3）热镀层材料　热镀锡是最早发展的镀层，由于锡资源的短缺，而热镀锡钢板的镀层较厚且不均匀，目前热镀锡工艺已很少采用，而代之以电镀锡。

热镀铅也是较早发展的镀层，铅的熔点低，化学稳定性好，很适于作钢材的保护镀层材料。但要添加一定量的锡或锑，为减少锡的消耗，已开发出先镀镍再热镀铅的新工艺。另外，铅对人体有害，热镀铅钢板已被热镀锌板所代替。

热镀锌是价廉而耐蚀性良好的镀层，由于锌的电极电位较低，对钢基体具有牺牲性保护作用，加上较为便宜，因而是热镀中应用最多的金属，被大量用于保护钢材防大气腐蚀。

热镀铝的发展较晚，镀铝层除具有优异的抗大气腐蚀性（尤其对工业大气和海洋大气）外，其铁铝合金层还具有良好的耐热性。目前其应用领域正不断扩大。

1. 热浸镀工艺

热浸镀工艺有前处理、热浸镀和后处理。按前处理不同，可分为熔剂法和保护气体还原法两大类。熔剂法主要用于钢管、钢丝和零件的热镀，保护气体还原法多用于钢带或钢板的连续热镀。

（1）熔剂法　熔剂法有湿法和干法之分。湿法使用较早，是将净化的工件浸涂水熔剂后，直接浸入熔融金属中进行热镀，但需在熔融金属表面覆盖一层熔融熔剂层，工件通过熔剂层再进入熔融金属中。干法是在浸涂水熔剂后经烘干，除去熔剂层中的水分，然后再浸镀。由于干法工艺较简单，故目前大多数热镀层的生产采用干法，而湿法逐渐淘汰。熔剂法的工艺流程为：预镀件→碱洗→水洗→酸洗→水洗→熔剂处理→热浸镀→镀后处理→成品。

热碱清洗是工件表面脱脂的常用方法。在浸镀前，通常用硫酸或盐酸的水溶液除去工件上的轧皮和锈层，为避免过蚀，常在硫酸和盐酸溶液中加入抑制剂。熔剂处理是为了除去工件上未完全酸洗掉的铁盐和酸洗后又被氧化的氧化皮，清除熔融金属表面的氧化物和降低熔融金属的表面张力，同时使工件与空气隔离而避免重新氧化。

热浸镀的工件温度一般为 $445 \sim 465$℃，涂层厚度主要取决于浸镀时间、提取工件的速度和钢铁基体材料，浸镀时间一般为 $1 \sim 5$min，提取工件的速度约为 1.5m/min。

镀后处理一般是用离心法或擦拭法去除工件上多余的热镀金属，对热镀后的工件进行水冷，以抑制金属间化合物合金层的生长。

（2）保护气体还原法　保护气体还原法又称氢还原法，是现代热镀生产线普遍采用的方法，典型的生产工艺通称为 Sendzimir 法。其特点是将钢材连续退火与热浸镀连在同一生产线上。钢材先通过氧化炉，被直接火焰加热并烧掉其表面上的轧制油，同时被氧化形成薄的氧化膜，再进入其后的还原炉，在此被加热到再结晶退火温度，同时其表面上的氧化铁膜被通入炉中的氢气保护气体还原成适合于热浸镀的活性海绵状纯铁，然后在隔绝空气条件下冷却到一定温度后进入镀锅中浸镀。目前，Sendzimir 法已有很大改进，将预热炉与退火炉连为一体，将氧化炉改为无氧化炉，从而大大提高了钢材的运行速度和镀层的质量。

2. 热镀锌

热镀锌带钢是热镀锌产品中产量最多、用途最广的产品，它有多种工艺方法。现代生产线主要采用改进的 Sendzimir 法，并吸取了其他方法的优点。典型的热镀锌生产线流程为：开卷→测厚→焊接→预清洗→入口活套→预热炉→退火炉→冷却炉→锌锅→气刀→小锌花装置→合金化炉保温段→合金化炉冷却段→冷却→锌层测厚→光整→拉伸矫直→闪镀铁→出口活套→钝化→检验→涂油→卷取。带钢出锌锅后，由气刀控制镀层厚度。若要进行小锌花处理，则在气刀上方向还未凝固的锌层喷射锌粉或蒸汽等介质。在需要进行合金化处理时，带钢应进入合金化处理炉。若产品为普通锌花表面，则从气刀以后直接冷却。

热镀锌钢管主要有熔剂法和 Sendzimir 法。用 Sendzimir 法进行钢管热镀锌的工艺流程为：微氧化预热→还原→冷却→热镀锌→镀层控制→冷却→镀后处理。

零部件的基体多为可锻铸铁和灰铸铁，热镀锌工艺通常采用熔剂法。

3. 热镀铝

钢材的热浸镀铝主要有两种镀层，即纯铝镀层和铝硅合金镀层。纯铝镀层的合金层较厚且不平坦呈锯齿状，铝硅镀层的合金较薄且平坦整齐。

铝的熔点是 660℃，故镀铝溶液的温度高于热镀锌温度。铝的化学活性高于锌，热镀前工件表面残存的氧化铁会被铝还原成铁和生成 Al_2O_3，工件热镀铝后表面易被沾污或形成氧化铝膜条纹，故热镀铝比热镀锌复杂，对工件表面净化的要求高。

钢板热镀铝通常也用 Sendzimir 法进行，工序与镀锌相似，只是要提高保护气体中的氢含量，降低氧和水的含量，以提高钢板在镀前的清洁度。

钢丝、钢管和零件的热镀铝通常采用熔剂法，工艺有一浴法和二浴法。一浴法是熔剂直接覆盖在铝液上面，工件穿过熔剂层进入铝液。二浴法是熔剂与铝液分开放置。

4. 热镀锌铝合金

近年来，为进一步提高镀层钢材的耐蚀性，在镀锌锅中添加铝，从而开发出两种新的镀层产品，并已先后商品化。其一为商品名 Galvalume 的 55％Al-Zn 镀层钢板，其二为商品名 Galfan 的 Zn-5％Al-Re 镀层钢板。与热镀锌钢板生产相似，热镀锌铝合金钢板也采用改进的 Sendzimir 法生产线生产。其工艺过程包括钢带的前处理、还原和退火、镀层及加速冷却和后处理等。55％Al-Zn 合金镀层钢板的镀液成分为 55％Al-Zn-1.6％Si，镀液温度为 590～600℃。Zn-5％Al-Re 合金镀层钢板的镀液温度为 430～460℃。

三、搪瓷涂敷

搪瓷是将玻璃质瓷釉涂敷在金属基体表面，经过高温烧结，瓷釉与金属之间发生物理化学反应而牢固结合，在整体上有金属的力学强度，表面有玻璃的耐蚀、耐热、耐磨、易洁和装饰等特性的一种涂层材料。

（1）作用　搪瓷涂层主要用于钢板、铸铁、铝制品等表面以提高表面质量和保护金属表面，它以其突出的玻璃特性和应用类型区别于其他陶瓷涂层，而以其无机物成分和涂层融结于金属基体表面上区别于漆层。

（2）基体材料　搪瓷制品按基体材料分，有钢板搪瓷、铸铁搪瓷、铝搪瓷和耐热合金搪瓷等。按用途分，有日用搪瓷、艺术搪瓷、建筑搪瓷、电子搪瓷、医用搪瓷、化工搪瓷等。按瓷釉组成结构和性能分，有锑白搪瓷、钛白搪瓷、微晶搪瓷、耐酸搪瓷、高温搪瓷等。

（3）应用　搪瓷制品广泛用于日用品、艺术品、建筑、电子、医疗、化工等领域，并在不断地扩大。新的应用如：建筑搪瓷墙面板、厚膜电路基板搪瓷、红外加热器热辐射面用搪瓷和太阳能集热器集热面用搪瓷、表面具有玻璃特性的耐酸搪瓷、表面具有微晶玻璃特性的微晶搪瓷、表面具有陶瓷耐热性和耐高温燃气腐蚀的高温搪瓷。

1. 瓷釉和釉浆

钢板和铸铁用搪瓷分为底瓷和面瓷。底瓷含有能促进搪瓷附着于金属基体的氧化物，涂在底瓷上面的面瓷能改善涂层的外观质量和性能。

瓷釉的基本成分为玻璃料，它是一种由熔融玻璃混合物急冷产生的细小粒子组成的特殊玻璃。因为搪瓷都是根据具体应用而设计的，故玻璃料的差别往往较大。一般瓷釉主要由四类氧化物组成：RO_2 型，如 SiO_2、TiO_2、ZrO_2 等；R_2O_3 型，如 B_2O_3、Al_2O_3 等；RO型，如 BaO、CaO、ZnO 等；R_2O 型，如 Na_2O、K_2O、Li_2O 等。此外还有 R_3O_4 等类型。

瓷釉是将一定组成的玻璃料熔块与添加物一起进行粉碎混合制成釉浆，然后涂烧在金属表面上面形成的涂层。

根据瓷釉的化学成分，将硼砂、纯碱、碳酸盐、氧化物等各种化工原料和硅砂、锂长石、氟石混合后熔化。用量大的熔块由玻璃池炉连续生产，其玻璃熔滴由轧片机淬冷成小薄片；用量不大的熔块，用电炉、回转炉间歇式生产，它是将熔融的玻璃液投入水中淬冷成碎块。玻璃熔块加入到球磨机后，再加入球磨添加物如陶土、膨润土、电解质和着色氧化物，最后加水，经充分球磨后就制得釉浆。但是，静电干涂用玻璃料是不加水粉磨而制成的。

2. 搪瓷工艺

搪瓷工艺的基本过程有制金属坯体、表面处理、涂敷和烧结。

制金属坯体是将基体材料进行剪切、冲压、铸造、焊接等加工成符合搪瓷制品的使用和工艺要求的工件。

金属坯体在搪瓷前要进行碱洗、酸洗或喷砂等表面处理，以去锈、脱脂并清洗干净。有的还要进行其他表面处理。一种典型的表面清洁处理流程为：碱洗→温漂洗→酸蚀→冷漂洗→镍沉积→冷漂洗→中和→温空气干燥。

釉浆的涂敷方法有手工涂搪或喷搪、自动浸搪或喷搪、电泳涂搪、湿法或干粉静电喷搪等多种。干粉静电自动喷搪是一种适合大批量搪瓷制品的生产技术，它将带电的专用瓷釉干粉输送到绝缘式喷枪内，喷涂到放在传送器上的带正电的坯体上完成涂搪作业，没有涂到制品上的瓷釉干粉由空气输送循环使用，釉粉利用率高，涂搪后制品不用干燥即可烧成。

搪瓷烧结是在燃油、天然气、丙烷或电加热炉内进行的。炉子有连续式、间歇式和周期式，其中马弗炉或半马弗炉用得较多。烧结包括黏性液体的流动、凝固以及涂层形成过程中气体的逸出，对于不同制品要选择合适的温度和时间。

四、陶瓷涂层

陶瓷涂层是以氧化物、碳化物、硅化物、硼化物、氮化物、金属陶瓷和其他无机物为原料，用各种方法涂敷在金属等基体表面而使之具有耐热、耐蚀、耐磨以及某些光、电等特性的一类涂层，主要用作金属等基体的高温防护涂层。

1. 陶瓷涂层的种类

陶瓷涂层按涂层物质分，有玻璃质涂层（包括以玻璃为基与金属或金属间化合物组成的涂层、微晶搪瓷等）、氧化物陶瓷涂层、金属陶瓷涂层、无机胶黏物质黏结涂层、有机胶黏剂黏结的陶瓷涂层、复合涂层。

按涂敷方法分，有高温熔烧涂层、高温喷涂涂层、热扩散涂层、低温烘烤涂层、热解沉积涂层。

按使用性能分，有高温抗氧化涂层、高温隔热涂层、耐磨涂层、热处理保护涂层、红外辐射涂层、变色示温涂层、热控涂层。

2. 陶瓷涂层工艺及其特点

陶瓷涂层工艺因涂敷方法不同而有差别。

（1）熔烧　熔烧有釉浆法和溶液陶瓷法。搪瓷是釉浆法的典型代表。釉浆法的优点是涂层成分变化广泛，质地致密，与基体结合良好；缺点是基体要承受较高温度，有些涂层需在真空或惰性气氛中熔烧。溶液陶瓷法是将涂层成分中各种氧化物先配制成金属硝酸盐或有机化合物的水溶液（或溶胶），喷涂在一定温度的基体上，经高温熔烧形成约 $1\mu m$ 厚的玻璃质涂层；如需加厚，可重复多次涂烧。其优点是熔烧温度比釉浆法低，但涂层薄，并且局限于复合氧化物组成。

（2）高温喷涂　高温喷涂有火焰喷涂法、等离子喷涂法和爆震喷涂法。火焰喷涂法是用氧-乙炔火焰，将条棒或粉末原料熔融，依靠气流将陶瓷熔滴喷涂在基体表面形成涂层。其优点是设备投资小，基体不必承受高温，但涂层多孔，涂层原料的熔点不能高于 $2700℃$，涂层与基体结合较差。

等离子喷涂法是用等离子喷枪所产生的 $1500\sim8000℃$ 高温，以高速射流将粉末原料喷涂到工件表面；也可将整个喷涂过程置于真空室进行，以提高涂层与基体的结合力和减少涂层的气孔率。它适用于任何可熔而不分解、不升华的原料，底材不必承受高温，喷涂速度较快，但设备投资较大，不大适用于形状复杂的小零件，工艺条件对涂层性能有较大影响。

爆震喷涂法是用一定混合比的氧-乙炔气体在爆震喷枪上脉冲点火爆震，即以脉冲的高温（约3300℃）冲击波，夹带熔融或半熔融的粉末原料，高速（800m/s）喷涂在基体表面。其优点是涂层致密，与基体结合牢固，但涂层性能随工艺条件变化大，设备庞大，噪声达150dB，对形状复杂的工件喷涂困难。

（3）热扩散　热扩散有气相或化学蒸气沉积扩散法、固相热扩散法、液相扩散法和流化床法。气相或化学蒸气沉积扩散法又称气相沉积渗，是将涂层原料的金属蒸气或金属卤化物经热分解还原而成的金属蒸气，在一定温度的基体上沉积并与之反应扩散形成涂层。其优点是可以得到均匀而致密的涂层，但工艺过程需在真空或控制气氛下进行。

固相热扩散法又称粉末包渗，是将原料粉末与活化剂、惰性填充剂混合后装填在反应器内的工件周围，一起置于高温下，使原料经活化、还原而沉积在工件表面，再经反应扩散形成涂层。其优点是设备简单，与基体结合良好，但涂层组成受扩散过程限制。

液相扩散法又称料浆渗，是将工件浸入低熔点金属熔体内，或将工件上的涂层原料加热到熔融或半熔状态，使原料与基体之间发生反应扩散而形成涂层。其优点是适用于形状复杂的工件，能大量生产，但涂层组成有一定的限制，需进行热扩散及表面处理附加工艺。

流化床法是涂层原料在带有卤素蒸气的惰性气体流吹动下悬浮于吊挂在反应器内的工件周围，形成流化床，并在一定温度下原料均匀地沉积在工件表面，与之反应扩散，形成涂层。流化床加静电场还可进一步提高涂层的均匀性。这种方法的优点是工件受热迅速、均匀，涂层较厚、均匀，对形状复杂的工件也适用。其缺点是需消耗大量保护气体，涂层组成也受一定的限制。

（4）低温烘烤　低温烘烤是将涂层原料预先混合，再与无机黏结剂或有机黏结剂及稀释剂等一起球磨成涂料，用喷涂、浸涂或涂刷等方法涂敷在工件表面，然后自然干燥或在300℃以下低温烘烤成涂层。其优点是设备、工艺简单，化学组成广泛，基体不承受高温，基体与涂层之间有一定的化学作用而结合较牢固，但含无机黏结剂的涂层一般多孔，表面易沾污，含有机黏结剂的涂层一般耐高温性能较差。

（5）热解沉积　热解沉积是将原料的蒸气和气体在基体表面上高温分解和化学反应，形成新的化合物定向沉积形成涂层。其优点是涂层与基体结合良好，涂层致密，但基体需加热到高温，仅适用于耐热结构基体，并且涂层内应力高，需退火。

五、塑料涂敷

塑料涂敷是将塑料粉末涂料涂敷在金属等基体表面形成涂层，对金属等基体主要起良好的防蚀作用。从环境、安全和改进性能的角度来分析，塑料粉末涂料是取代溶剂型涂料的发展趋势之一。

1. 塑料粉末涂料

塑料粉末涂料有热固性和热塑性粉末涂料两类。

热固性粉末涂料主要有环氧树脂系、聚酯系、丙烯酸树脂系等，这些树脂能与固化剂交联后成为大分子网状结构，从而得到坚韧而牢固的保护涂层，适宜于性能要求较高的防腐性或装饰性的器材表面。目前以环氧和环氧改性的粉末用途最广，而丙烯酸粉末有广阔的应用前途。

　　热塑性粉末涂料由热塑性合成树脂作为主要成膜物质，特别是一些不能为溶剂溶解的合成树脂如聚乙烯、聚丙烯、聚氯乙烯、碳氟树脂以及其他工程塑料粉末等。这种涂料经熔化、流平，在水或空气中冷却即可固化成膜，配方中不加固化剂。由于这类涂层容易产生小气孔，附着力比热固性粉末略差，故需要有底漆，通常适于作厚涂层的保护和防腐蚀涂层。

2. 塑料粉末涂敷方法

　　塑料粉末涂敷方法主要有静电喷涂法、流动浸塑法、静电流浸法、挤压涂敷法、分散液喷涂法、粉末火焰喷涂法、金属-塑料复合膜粘贴法、空气喷涂法、真空吸引法、静电振荡粉末涂装法和静电隧道粉末涂装法等。

　　(1) 静电喷涂法　静电喷涂法是利用高压静电电晕电场，在喷枪头部金属上接高压负极，被涂金属工件接地形成正极，两者之间施加 $20\sim90kV$ 的直流高压，形成较强的静电场。当塑料粉末从储粉筒经输粉管送到喷枪的导流杯时，导流杯上的高压负极产生电晕放电，由密集电荷使粉末带上负电荷，然后粉末在静电和压缩空气的作用下飞向工件（正极）。随着粉末沉积层的不断增加，达到一定厚度时，最表层的粉末电荷与新飞来的粉末同性而相斥，于是不再增加厚度。这时，将附着在工件表面的粉末层加热到一定温度，使之熔融流平并固化后形成均匀、连续平滑的涂层。

　　(2) 流动浸塑法　流动浸塑法是将塑料粉末放入底部透气的容器，下面通入压缩空气使粉末悬浮于一定高度，然后把预先加热到塑料粉末熔融温度以上的工件浸入该容器中，塑料粉末就均匀地黏附于工件表面，浸渍一定时间后取出并进行机械振荡，除掉多余粉末，最后送入塑化炉流平、塑化再出炉冷却，得到均匀的涂层。常用此法的有聚乙烯、聚氯乙烯、聚酰胺等。此法的优点是耗能小，无污染，效率高，质量好，涂层厚，耐久、耐蚀，外观佳，粉末损耗少，设备简单，用途广泛。缺点是不易涂敷约 $75\mu m$ 以下膜厚的涂层，工件必须预热，容器要大到足以将工件完全浸没，形状复杂和热容量小的工件涂敷困难，不宜用于直径或厚度小于 0.6mm 的工件。

　　(3) 静电流浸法　静电流浸法综合了上面两种方法的原理，在浸塑容器的多孔板上安装能通过直流高压的电极，使容器内空气电离，带电离子与塑料粉末碰撞，使粉末带负电，而工件接地带正电，粉末被吸附于工件表面，再经加热熔融固化成涂层。

　　(4) 挤压涂敷法　挤压涂敷法是将塑料粉末加热并挤压，经破碎、软化、熔融、排气、压实，以黏流状态涂敷于工件表面，然后冷却形成均匀的涂层。

　　(5) 分散液喷涂法　分散液喷涂法有悬浮液喷涂和乳浊液喷涂，是将树脂粉末、溶剂混合成分散液，用喷、淋、浸、涂等方法涂敷于工件表面，然后在室温或一定温度使溶剂挥发，从而在工件表面形成松散的粉状堆积区，再加热高温烧结使其成为整体涂层。烧结后冷却可再继续涂下一层。

　　(6) 粉末火焰喷涂法　粉末火焰喷涂法是利用燃气（乙炔、氢气、煤气等）与氧气或空气混合燃烧产生的热量将塑料粉末加热至熔融状态或半熔融状态，在压缩空气或其他运载气体的作用下喷向经过预处理的工件表面，液滴经流平形成涂层。

　　(7) 金属-塑料复合膜粘贴法　金属-塑料复合膜粘贴法是先用粉末共热法制膜技术预制成各种规格的金属-塑料复合膜，一面是耐蚀塑料层，另一面是很薄的金属层，施工时将金属层的一面用胶黏剂粘贴于金属工件表面。

　　(8) 其他　空气喷涂法是将工件加热到粉末熔融温度以上，将塑料粉末用喷枪喷射到工件表面，再经烘烤流平，固化成膜。

真空吸引法是使管道内部处于真空状态，将粉末涂料迅速吸入，并受热熔融而在管道内壁成膜。

静电振荡粉末涂装法是在涂装箱内四周装有电极，工件接正极，施加 5×10^4 V 电压并呈周期性变化，使两电极之间的粉末激烈振荡，从供料漏斗洒下的粉末涂料带负电荷，由静电作用而吸附于工件表面，达一定厚度后，涂层不再增厚。

静电隧道粉末涂装法是在静电隧道涂装设备中用空气把带电的粉末涂料吹到工件表面，并由静电作用吸附起来。

 复习思考题

1. 涂料分类的基础是什么？可如何分类？
2. 简述静电喷涂与粉末喷涂各自的优缺点。
3. 简述热喷涂的工作原理，热喷涂一般分为哪几种？
4. 热喷涂前为何要进行预处理？如何处理？
5. 简述堆焊材料的分类及特点。
6. 热浸镀一般分为哪几种？
7. 热喷涂和热喷焊有何不同？
8. 概括搪瓷涂敷、陶瓷涂层和塑料涂敷的特点。

第六章

表面改性新技术

表面改性是指采用某种工艺手段使材料表面获得与基体材料的组织结构、性能不同的一种技术。材料经表面改性处理后，既能发挥基体材料的力学性能，又能使材料表面获得各种特殊性能。

表面改性技术可以掩盖基体材料表面的缺陷，延长材料和构件的使用寿命，节约稀、贵材料，节约能源，改善环境，并对各种高新技术的发展具有重要作用。

第一节　激光表面处理技术

激光是由辐射受激发射产生的光，激光表面处理技术是采用激光对材料表面进行改性的一种表面处理技术，是高能密度表面处理技术中的一种最主要的手段，它具有传统表面处理技术或其他高能密度表面处理技术不能或不易达到的特点。激光表面处理的目的是改变表面层的成分和显微结构，从而提高表面性能。

激光表面处理工艺主要有激光相变硬化、激光熔融及激光表面冲击三类。激光熔融又有激光表面熔凝、激光表面合金化和激光表面熔覆等，如图 6-1 所示。

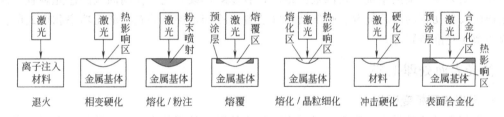

图 6-1　激光表面处理工艺

与普通光相比，激光具有高度的单色性、相干性、方向性和亮度。对金属材料表面改性而言，激光是一种聚焦性好、功率密度高、易于控制、能在大气中远距离传输的新颖热源。激光表面改性的特点，根据不同的方法各有独到之处，其共性有：激光功率密度大，用激光束强化金属加热速度快（$10^5 \sim 10^9 \, ℃/s$），基体自冷速度高（$> 10^4 \, ℃/s$）；输入热量少，工件处理后的热变形很小；可以局部加热，只加热必要部分；能精确控制加工条件，可以实现在线加工，也易于与计算机连接，实现自动化操作。激光表面处理技术还存在一些问题，如对反射率高的材料要进行防反射处理；不适宜一次进行大面积处理；激光本身是转换效率低的能源；相关设备价格昂贵；与其他技术相比，技术尚不很成熟。

目前，激光表面处理技术已用于汽车、冶金、石油、机车、机床、军工、轻工、农机以及刀具、模具等领域，并正显示出越来越广泛的工业应用前景。

一、激光表面处理设备

激光表面处理设备主要包括激光器和外围装置等。

（1）激光器　工作物质、激励源和谐振器三者结合在一起称为激光器。现已有几百种激光器，主要有固体激光器、气体激光器、液体激光器、半导体激光器和化学激光器。这些激光器发生的波长有几千种，最短的21nm，位于远紫外区；最长的4mm，已和微波相衔接。X光区的激光器也将问世。

固体激光器的输出功率高，广泛用于工业加工方面，并且可以做得小而耐用，适用于野外作业。固体激光器主要有红宝石激光器和钕-钇铝石榴石激光器。红宝石激光器是最早投入运行的激光器，至今也还是最重要的激光器之一，工作物质为棒状红宝石。钕-钇铝石榴石激光器又称YAG激光器，是目前应用最广泛的激光器，工作物质为钇铝石榴石晶体中掺入质量分数为1.5％左右的钕而制成。

目前工业上用来进行表面处理的激光器，大多为大功率CO_2气体激光器，它是一种依靠在光学谐振腔内发生辉光放电激励的分子激光器，是目前可输出功率最大的激光器，它以CO_2为工作物质，同时加入He和N_2作为辅助气体。一般采用的混合气体为6％ CO_2＋12％ N_2＋82％ He。He具有较大的导热性，有助于混合气体的冷却。N_2的作用为放电的电子首先冲击它，使它从基态激发到第一激发能级上，再将能量传给CO_2分子。由于N_2分子多于CO_2分子，很容易使CO_2分子激发形成粒子数反转，随后在受激辐射下产生波长为10.6μm的激光。

（2）外围装置　外围装置主要包括光学系统、机械系统和辅助系统等。在激光工艺装置中，光学系统主要包括聚焦和观察两部分，将高功率密度的激光束准确地照射到被处理部位，并且严格控制处理过程。依靠聚焦的、反射的和折射的光学元件，可使光束在离激光器的一定距离，从任何角度集中于被处理零件上。机械系统是使激光束对工件表面进行扫描的机构及控制装备。辅助系统包括的范围很广，有遮蔽连续激光工作间断式的遮光装置、防止激光造成人身伤害的屏蔽装置、喷气及排气装置、冷却水加温装置、激光功率和模式的监控装置和激光对准装置等。

二、激光表面处理工艺

1. 激光表面相变硬化

激光相变硬化是最先用于金属材料表面强化的激光处理技术。就钢铁材料而言，激光相变硬化是在固态下经受激光辐照，其表层被迅速加热到奥氏体温度以上，并在激光停止辐射后快速自淬火得到马氏体组织的一种工艺方法，所以又叫激光淬火，适用的材料为珠光体灰铸铁、铁素体灰铸铁、球墨铸铁、碳素钢、合金钢和马氏体型不锈钢等。此外，还对铝合金等进行了成功的研究和应用。

在通常情况下，为克服固相金属表面对CO_2激光的高反射率，激光相变处理前一般在工件表面预置吸收层，对工件表面进行预处理，通常叫做"黑化处理"。常用的预处理方法有碳素法、磷化法和油漆法等。发黑涂料有碳素墨汁、胶体石墨、磷酸盐、黑色丙烯酸、氨基屏光漆等。

激光相变硬化通过激光束由点到线、由线到面的扫描方式来实现，其独特的热循环使得无论是升温时的奥氏体转变还是冷却时的马氏体转变均显著不同于传统热处理过程。在激光相变处理过程中，有两个温度特别重要，一是材料的熔点，表面的最高温度一定要低于材料的熔点；另一个是材料的奥氏体转变临界温度。激光相变硬化常采用匀强矩形光斑加热，工件厚度一般大于热扩散距离，工件可视为半无限体，可以比较准确地进行温度场的计算。

激光相变硬化的主要目的是在工件表面有选择性地局部产生硬化带以提高耐磨性，还可以通过在表面产生压应力来提高疲劳强度。激光相变工艺的优点是简便易行，强化后工件表面光滑，变形小，基本上不需经过加工即能直接装配使用。硬化层具有很高的硬度，一般不回火即能应用。它特别适合于形状复杂、体积大、精加工后不易采用其他方法强化的工件。

2. 激光表面熔凝处理

激光熔凝处理又称上釉，是利用能量密度很高的激光束在金属表面连续扫描，使之迅速形成一层非常薄的熔化层，并且利用基体的吸热作用使熔池中的金属液以 $10^6 \sim 10^8 \mathrm{K/s}$ 的速度冷却、凝固，从而使金属表面产生特殊的微观组织结构的一种表面改性方法。在适当控制激光功率密度、扫描速度和冷却条件的情况下，材料表面经激光熔凝处理可以细化铸造组织，减少偏析，形成高度过饱和固溶体等亚稳定相乃至非晶态，因而可以提高表面的耐磨性、抗氧化性和抗腐蚀性能。

和相变硬化工艺不同，熔凝处理一般不需预覆激光吸收涂层，因为一旦表面熔化，吸收层将不复存在，而且吸收层的材料将不可避免地进入熔融金属中影响熔凝层成分；随着材料温度的升高以至熔化，表面对激光的反射率下降，有较高的吸收率。

激光熔凝主要对以下三方面材料处理：铸铁、工具钢和某些能形成非晶态的材料。前两种材料通过处理以提高硬度，后者具有优良的抗腐蚀性能。根据被处理的材料和工艺参数不同，激光熔凝处理后得到的组织有非晶组织、固溶度增大的固溶体、超细共晶组织和细树枝晶组织。

非晶态合金是一种无晶体结构的金属，也称为金属玻璃。当将液态金属从高温下以极快的速度冷却时，由于允许成核及长大的时间太短，所以凝固后仍保持了液体的结构特点。不同的合金需要不同的冷却速度实现非晶化。非晶态金属具有高的力学性能，能在保持良好韧性的情况下具有高的屈服强度、高的断裂性能等。它还有非常好的抗腐蚀及抗磨损性能，此外还具有特别优异的磁性及电学性能。

3. 激光表面合金化

激光合金化是一种既改变表层的物理状态，又改变其化学成分的激光表面处理技术。它是用激光束将金属表面和外加合金元素一起熔化、混合后，迅速凝固在金属表面获得物理状态、组织结构和化学成分不同的新的合金层，从而提高表层的耐磨性、耐蚀性和高温抗氧化性等。激光表面合金化的主要优点是：激光能使难以接近的和局部的区域合金化；在快速处理中能有效地利用能量；利用激光的深聚焦，在不规则的零件上可得到均匀的合金化深度；能准确地控制功率密度和控制加热深度，从而减小变形。就经济而言，可节约大量昂贵的合金元素，减少对稀有元素的使用。

激光合金化组织结构的主要特征与激光熔凝处理有相似之处，合金化区域具有细密的组织，成分近于均匀。激光表面合金化所采用的工艺形式有预置法、硬质粒子喷射法和气相合金化法。

预置法是用沉积、电镀、离子注入、刷涂、渗层重熔、氧-乙炔和等离子喷涂、黏结剂涂覆等预涂敷方法，将所要求的合金粉末事先涂敷在要合金化的材料表面，然后用激光加热熔化，在表面形成新的合金层。该法在一些铁基表面进行合金化时普遍采用。

硬质粒子喷射法是在工件表面形成激光熔池的同时，从一喷嘴中吹入碳化物或氮化物等细粒，使粒子进入熔池得到合金化层。

激光气体合金化法是一种在适当的气氛中应用激光加热熔化基体材料以获得合金化的方法，它主要用于软基体材料表面，如 Al、Ti 及其合金。

4. 激光表面熔覆

激光表面熔覆是使一种合金熔覆在基体材料表面，与激光合金化不同的是要求基体对表层合金的稀释度为最小。通常将硬度高，以及良好抗磨、抗热、抗腐蚀和抗疲劳性能的材料选择用作覆层材料。与传统的熔覆工艺相比，它具有很多优点：合金层和基体可以形成冶金结合，极大地提高熔覆层与底材的结合强度；由于加热速度很快，涂层元素不易被基体稀释；由于热变形较小，因而引起的零件报废率也很低。激光熔覆对于面积较小的局部处理具有很大的优越性，对于磨损失效工件的修复也是一独特的方法，有些用其他方法难以修复的工件，如聚乙烯造粒模具，采用激光熔覆的方法可以恢复其使用性能。激光表面熔覆可以从根本上改善工件的表面性能，很少受基体材料的限制。这对于表面耐磨、耐蚀和抗疲劳性都很差的铝合金来说意义尤为重要。使用激光进行陶瓷涂敷，可提高涂层质量，延长使用寿命。以激光束作为热源在金属表面形成金属膜，通过控制激光的工艺参数可精确控制膜的形成。激光气相沉积可以在低级材料上涂覆与基体完全不同的具有各种功能的金属或陶瓷，其节省资源效果明显，受到人们的关注。

激光表面熔覆工艺有预置法和气动喷注法。前者是先把熔覆合金通过黏结、喷涂、电镀、预置丝材或板材等方法预置在将熔覆材料表面上，再用激光束将其熔覆；后者是在激光束照射基体材料表面产生熔池的同时，用惰性气体将涂层粉末直接喷到激光熔池内实现熔覆。由于预置法较易掌握，并且处理后表面较为平滑，故应用较广。

5. 激光冲击硬化

激光冲击硬化是用功率密度很高（$10^8 \sim 10^{11}\,W/cm^2$）的激光束，在极短的脉冲持续时间内（$10^{-9} \sim 10^{-3}\,s$）照射金属表面使其很快气化，在表面原子逸出期间产生动量脉冲而形成冲击波，或应力波作用于金属表面使表层材料显微组织中的位错密度增加，形成类似于受到爆炸冲击或高能快速平面冲击后产生的亚结构，从而提高合金的强度、硬度和疲劳极限。

第二节　电子束表面处理

利用电子束加热，通过改变材料表层的组织结构和（或）化学成分，达到提高其性能的表面改性技术称为电子束表面处理。

一、电子束表面处理原理

当用电子枪发射的高速电子束轰击金属表面时，电子能深入金属表面一定深度，与基体金属的原子核及电子发生相互作用。电子与原子核的碰撞可看作弹性碰撞，因此能量传递主要是通过电子束的电子与金属表层电子碰撞而完成的。所传递的能量立即以热能的形式传给金属表层原子，从而使被处理金属的表层温度迅速升高。这与激光加热有所不同，激光加热时被处理金属表面吸收光子能量，激光并未穿过金属表面。电子束属于一种高能量密度的热源，用于金属表面处理，其特点是"快"，把金属由室温加热到奥氏体化温度或熔化温度，作用时间可以用毫秒来计算，并且冷却速度也可达到 $10^3 \sim 10^6 \,℃/s$，如此快速的加热和冷却就给金属表面强化带来一些新特点。目前电子束加速电压达 125kV，输出功率达 150kW，能量密度达 $10^3 \, MW/m^2$，这是激光器无法比拟的。因此电子束加热的深度和尺寸比激光大。

电子束表面处理工艺有固态相变和液态相变两大类。固态相变即电子束表面淬火。液态相变有电子束表面熔凝、电子束表面熔覆和电子束表面合金化。

二、电子束表面处理设备

在国内外工业生产中，电子束焊机的应用较为成熟，电子束在金属表面处理中的应用还极为有限。电子束表面处理装置的结构与电子束焊机基本相同，为适应表面处理工艺要求，只是在电子枪的结构和电磁扫描的功能上作了较大的改进。图 6-2 所示为我国研制的第一台电子束热处理机的结构框图。它主要由电子枪、高压油箱、聚焦系统、扫描系统、真空工作室、真空系统、监控系统等组成。

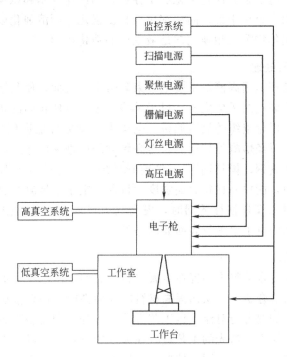

图 6-2 电子束热处理机结构框图

三、电子束表面处理工艺

1. 电子束表面淬火

电子束表面淬火是用电子束将金属材料高速加热到奥氏体转变温度以上，然后急骤冷却产生马氏体等相变强化。加热时，电子束流以很高的速度轰击金属表面，电子和金属材料中的原子相碰撞，给原子以能量，使受轰击金属表面温度迅速升高。由于电子束能量高，作用于金属表面的能量集中，使表层温度升温极快，因而，在被加热层同基体之间形成很大的温度梯度。在金属表面被加热到相变点以上的温度时，基体仍保持冷态（或较低的温度）。一旦停止电子束轰击，热量迅速向冷态基体扩散，从而可获得高的冷却速度。使被加热的金属表层进行"自淬火"。由于电子束加热速度和冷却速度都很高，在相变过程中奥氏体化时间很短，奥氏体晶粒来不及长大，淬火以后就能获得一种极细的组织，显著提高材料的疲劳强度。这是电子束表面淬火的最大特点。电子束表面淬火用于碳素钢、低合金钢和铸铁的效果最佳。

2. 电子束表面合金化

电子束表面合金化是将合金元素预涂敷在工件表面上，再用电子束轰击加热熔化，或在电子束作用的同时加入所需合金粉末使其熔融在工件表面上，在工件表面上形成与原材料的成分和组织完全不同的新的具有耐磨、耐蚀、耐热等性能的合金表层。预涂敷是将合金元素预置在金属材料的表面。其方法有黏结法、热喷涂、电镀、物理气相沉积等。其中较为简单、经济的方法是黏结法，将选择好的合金粉与黏结剂混合调成稀糊状，用刷涂或喷涂的方法，涂敷在金属表面，经12～24h自然干燥即可使用。电子束表面合金化具有两大特点：能在材料表面进行各种合金元素的合金化，改善材料表面性能；可在零件需要强化的部位，有选择地进行局部处理。电子束表面合金化层中存在以马氏体为基和以奥氏体为基的两种显微组织。对于电子束表面合金化来说，晶粒细化、相变强化、固溶强化以及亚结构强化仍然是基本的强化机制，而碳化物第二相强化却是最主要的强化机制。

3. 电子束表面熔凝处理

电子束表面熔凝处理是用高能量密度电子束轰击金属表面，使其熔化并快速凝固，从而细化组织，达到硬度和韧性的最佳配合。对于某些合金，可使相间的化学元素重新分配。其最大的优点是大大减少原始组织的显微偏析。电子束熔凝处理最适用的材料是铸铁和高碳、高合金钢。因为铸铁材料经熔凝处理后能获得高硬度的极细莱氏体组织。在含有合金碳化物的合金钢中（如高速工具钢、模具钢等），经熔凝处理后，可进一步细化组织，获得极细的弥散碳化物分布的组织，能提高材料表面强度。目前，电子束熔凝主要用于工模具的表面处理，以便在保持或改善工模具韧性的同时，提高其刃口局部的表面强度、耐磨性和热稳定性。与激光一样，可利用电子束进行表面非晶态处理。

4. 电子束表面熔覆

电子束表面熔覆是将合金粉末预置在金属材料的表面，由电子束加热熔化，使其与金属材料的表面形成一层新的合金层，从而提高材料的表面性能。该合金层与基体材料是冶金结合，但不产生层间元素的混合与对流。该工艺方法和过程与激光表面熔覆相同，所得结果也极为相似，但各有其优缺点。激光的工艺过程在大气中进行，所以操作简单，生产率高。电子束的工艺是在真空状态下进行，因而熔覆合金层的缺陷相对要少，表面质量也高。

第三节　高密度太阳能表面处理

太阳能表面处理是一种先进的表面处理技术，是利用聚焦的高密度太阳能对工件表面进行局部加热，使表面在短时间（0.5s至数秒）内升温到所需温度，然后冷却的处理方法。其最突出的优点是节能。它在表面淬火、碳化物烧结、表面耐磨堆焊等方面很有发展前途。

一、太阳能表面处理设备及特点

高温太阳炉由抛物面聚焦镜、镜座、机电跟踪系统、工作台、对光器、温度控制系统以及辐射测量仪等部件组成。常用的高温太阳炉的主要技术参数为：抛物面聚焦镜直径1560mm，焦距663mm，焦点6.2mm，最高加热温度3000℃，跟踪精度即焦点漂移量小于±0.25mm/h，输出功率达1.7kW。

太阳炉加热的特点主要有：加热范围小，具有方向性，能量密度高；加热温度高，升温速度快；加热区能量分布不均匀，温度呈高斯分布；能方便实现在控制气氛中加热和冷却；操作和观测安全；光辐射强度受天气条件的影响。

二、太阳能表面处理工艺

与激光和电子束等高能密度表面处理一样，太阳能表面处理工艺主要有太阳能相变硬化、太阳能表面熔凝、太阳能表面熔覆和太阳能表面合金化等。

太阳能相变硬化，又叫太阳能表面淬火，与激光及电子束表面淬火一样，是一种自冷淬火，可获得均匀的硬度。太阳能表面淬火后的耐磨性比普通淬火的耐磨性好。太阳能表面淬火有单点淬火和多点淬火。单点淬火是用聚焦的太阳光束对准工件表面扫描，获得与束斑大小相同的硬化带，可淬硬的材料与其他高能密度热处理相同。在单点淬火中，一次扫描硬化带最大约7mm。因此，若需要更宽的硬化带，必须采用多点搭接的扫描方式，但在搭接处会产生回火现象。这种回火现象造成金属表面硬度呈软硬间隔分布，有利于提高工件表面在磨粒磨损条件下的耐磨性。表6-1为太阳能表面相变硬化实例。

表6-1　太阳能表面相变硬化实例

被处理零件名称	零件材料	工艺参数	表面硬度
气门阀杆顶端	40Cr(气门),4Cr9Si2(排气门)	太阳能辐照度0.075W/cm²,加热时间2.4h	53HRC
直齿铰刀刃部	T10A	太阳能辐照度0.075W/cm²,加热速度4mm/s	851HV
超级离合器	40Cr	多点扫描	50～55HRC

与激光及电子束表面处理相似，太阳能表面合金化使工件表面获得具有特殊性能的合金表面层。表6-2为太阳能表面合金化处理应用实例。

表6-2　太阳能表面合金化处理应用实例

工件材料	太阳能辐照度/W·cm⁻²	扫描速度/mm·s⁻¹	合金化带宽/mm	合金化带深/mm	工件材料	太阳能辐照度/W·cm⁻²	扫描速度/mm·s⁻¹	合金化带宽/mm	合金化带深/mm
45钢	0.075	2.34	2.6	0.036	T8钢	0.091	4.11	3.97	0.060
	0.077	2.30	2.89	0.039		0.091	4.06	4.20	0.075
	0.093	3.87	3.90	0.051	20Cr钢	0.091	4.11	4.42	0.090
	0.091	3.71	4.16	0.066					

太阳能表面熔凝是利用高能密度太阳能对工件表面进行熔化-凝固的处理工艺，以改善表面耐磨性等性能。铸铁件表面经太阳能表面熔凝处理后，硬化区可达4～7mm，表面硬度达860～1000HV，表面平整。尤其以珠光体球墨铸铁的表面质量最佳，抗回火能力强，经400℃回火后仍能保持700HV，具有良好的耐磨性能。

三、几种高能密度表面处理技术用于金属表面热处理的比较

高能密度表面处理技术用于金属热处理的方法主要有激光、电子束、太阳能、超高频感应脉冲和电火花等。它们在工艺和处理结果等方面有许多类似的地方。表6-3比较了它们的特性。

表 6-3　各种高能密度表面处理技术比较

表面处理技术	优　　点	缺　　点
激光	灵活性好，适应性强，可处理大件、深孔等；可用流水线生产	表面粗糙度高，处理前需涂吸光材料，光电转换效率低，设备一次性投资高
电子束	表面光亮，真空有利于去除杂质，热电转换效率达 90%；设备和运行成本比激光低，输出稳定性可控制在 1%，比激光（2%）高	需真空条件，处理灵活性和适应性差，只能处理小尺寸工件，生产效率较低
电火花	设备简单，耗电少，处理费用低	需按要求配用不同性能电极，电极消耗大
超高频感应脉冲	设备比激光、电子束简单，成本较低	需根据零件形状配感应线圈，需加冷却液

第四节　表面扩渗新技术

　　表面扩渗是将工件置于一定的活性介质中加热到一定温度，使预定的非金属或金属元素向工件表层扩散渗入，形成一定厚度的扩散层，以改变表层的成分、组织和性能。

　　（1）基本过程　表面扩渗的基本过程有分解、吸收和扩散。分解过程是渗剂通过一定温度下的化学反应或蒸发作用，形成含有渗入元素的活性介质，再通过活性原子在渗剂中的扩散运动而到达工件的表面。吸收过程是渗入元素的活性原子吸附于工件表面并发生相界面反应，即活性物质与金属表面发生吸附-解吸过程。扩散过程是吸附的活性原子从工件的表面向内部扩散，并与金属基体形成固溶体或化合物。

　　（2）表面扩渗的主要特点　改善工件表面的综合性能，大多数表面扩渗在提高力学性能的同时，还能提高表面层的抗腐蚀、抗氧化、抗黏着、抗咬合、减摩、降摩、耐热等性能；渗层是由渗入元素在基体合金元素的基础上组成，渗层的表面即基体材料的表面，对被渗工件的几何形状和尺寸影响很小，工件变形小、精度高、尺寸稳定性好；可通过选择和控制渗入的元素和渗层深度，使工件表面获得不同的性能，以满足各工作条件对工件的要求；不受工件形状的局限；工件的表面-心部实际上具有复合材料的特点，可节约贵重金属，降低成本；多数表面扩渗工艺较复杂，处理周期长，对设备要求较高。

　　（3）表面扩渗分类　根据渗入元素的介质所处状态不同，表面扩渗可分为固体法、液体法、气体法和等离子体法四类。按工件表面化学成分的变化特点，表面扩渗有渗入非金属元素、渗入金属元素、渗入金属-非金属元素和扩散消除杂质元素等种类。

　　（4）常用的表面扩渗方法及其用途　见表 6-4。

一、渗金属、渗硼、渗硅、渗硫

　　渗金属是采用加热的方法，使一种或多种金属扩散渗入工件表面形成表面合金层。这一表面层被称为渗层或扩散渗层。渗金属的特点是：渗层是靠加热扩散形成的。所渗元素与基体金属常发生反应形成化合物相，使渗层与基体结合牢固，其结合强度是电镀、化学镀等机械结合所难以达到的。渗层具有不同于基体金属的成分和组织，因而可以使工件表面获得特殊的性能，如抗高温氧化、耐腐蚀、耐磨损等性能。

　　渗金属的常用方法有气相渗金属法和固相渗金属法。

　　（1）渗铝　工件经渗铝后具有很高的抗高温氧化与抗燃气腐蚀的能力，在大气、硫化氢、碱和海水等介质中，具有良好的耐腐蚀性能。渗铝主要用于钢铁材料，此外，也可用于

表 6-4　常用的表面扩渗方法及其用途

处 理 方 法	渗入元素	用 途
渗碳	C	提高硬度、耐磨性及疲劳强度
渗氮	N	提高硬度、耐磨性、疲劳强度及耐腐蚀性
碳氮共渗	C、N	提高硬度、耐磨性及疲劳强度
氮碳共渗	N、C	提高疲劳强度、耐磨性、抗擦伤、抗咬合能力及耐腐蚀性
渗硫	S	减摩，提高抗咬合能力
硫氮共渗	S、N	减摩，提高抗咬合能力、耐磨性及抗疲劳性
硫氰共渗	S、C、N	减摩，提高抗咬合能力、耐磨性及抗疲劳性
渗硼	B	提高硬度、耐磨性及耐腐蚀性
渗硅	Si	提高耐腐蚀性及耐热性
渗铝	Al	提高抗氧化及抗含硫介质的腐蚀性
渗铬	Cr	提高抗氧化、耐腐蚀及耐磨性
铬铝共渗	Cr、Al	提高抗含硫介质腐蚀、抗高温氧化和抗疲劳性
硼硅共渗	B、Si	提高硬度和热稳定性
铬硅共渗	Cr、Si	提高耐磨性、耐腐蚀性及抗氧化性

铁基粉末冶金、铜合金和钛合金。渗铝的方法主要有粉末渗铝、热浸渗铝、气体渗铝、热喷涂渗铝、静电喷涂渗铝、电泳沉积渗铝、料浆渗铝等。其中应用最多的是粉末渗铝和热浸渗铝。粉末渗铝是将工件置于装有主要成分为铝粉、铝铁合金或铝钼合金粉末、氯化物或其活性剂、氧化铝（惰性添加剂）等的粉末状混合物的专用的易熔合金密封的料罐中，通过化学气相反应和热扩散作用形成渗铝层。热浸渗铝是将工件浸入熔融的主要由工业纯铝和少量的铁组成并加有硅（增加流动性和降低渗铝层脆性）的铝浴中，借助于熔融的铝液与工件表面材料互溶而形成富铝的合金层，其最大优点是生产周期短、操作方便、成本低、不需复杂设备。两种方法渗铝都需进行扩散退火，以降低脆性和表面铝浓度，使渗层与基体结合得更紧密。

（2）渗铬　渗铬的目的主要有两个。一是为了提高钢和耐热合金的耐蚀性和抗氧化性，提高持久强度和疲劳强度；二是为了用普通钢材代替昂贵的不锈钢、耐热钢和高铬合金钢。渗铬方法主要有固体、液体和气体渗铬三种。固体渗铬有粉末装箱渗铬和膏剂渗铬等，其中常用粉末渗铬剂的主要成分为铬粉或铬铁合金粉末、氯化物或其活性剂、氧化铝（惰性添加剂）等的粉末状混合物。液体渗铬在含有活性铬原子的盐浴中进行，具有设备简单、加热均匀、生产周期短、可直接淬火等特点，主要有硼砂盐浴渗铬和氯化物盐浴渗铬两类。气体渗铬在多为铬的氟化物和氯化物的气体渗铬介质中进行，具有渗速快、劳动强度小、渗层质量高、有表面光洁、气体有毒性及腐蚀性等特点。

（3）渗钒、渗铌、渗钛　钒、铌、钛、钽等金属元素，可与钢中碳原子结合，在表面形成碳化物型渗层，适用于高碳钢。为获得碳化物层，基体的含碳量必须超过 0.45%。其工艺方法主要有盐浴法、粉末法和气体法，其中硼砂盐浴法应用最多。硼砂盐浴法也叫硼砂浴覆层法，是在硼砂中加入欲渗金属（V、Nb、Ti、Ta、W、Mo 等），这些金属在硼砂浴中以高度弥散态悬浮，以硼砂为载体，在高温下通过盐浴本身的不断对流与被处理工件表面接触、吸附并向内扩散；与此同时，基体中的碳向表面迁移，从而在表面获得碳化物覆层。碳化物渗层具有熔点高、硬度极高、热稳定性好、抗咬合性及耐磨性和耐蚀性优良。

（4）渗硼　渗硼是把工件置于含有硼原子的介质中加热到一定温度，保温一段时间，通过化学或电化学反应，使硼原子渗入工件表层形成一层坚硬的硼化物渗层［图 6-3（a）］。渗硼主要是为了提高金属表面的硬度、耐磨性、耐蚀性，可用于钢铁材料、硬质合金、金属陶瓷和某些有色金属，如钛、钽和镍基合金。渗硼最合适的钢种为中碳钢及中碳合金钢，渗硼后为了改善基体的力学性能，应进行淬火＋回火处理。但是，渗硼层在热处理过程会发生氧化减薄和剥落等现象［图 6-3（b）］，需在热处理过程注意防护，如采用盐浴等。有色金属渗硼通常是在非晶态硼中进行的，有色金属如钛及其合金必须在高纯氩或高真空中进行，且必须在渗硼前对非晶硼进行除氧。

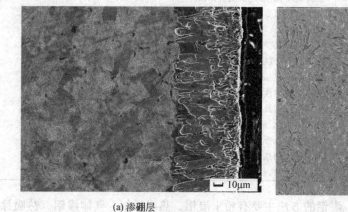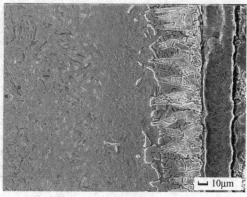

(a) 渗硼层　　　　　　　　　　　　　　　　(b) 渗硼层减薄

图 6-3　渗硼层及其在后续热处理的减薄现象

渗硼工艺主要有固体、液体、气体和等离子渗硼。工业上最常用的是固体和液体渗硼。固体渗硼在本质上属于气态催化反应的气相渗硼。供硼剂在高温和活化剂的作用下形成气态硼化物（BF_2、BF_3），它在工件表面不断化合与分解，释放出活性硼原子并不断被工件表面吸附并向工件内扩散，形成稳定的铁的硼化物层。固体渗硼有粉末法、粒状法和膏剂法，是将工件放在含硼的粉末或微粒或膏剂中装箱加热保温而进行的。液体渗硼又叫盐浴渗硼，是将工件放在硼砂和还原剂组成的盐浴中进行的。气体渗硼与固体渗硼的区别是供硼剂为气体。气体渗硼需用易爆的忆硼烷或有毒的氯化硼，故没有用于工业生产。等离子渗硼可以用气体渗硼类似的介质，这一领域已进行了研究，但还没有在工业上应用。

（5）渗硅　渗硅是将含硅的化合物通过置换、还原和热分解得到的活性硅，被材料表面所吸附并向内扩散，从而形成含硅的表层。渗硅的主要目的是提高工件的耐蚀性、稳定性、硬度和耐磨性。渗硅可在粉末、盐浴或气体介质中进行，也可在真空或流态床中进行。

（6）渗硫　渗硫又称硫化，渗硫的目的是在钢铁工件表面生成 FeS（或 $FeS_2＋FeS$）薄膜，以降低摩擦系数，提高抗咬合性能。一般渗硫应在淬火、渗碳、软氮化等工艺之后进行。由于渗硫层实质上是由 FeS（或 $FeS_2＋FeS$）组成的化学转化膜，因此对于有色金属及表面具有氧化物保护薄膜的不锈钢等不适用。各种渗硫方法中，应用较多的是低温液体电解渗硫。

二、共渗与复合渗

共渗是将工件置于含有至少两种欲渗元素的渗剂中，经过一次加热扩散过程，使多种元素同时渗入工件表层的表面扩渗工艺。复合渗则是把工件先后分别置于相应渗剂中，经数次加热扩散过程，使多种元素先后渗入工件表面的表面扩渗工艺。共渗及复合渗的目的是吸收各种单元渗的优点，弥补其不足之处，使工件表面达到更高的综合性能指标。

1. 含铝共渗与复合渗

（1）含铝共渗与复合渗　常用的含铝共渗与复合渗工艺见表 6-5。

表 6-5 常用的含铝共渗与复合渗工艺

工 艺	性 能 特 点 及 应 用
Al-Si 复合渗	用于提高工件的热稳定性，如镍铬合金、奥氏体类、铁素体类耐热钢；可用碳素钢、低合金钢经 Al-Si 复合渗代替高合金耐热钢。Al-Si 复合渗还可用于提高钛、难熔金属及其合金的抗高温气体腐蚀性能
Al-Cr 共渗及复合渗	Al-Cr 共渗用于提高钛、铜及其合金的热稳定性、耐蚀性，提高工件抵抗冲蚀磨损和磨料磨损的能力；有时可用廉价钢种的 Al-Cr 共渗代替高合金钢 Al-Cr 复合渗主要用于防止高温气体腐蚀提高工件持久强度和热疲劳性，如燃气轮机叶片、喷射器、燃烧室及各种耐热钢制成的工件
Al-B 共渗及复合渗	主要用于提高金属和合金的热稳定性和耐磨性。适于防止镍铬合金、热稳定钢和热强钢制工件的高温气体腐蚀；还可大大提高在严重磨损条件下工件的使用寿命，如与熔融金属相接触的、受冲击载荷作用的、在高温下工作的零件 与共渗相比，复合渗可使渗层获得较高浓度的 Al 和 B
Al-Ti 共渗及复合渗	主要用于提高热稳定性、耐蚀性和耐磨性。但 Al-Ti 共渗对提高碳钢的抗氧化性并不比单独渗 Al 好
Al-V 共渗及复合渗	较单独渗铝有更高的热稳定性，可使碳素钢的热稳定性提高 10 倍，使钢在酸性水溶液中的耐蚀性提高 1～2 倍
Al-Cr-Si 共渗及复合渗	主要用于提高热稳定性和抗腐蚀、抗冲蚀磨损能力。对镍基热强合金，该渗层比单独渗 Al 的热稳定性提高 50%，并有高的热疲劳抗力；该渗层可用于保护中碳钢、高碳钢在硝酸、氯化钠水溶液中免受腐蚀，但在硫酸、盐酸、磷酸和乙酸溶液中不起有利的作用；该渗层可使某些合金的耐腐蚀磨损能力提高 1～5 倍，如用于防止直升机发动机叶片（钼制）的氧化，叶片边缘处温度可达 1500～1600℃
Al-Ti-Si Al-Zr-Si 共渗	用于提高热稳定性和某些腐蚀介质中的耐蚀性。如碳钢经共渗后，在 NaCl、盐酸和醋酸水溶液中的抗腐蚀性能均得到提高

（2）铝-稀土共渗 稀土是我国富有资源，扩大稀土在表面工程中的应用很有意义。在多元共渗中，稀土添加剂可以是纯稀土粉、稀土-金属合金、稀土化合物（氧化物等）。稀土在共渗和复合渗的主要作用有三个：改变渗剂的特性；催渗；改善渗层性能。铝与稀土元素共渗可采用固体法和电泳法。采用固体法时，渗剂可以用含 4% 铈、镧的稀土粉末渗铝剂；也可以用稀土合金 60%、铝粉 40% 在真空或通氢（氩、氮亦可）保护气氛下经（950～1100）℃×（2～6）h 共渗，可获得 20～30μm 的渗层。电泳法是先将稀土金属铝化物 50%＋铝粉 50% 同时电泳沉积在零件上，然后在真空或氩气保护下进行（1100～1200）℃×3h 扩散处理。铝-稀土共渗层表面氧化膜的致密度和塑性较高，具有更高的耐蚀性和热疲劳抗力。

2. 含铬共渗与复合渗

Cr-Al 共渗、Cr-Al-Si 共渗以及渗钽后 Cr-Al 共渗工艺参见前述内容，其他含铬共渗与复合渗工艺见表 6-6。

3. 含硼共渗与复合渗

（1）碳硼复合渗 碳硼复合渗是先渗碳后渗硼的工艺，它结合了渗碳层的优点（高接触疲劳强度和高耐磨性）和渗硼层的优点（高硬度、高红硬性和优良的抗黏着磨损能力）。预渗碳能提高渗硼的速度。碳硼共渗已在工业生产中得到了应用。

（2）氮硼复合渗 氮硼复合渗可先渗氮冷至室温后再渗硼，也可在含供氮剂和供硼剂的渗剂中渗氮后，再升温渗硼。对提高渗硼速度来说，先渗氮和先渗碳具有相同的效应。氮硼复合渗既保持渗硼层高的硬度，又比渗硼层脆性低，抗盐酸腐蚀性能比不锈钢好。

（3）硼铝共渗与复合渗 钢铁和镍基合金硼铝共渗的目的是提高耐磨性和耐热性。硼铝复合渗的目的也是为了获得硬度高、耐磨性好、抗氧化性好的表面层，通常采用先渗硼后渗铝。

表 6-6　含铬共渗与复合渗

工　艺	渗　层　性　能　特　点
Cr-Si 共渗	提高耐磨(包括冲蚀磨损)、耐蚀(气蚀、气体腐蚀、电化学腐蚀)能力,渗层具有高的热稳定性和耐急冷急热性。抗高温氧化性和耐蚀性优于渗铬层,韧性优于渗硅层
Cr-Ti 共渗	提高抗氧化、耐腐蚀、耐磨及耐气蚀性,还可用于提高热稳定性。其抗高温氧化性和耐磨性均高于渗铬层
Cr-Ti/V/Nb 复合渗	在高硬度的碳化钛、碳化钒、碳化铌与基体中间是碳化铬,使渗层硬度逐步降低,从而使其抗冲击剥落性、抗蚀性高于单一碳化物层
Cr-RE 共渗	提高渗渗速度,改善渗铬层质量,少量稀土渗入渗层中,使渗铬层的耐蚀性、抗高温氧化性、韧性、耐磨性都得到了提高
C-Cr 复合渗	先渗碳后渗铬可增加碳化物层厚度,渗层下没有贫碳区。复合渗层具有高硬度、疲劳强度(包括腐蚀疲劳强度)、耐磨性以及热稳定性和在各种介质中的耐蚀性(包括在铝合金、锌合金熔体的浸蚀性)
Cr-V 共渗后再渗 N	渗层抗高温氧化、磨损性比渗铬或铬钒共渗好

(4) 硼铬共渗与复合渗　硼铬共渗或复合渗后,渗层由铁、铬的硼化物以及碳化物组成,前者起硬质相作用,后者的塑性较好。因此,硼铬共渗或复合渗层的塑性和耐磨性,尤其在动载荷下比渗硼层好得多。

(5) 硼硅共渗与复合渗　硼硅共渗的目的是改善渗硼层的高脆性,可采用粉末法、盐浴法或电解盐浴法实现。硼硅复合渗的目的是克服渗硼层的脆性和渗硅层的多孔性。渗硼后再渗硅,硅化物层基本无孔,显微硬度达 900～920HV,但较薄。硼硅共渗层的表面耐酸性十分突出。

此外,还可进行硼钛、硼锆、硼钼共渗。

4. 含硫共渗

(1) 硫氮共渗　硫氮共渗的目的是为了兼顾渗硫、渗氮二者的优点,其共渗层的组织、性能与渗氮后渗硫基本相同,但工艺简单。渗层最外层的微孔组织可储存润滑油、降低摩擦系数,次层硬度较高,因而耐磨性尤其抗黏着、咬合性能显著提高。硫氮共渗的方法有盐浴法、气体法和离子法等。

(2) 硫氮碳共渗　硫氮碳共渗实质是渗硫与氮碳共渗的结合。与硫氮共渗相比,其优点在于能使低碳钢零件也得到较好的强化效果。硫氮碳共渗有粉末法、气体法、液体法和离子法。硫氮碳共渗层的减摩性、抗咬合性、接触疲劳强度均好于一般气体氮碳共渗;其脆性和剥落倾向较小;其抗磨料磨损的能力比气体氮碳共渗略差。

5. 碳氮硼三元共渗和氧硫碳氮硼五元共渗

碳氮硼三元共渗的主要目的是为了进一步提高碳氮共渗件的耐磨性,在我国多用盐浴法进行,常用的盐浴是由尿素、碳酸钠、硼酸、氯化钾按一定比例配制。碳氮硼三元共渗层的耐磨性优于碳氮共渗,但疲劳强度和多冲抗力不如碳氮共渗。

氧硫碳氮硼五元共渗主要用于高速钢刀具,常规淬、回火后,在低于回火温度的温度进行。一般采用气体法。五元共渗可得到单元渗难以实现的综合效果,使高速钢刀具的使用寿命大大提高,并且还具有设备简单、操作方便、工件表面乌黑美观等优点。

三、等离子体表面扩渗

等离子体是一种物质能量较高的聚集状态,被称为物质的第四态,它是一种电离度超过 0.1%的气体,是由离子、电子和中性粒子（原子和分子）所组成的集合体。等离子体整体呈中性，但含有相当数量的电子和离子，表现出相应的电磁学等性能，如等离子体中有带电粒子的热运动和扩散，也有电场作用下的迁移。利用粒子热运动、电子碰撞、电磁波能量法以及高能粒子等方法可获得等离子体，但获得低温等离子体的主要方法是利用气体放电。等离子体表面扩渗主要使用低温等离子体技术。

等离子体表面扩渗是离子渗氮、离子氮碳共渗、离子渗碳、离子碳氮共渗、离子渗硫、离子渗硼及离子渗金属等表面扩渗技术的总称，其中开发最早和应用较多的是离子渗氮。

等离子体表面扩渗是在真空室中通入少量与欲渗元素有关的气体，在阴极（工件）和阳极间施加高压，使气体产生辉光放电，一方面加热工件，另一方面渗入元素的离子轰击工件表面形成扩散层或覆盖层。高能粒子轰击工件表面，将产生如下几种效应：粒子的大量动能转化为热能，使工件表面升温；高速粒子的轰击作用使其可直接注入工件表面；高速粒子的轰击产生溅射作用，使表面净化，消除表面气体吸附层及氧化物，减轻钝化层对反应的阻碍作用，使表面处于活化状态，因此等离子体表面扩渗速度比一般表面扩渗快，在渗层较薄的情况下这种现象尤为明显。

1. 等离子体表面扩渗设备

等离子体表面扩渗设备主要由炉体、真空系统、电源系统、供气系统和检测系统等几部分组成。典型的等离子体扩渗设备组成如图 6-4 所示。

炉体有钟罩式、井式、通用式和卧式等几种类型。工作炉膛为真空容器，炉膛内有阴极和阳极，常以工件作阴极，炉壳为阳极。等离子体表面扩渗要求的真空度不很高，真空系统采用机械泵或机械泵和扩散泵串接的真空机组即能满足要求。电源系统由供电装置、自动灭弧装置、测量仪表、控制柜等组成。供气系统由气瓶、流量计等组成，有时直接供给含欲渗元素的气体，有时是由热分解装置产生所需气体。检测系统包括温度检测系统和真空检测系统等。

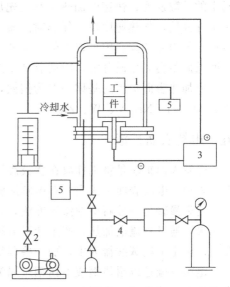

图 6-4 等离子体表面扩渗设备示意图
1—炉体；2—真空系统；3—电源系统；
4—供气系统；5—检测系统

2. 等离子体表面扩渗工艺

（1）离子渗氮 离子渗氮时通入炉内的气体是压力低于 10^5 Pa 的氨气或氮氢混合气体。离子渗氮工艺已在很多零件上得到了成功应用，主要用于提高零件的疲劳强度、耐磨性，延长使用寿命；或者用于代替渗碳、淬火回火、氮碳共渗等工艺，减小变形，降低废品率。离子渗氮的主要特点是：渗速较快，生产周期短，热效率高，节约能源；处理温度范围宽，可在 400℃ 进行渗氮，工件变形小，材料适应性强；渗层组织易控制，可局部渗氮；几乎无污染无公害，劳动条件好；可用于不锈钢、粉末冶金件、钛合金等有色金属的渗氮；设备复杂、投资大，调整维修困难，对操作人员的技术要求较高。

（2）离子渗碳 离子渗碳也称离子体渗碳，是目前渗碳领域较先进的工艺技术，是快速、优质、低能耗及无污染的新工艺。其原理与离子渗氮相似，工件在低气压（低于 10^5 Pa）含有碳氢化合物的气氛中加热，并在作为阴极的工件与阳极之间加直流电压，产生辉光放电，等离子体中的碳离子被加速后轰击工件表面而渗碳。离子渗碳具有高浓度渗碳、高渗层渗碳以及对于烧结件和不锈钢等难渗碳件进行渗碳的能力。渗碳速度快，渗层碳浓度和深度容易控制，渗层致密性好。渗剂的渗碳效率高，渗碳件表面不产生脱碳层，无晶界氧化，表面清洁光亮，变形小。处理后的工件耐磨性和疲劳强度比常规渗碳件高。

（3）离子碳氮共渗　离子碳氮共渗的基本原理类同于离子渗碳，只是通入的气体含有氮原子。渗速比普通碳氮共渗快 2～3 倍。在一定设备条件下，可采用碳氮复合离子渗。即"渗碳-渗氮"或"渗氮-渗碳"交替进行，以获得渗层组织是碳化物＋氮化物的复合层。这种复合渗工艺，不仅时间短，而且性能也好。

（4）离子渗金属　在低真空下，利用辉光放电即低温等离子体轰击的方法，可使工件表面渗入金属元素。还可以进行多种元素的复合渗和表面合金化处理，以获得更好的表面性能。

四、电加热表面扩渗

大多数表面扩渗处理时间长，局部防渗困难，能耗大，设备和材料消耗严重，污染环境。采用感应、电接触、电解、电阻等直接加热进行表面扩渗（即电加热表面扩渗）对上述问题有某些改善，获得了较快的发展。电加热表面扩渗比普通表面扩渗优越的主要原因是：电加热很高的处理温度及特殊的物理化学现象，加速了渗剂的分解和吸附，大大提高了渗入元素的扩散速度；快速电加热大都是先加热工件，渗剂可直接镀或涂在工件表面，由于加热从工件开始，加热速度快，保温时间短，渗剂不易挥发和烧损，有利于元素扩散；快速电加热在工件内部和介质中形成大的温度梯度，不但有利于界面上介质的分解，而且外层介质因温度低而不会氧化或分解，因此有利于渗剂的利用。

电加热表面扩渗的基体一般为钢铁，被渗材料主要为金属，常用的电加热渗金属元素有 Cr、Al、Ti、Ni、V、W、Zn 等。

五、电解表面扩渗

电解表面扩渗是将工件放在含被渗元素的盐浴中加热，利用电化学反应使被渗元素渗入工件表层。电解表面扩渗主要有电解渗碳、电解渗硼和电解渗氮。

电解渗碳是一种新型的渗碳方法，它是把低碳钢零件置于盐浴中，以石墨为阳极，工件为阴极，通以直流电加热，产生盐浴电解，分解产生新生态活性碳原子渗入工件表层。渗碳介质以碱土金属碳酸盐为主，加一些调整熔点和稳定盐浴成分的溶剂。

电解渗硼是以耐热钢或不锈钢坩埚为阳极，工件为阴极，在渗硼盐浴中进行的。它具有设备简单、速度快、渗剂便宜以及渗层组织和厚度可通过调整电流密度进行控制等特点，常用于工件模具和要求耐磨性、耐蚀性强的零件。

电解渗氮又称电解气相催渗渗氮，是以石墨为阳极，工件为阴极，在电解液为含盐酸的氯化钠水溶液中进行的。它具有设备简单，成本低，操作方便，催渗效果好，具备大规模渗氮的生产条件等特点。

第五节　离子注入

离子注入是将被注入元素的原子利用离子注入机电离成带正电荷的离子，经高压电场加速后高速轰击工件表面，使之注入工件表面一定深度的真空处理工艺。所涉及的主要学科有凝聚态物理、离子束物理、固体中原子碰撞理论、材料科学、表面和界面科学、摩擦学、物理化学、等离子体物理、真空技术和加速器技术等。20 世纪 70 年代，半导体离子注入获得突破，离子注入、离子刻蚀和电子束曝光技术的结合，形成集成电路微细加工新技术，推动激光技术和红外技术飞速发展，促成了今天全新的电子工业、计算机工业和光通讯技术全面发展的新局面。由于非半导体离子注入的材料表面处理量大（以千克计，而半导体以克计），体积庞大，形状复杂，所需束流强度高，故非半导体离子注入材料改性起初发展缓慢。随着强流氮离子注入机，特别是金属蒸发真空弧离子源（MEVVA）的问世，非半导体离子注入技术在 20 世纪 80 年代末期得到迅速发展。用离子注入方法可获得高度过饱和固溶体、亚稳定相、非晶态和平衡合金等不同组织结构形式，大大改善了工件的使用性能。目前，离子注入又与各种沉积技术、扩渗技术结合形成复合表面处理新工艺，如离子辅助沉积（IAC）、离子束增强沉积（IBED）、等离子体浸没离子注入（PSII）以及 PSII-离子束混合等，为离子注入技术开拓了更广阔的前景。

离子注入的特点主要有：可注入任何元素，且不受固溶度的限制，可掺杂在常规下互不共溶的元素，可获得两层或两层以上性能不同的、复合层不易脱落的复合材料，是开发新型材料的非常独特的方法；离子注入温度和注入后的温度可以任意控制，且在真空中进行，不氧化，不变形，不发生退火软化，表面粗糙度一般无变化，可作为最终工艺；通过改变离子源和加速器能量，可以调整离子注入深度和分布；通过可控扫描机械，不仅可实现在较大面积上的均匀化，而且可以在很小范围内进行局部改性；注入层薄，离子只能直线行进，不能绕行，对于复杂的和有内孔的零件不能进行离子注入，设备造价高，所以应用还不广泛。

一、离子注入原理

1. 离子注入过程

离子注入首先要产生离子。气态元素的离子化比较容易，例如常用的氮气，把氮气引入离子注入机的离子源内，在存在高温灯丝加速电子的情况下，氮离子被电离，形成等离子体，正离子经狭缝从离子源中被抽出，随后被加速。金属离子的电离较复杂，产生金属离子束要先加热离子源中的挥发性金属化合物，也可采用氯化处理技术，即将氯气通入离子源室，并与离子源中放置的金属起反应，形成的氯化物被灯丝产生的热量所挥发，然后电离。图 6-5 所示为典型离子注入机的示意图。离子注入过程如下：

① 选用适当气体（如 BF_3 或 AsH_3 等）作为产生离子的工作物质，用精密可调针阀控制进入离子源的气流量。

② 给离子源提供工作电源。

③ 在电场激发下，处于低真空（约 1Pa）状态的离子源放电室的气体被电离为等离子体，等离子体中的正离子被在放电室出口处的带负电位的电极引出。为得到所需的离子，要通入相应的气体，如 BF_3 或 AsH_3 等；也可通过高温气化或溅射的方法将固体物质引入离子源的放电室中。

④ 离子束分离。将从离子源引出的各种离子混杂的离子束通过质量分析磁铁进行质量分离，形成多条离子束，选择合适的磁场强度使所需的某一质量的离子束正好通过分析器出口的窄缝，而其他种类的离子束则被光缝卡掉。

⑤ 离子加速。因离子和分析磁铁均处于正高电位而使引出后的正离子束被加速，离子通过加速管后得到了高能量。正高压可精确调整，故离子速度可精确调整，因此打入到靶子

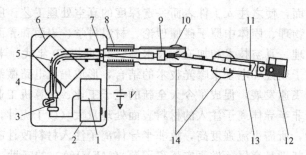

图 6-5　典型离子注入机的示意图

1—气体源；2—离子源电源；3—离子源；4—源扩散泵；
5—离子束；6—分析仪磁体；7—分解孔阑；8—加速管；
9—Y 扫描板；10—X 扫描板；11—晶片（靶位）；12—晶片
馈送器；13—法拉第笼罩；14—束流通路和终点扩散泵

内的深度也能精确控制。

⑥ 离子扫描。因被引出的离子束一般为 $\phi1\sim2mm$ 的细束，或 $1mm\times40mm$ 的长条束而难以大面积注入，故要对其进行 X 和 Y 方向扫描，即在 X 平板或 Y 平板上加上一定扫描频率的三角波电位来实现 X 和 Y 方向均匀扫描。

⑦ 注入量的精确测量。注入到晶片上的离子数量可用法拉第筒进行精确测量，并用电荷积分仪来精确计量流入法拉第筒的电荷量。

2. 离子源

离子源是离子注入机中主要的部件之一，它决定着离子注入机所能提供注入元素的种类，也决定了这种离子注入机的用途。适用于各种离子注入机的离子源有二三十种。在离子注入机上使用最多的有双等离子体离子源、潘宁源、弗利曼源、金属蒸发真空弧源、尼尔逊源、高频离子源、中空阴极源和考夫曼离子源。双等离子体源、潘宁源、弗利曼源、尼尔逊源为细束，适合于半导体离子注入。金属蒸发真空弧源和考夫曼离子源为宽束离子源，离子束由几百条细离子束构成，总束斑可为 $\phi30\sim500mm$，特别适用于材料改性用的强束离子注入机。弗利曼源束斑较大，既可用于半导体离子注入，也可用于材料改性。

3. 离子注入原理

（1）弹性碰撞　载能的入射离子射入工件表面后，将与工件内原子相互碰撞而逐次损失自身的能量，并最终在工件的某一个位置上停留下来。离子与工件内原子碰撞主要包括核碰撞、电子碰撞和离子与工件内原子作电荷交换。入射离子与工件原子核的弹性碰撞的结果使固体中产生离子大角度散射和晶体中产生辐照损伤等。入射离子与工件内电子的非弹性碰撞可能引起离子激发原子中的电子或使原子获得电子、电离或 X 射线发射等。

（2）晶格原子位移　具有足够能量的入射离子，或被撞出的位移原子，与晶格原子碰撞，晶格原子可能获得足够能量而发生位移，位移原子最终在晶格间隙处停留下来，成为一个间隙原子，它与原先位置上留下的空位形成空位-间隙原子对。这就是辐照损伤。只有核碰撞损失的能量才能产生辐照损伤，与电子碰撞一般不会产生损伤。只要使晶格原子的能量大于固体原子间的结合能，就将使晶格原子位移。

（3）级联碰撞　入射到固体表面以下的荷能离子将在固体中引起级联碰撞。如果固体原子从碰撞离子得到了远高于原子间的结合能时，这种晶格原子就成为反冲原子，反冲原子又将在固体中引起次级的级联碰撞。如果固体原子质量大而反冲能量又高，就有可能在固体中引起无序相。如果反冲级联发生在固体近表面几个原子层内，那么反冲原子将克服表面结合能飞离表面而形成溅射原子。入射离子的溅射将导致原子表面的刻蚀。因此必须考虑溅射时注入杂质的浓度分布，也要考虑到底有多少注入元素真正注入到固体中，即能达到的饱和注入量。

（4）无序态形成　如上所述，一个入射离子将在固体中引起几百到几千个位移原子，即形成大量的空位和间隙原子。随着注入量的增加，在射程范围内的晶格原子位移数量增加，空位和间隙原子比例增大。当注入量达到临界值时，注入区晶格原子位移数量与固体中晶格原子数量相等，于是固体表面注入区形成无序态。如半导体硅和 Ga、As 在注入时形成了表面无序态后，其电阻率达到无穷大，而金属材料无序化则形成金属玻璃。金属玻璃具有良好的抗磨损和抗腐蚀特性。一些非金属元素注入金属时，当二者原子半径比为 0.59~0.88 时，将在金属中形成无序态。

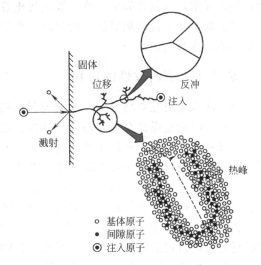

图 6-6　离子注入固体中原子碰撞和级联碰撞

（5）热峰效应　在一个很小范围内，低能重离子注入沉积的电能转换为热能，在瞬间使该区内每个固体原子均获得高出结合能的能量，获得高于熔化或汽化的温度，而使全部晶格原子以爆炸的形式从高温点向四周飞散（这称为热峰效应），然后骤然降温形成快速淬火之势。降温的速度取决于温升的高低和固体原子的种类和结构。温升不太高（如刚超过熔化温度）、降温比较慢时，有可能在热峰区产生结晶化。达到气化温度后骤然降温则可能形成无序相，皆因固态外延生长过程来不及进行而致。更严重者会将气化原子冷冻而形成空洞。这种现象也往往出现于重离子注入末端，或重的反冲原子的反冲级联中，如图 6-6 所示。

二、离子注入表面改性的机理

离子注入可以原子量级改变材料表面的微观结构，形成各种不同元素在金属中的过饱和固溶体，引起位错、应力场、化合物和合金相、无序层等，实现材料表面的改性。

（1）离子注入提高硬度的机理　离子注入提高硬度是由于注入的原子进入位错附近或固溶体产生固溶强化的缘故。当注入的是非金属元素时，常常与金属元素形成化合物，如氮化物、碳化物或硼化物的弥散相，产生弥散强化。离子轰击造成的表面压应力也有冷作硬化作用，这些都使离子注入表面硬度显著提高。

（2）离子注入提高耐磨性的机理　离子注入之所以能提高耐磨性，其原因是多方面的。离子注入能引起表面层组分与结构的改变。大量的注入杂质聚集在因离子轰击产生的位错线周围，形成柯氏气团，起钉扎位错的作用，使表层强化，加上高硬度弥散析出物引起的强化，提高了表面硬度，从而提高耐磨性。另一种观点认为，耐磨性的提高是离子注入引起摩擦系数的降低起主要作用，还认为可能与磨损粒子的润滑作用有关。因为离子注入表面磨损的碎片比没有注入的表面磨损碎片更细，接近等轴，而不是片状的，因而改善了润滑性能。

（3）离子注入提高疲劳强度的机理　离子注入改善疲劳性能是因为产生的高损伤缺陷阻

止了位错移动及其间的凝聚，形成可塑性表面层，使表面强度大大提高。分析表明，离子注入后在近表面层可能形成大量细小弥散均匀分布的第二相硬质点而产生强化，而且离子注入产生的表面压应力可以压制表面裂缝的产生，从而延长了疲劳寿命。

（4）离子注入提高抗氧化性的机理　离子注入显著提高材料抗氧化性是因为注入元素在晶界富集，阻塞了氧的短程扩散通道，防止氧进一步向内扩散；形成致密的氧化物薄膜阻挡层，使其他元素的扩散难以通过；改善氧化物的塑性，减少氧化产生的应力，防止氧化膜开裂；注入元素进入氧化膜后改变了膜的导电性，抑制阳离子向外扩散，从而降低氧化速率。

（5）离子注入提高耐腐蚀性的机理　离子注入不但形成致密的氧化膜，而且改变表面电化学性能，提高耐蚀性。

三、离子注入表面改性的应用

离子注入是研究亚稳定合金及获得新材料的手段，如非晶金属材料、超导材料、耐辐射材料等；同时也是提高金属表面力学性能、耐蚀性能等的重要手段，它在磁性材料、陶瓷材料、绝缘材料、高分子材料和光学材料改性方面取得了重要应用。离子注入技术也是一种可满意地精确控制材料表面和界面特性的方法。

（1）主要应用对象　离子注入在表面改性中的应用对象主要是金属固体，如钢、硬质合金、钛合金、铬和铝等材料。应用最广的金属材料是钢铁材料和钛合金。注入的离子有 Ni、Ti、Cr、Ta、Cd、B、N、He 等的离子。注入的荷能离子在金属中激烈地碰撞原子，导致金属材料表面微观结构变化，形成新的化合物和合金相，大大改善基体的耐磨性、耐蚀性、耐疲劳性和抗氧化性。离子注入已在许多领域中取得了可观的经济效益，如在提高刀具、模具、齿轮、轴承和人工关节使用寿命方面取得了显著成效，并相继在英国、美国、日本和一些欧洲国家建立起了规模生产。

（2）应用实例　我国生产的各类冲模和压制模一般寿命为 2000～5000 次，而英、美、日本的同类产品因使用离子注入技术而使寿命达 50000 次以上。用作人工关节的钛合金 Ti-6Al-4V 耐磨性差，用离子注入 N^+ 后，耐磨性提高 1000 倍，生物性能也得到改善。铝、不锈钢中注入 He^+，铜中注入 B^+、He^+、Al^+ 和 Cr^+，金属或合金耐大气腐蚀性明显提高。铂离子注入到钛合金涡轮叶片中，在模拟高温发动机运行条件下进行试验，结果表明疲劳寿命提高 100 倍以上。

表 6-7 是离子注入在提高金属材料性能上的部分应用实例。

表 6-7　离子注入在提高金属材料性能上的部分应用实例

离子种类	母材	改善性能	适用产品
$Ti^+ + C^+$	Fe 基合金	耐磨性	轴承、齿轮、阀、模具
Cr^+	Fe 基合金	耐蚀性	外科手术器械
$Ta^+ + C^+$	Fe 基合金	抗咬合性	齿轮
P^+	不锈钢	耐蚀性	海洋器件、化工装置
C^+、N^+	Ti 合金	耐磨性、耐蚀性	人工骨骼、宇航器件
N^+	Al 合金	耐磨性、脱模能力	橡胶、塑料模具
Mo^+	Al 合金	耐蚀性	宇航、海洋用器件
N^+	Zr 合金	硬度、耐磨性、耐蚀性	原子炉构件、化工装置
N^+	硬 Cr 层	硬度	阀座、搓丝板、移动式起重机
Y^+、Ce^+、Al^+	超合金	抗氧化性	涡轮机叶片
$Ti^+ + C^+$	超合金	耐磨性	纺丝模口
Cr^+	铜合金	耐蚀性	电池
B^+	Be 合金	耐磨性	轴承
N^+	WC+Co	耐磨性	工具、刀具

由于陶瓷材料具有化学稳定性好、强度高、摩擦系数低和体质轻的特点，人们预言陶瓷将逐渐取代金属而应用于机械和航天工业。人们研究的第一个目的是陶瓷表面金属化，其次是金属表面陶瓷化。20 世纪 80 年代开始把离子注入应用于陶瓷材料。研究表明，注入陶瓷的离子会形成亚稳的置换固溶体或间隙固溶体而产生固溶强化，由于注入产生的缺陷引起缺陷强化或由于阻碍位错运动引起硬化。离子注入还可以消除表面裂纹或减小裂纹的严重程度，或在表面产生压应力层，从而提高材料的力学性能。

磁泡材料是存储器和显示器的核心材料，磁单晶态钇石榴石薄膜主要用于制备磁泡存储器和激光磁光显示器，目前超大规模集成电路磁性存储器则是利用了这种技术。这也是离子注入最有成效的结果之一。在磁性存储材料中存在的硬磁泡不受电磁信号控制，严重影响存储性能，通过离子注入可抑制硬磁泡效应。

高分子聚合物由于重量轻、易于加工和价格便宜等特点，已广泛应用于工业生产中。离子注入可引起聚合物的交联、降解、石墨化或类金刚石的形成，也可形成 SiC 键，使强度提高，并可降低聚合物的电阻，改善光学特性。聚合物中注入卤素元素和碱金属元素，可使聚合物形成 N 型或 P 型导电层，并可制备 PN 结。离子注入聚合物可降低其表面摩擦系数，提高抗磨损特性，是人造关节摩擦副的最佳选择。

第六节　小孔表面改性强化技术

紧固孔是飞机构件上典型的应力集中细节，在交变载荷的作用下极易产生疲劳裂纹，从而导致整机的安全性、可靠性和使用寿命都大大降低。因此，在设计、选材和制造中，如何尽可能减小紧固孔应力集中的影响，改善飞机结构的抗疲劳性能，延长使用寿命，确保飞机结构的可靠性和安全性，是设计和材料研究者的重要研究课题。在工程实践中，通常对紧固孔进行表面强化处理来提高飞机的寿命。强化技术（fatigue life enhancement methods，FLEM）是增强飞机疲劳寿命措施的简称，它是指在不改变结构形式、材料，不增加结构重量的前提下，经过对结构重要部位和关键部位的强化工艺处理而达到提高结构疲劳寿命的目的。

目前，主要的紧固孔强化技术有冷挤压强化技术、干涉配合连接、滚压强化技术、机械喷丸强化技术、激光冲击强化技术。冷挤压强化技术、干涉配合连接、滚压强化技术、机械喷丸强化技术仍将在未来的一段时间内作为飞机结构疲劳断裂设计的基本强化工艺，而激光冲击强化技术则作为以上强化技术的补充。

一、紧固孔强化-寿命增益机制

若要推迟紧固孔疲劳裂纹的产生，提高疲劳寿命，应使紧固孔实际载荷的平均应力减小，或者降低交变载荷的幅值。

1. 在孔表面产生压缩残余应力层，以降低局部疲劳危险点承受载荷的平均应力

冷挤压、滚压、机械喷丸和激光冲击强化四种孔强化技术都是通过这种机制实现紧固孔寿命增益。它们通过不同的方式和途径，在孔表面产生压缩残余应力层，以降低局部疲劳危险点承受载荷的平均应力。当该结构孔受到外界交变载荷作用时，孔周围的残余

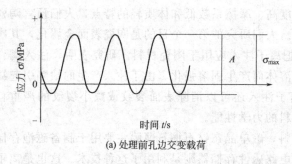

(a) 处理前孔边交变载荷

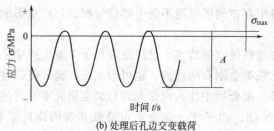

(b) 处理后孔边交变载荷

图 6-7　处理前后孔边交变载荷的变化

应力将抵消部分拉应力，使实际承受的交变载荷的最大值 σ_{max} 降低（幅值 A 不变），见图 6-7，从而提高该结构的疲劳寿命。残余应力还可以使有效应力强度因子幅值（ΔK）接近或低于材料本身的应力强度因子门槛值 ΔK_{th}，从而抑制裂纹萌生或降低裂纹扩展速率。

2. 在孔表面产生预张力，以降低局部疲劳危险点承受载荷的应力幅值

所有干涉连接强化技术（螺接或铆接、直接干涉或间接干涉），通过这种机制实现紧固孔寿命增益。干涉配合是重要的机械连接强化技术之一，形式上与过盈配合相同，要求无论在安装前轴径是否大于孔径，在安装后轴径必大于孔径，因此，在孔周围便造成一个残余应力场。它与由冷挤压造成的残余应力场不同，不能降低外界交变载荷的最大值（甚至还会提高），却能使孔边实际承受的交变载荷的幅值降低，见图 6-8，这就是干涉配合的"支撑效应"。但是另一方面，应力的提高又加重了应力腐蚀开裂的倾向，因而对工艺条件和使用环境都提出严格的要求。

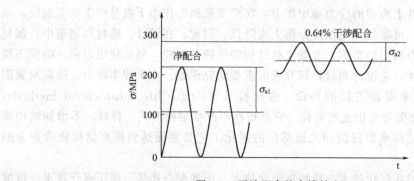

图 6-8　干涉配合的支撑效应

二、紧固孔表面强化技术方法

1. 冷挤压强化技术

最初的冷挤压工艺是用芯棒直接挤压孔壁，锥形芯棒在强行地由工件中被拉出时，除造成孔的径向膨胀外，还使孔内材料沿轴向流动，在孔端的零件表面上形成材料堆积。因此，此种工艺在 20 世纪 60 年代后被开缝衬套冷挤压所取代。开缝衬套冷挤压（split sleeve cold expansion 或 split sleeve coldworking）是紧固孔强化的基本技术。其工艺流程图如图 6-9 所示。

① 将一个内部经润滑的、极薄的开缝衬套（工艺用，用后丢弃）套在锥形芯棒上，该芯棒已装夹在液压拉枪的夹头内。

② 从结构开敞的一侧，将带开缝衬套的芯棒插入需冷挤压的工件孔内，拉枪的夹头顶

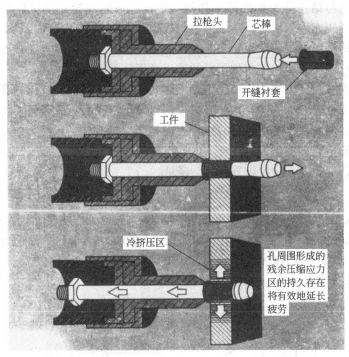

图 6-9　开缝衬套冷挤压工艺过程

紧工件，使衬套保持在孔中。

③ 开动拉枪，使芯棒强行由衬套中拉出。

在芯棒被拉出时，芯棒工作环直径加上衬套的厚度使孔迅速膨胀。经润滑的衬套降低了所需的拉力，保护了孔壁，于是芯棒得以有效地向孔壁施加径向压力，因而，开缝衬套冷挤压法可以采用较高的挤压量。但是其诱导的应力分布不够理想，开缝心轴冷挤压（split mandrel coldworking）弥补了开缝衬套冷挤压的不足，其取消了衬套，将缝开在心轴上，实施过程参考开缝衬套冷挤压。使诱导的应力状态更均匀，进一步提高紧固孔的疲劳寿命。

2. 干涉配合

干涉配合强化技术主要分为干涉螺接技术和干涉铆接技术，其中干涉螺接技术又可分为螺栓直接干涉和衬套干涉。螺栓直接干涉和干涉铆接可以由应力波技术实现。这种技术是将电磁能量转化为应力波，能在最大程度保护紧固孔的前提下实现较大干涉量的紧固件的安装。20 世纪 80 年代初，美国疲劳工程技术公司（FTI）根据冷挤压的原理推出了一项专利的干涉配合衬套安装方法——ForceMate 法，简称 FM 法。

ForceMate 工艺过程与开缝衬套冷挤压的工艺过程极其相似，所不同的是：开缝衬套冷挤压用的是工艺衬套，衬套上开缝，为的是便于取出，而 ForceMate 法用的衬套正是需要被安装的产品衬套；开缝衬套冷挤压前，芯棒已装在拉枪上，衬套再套在芯棒上，而 Force-Mate 则必须先将衬套套在芯棒的非工作部分上，再将芯棒装入拉枪。当拉枪将锥形芯棒由衬套中抽出时，芯棒工作环挤压衬套内径，迫使衬套外径胀大，造成衬套外径与工件孔之间的高干涉量配合，从而被牢牢地安装在工件孔内。

3. 滚压

根据滚压工具滚压元件的形状不同，可以将普通滚压分为滚珠式、滚轮式、滚柱式等。

按支承部分的功用与结构分为弹性滚压和刚性滚压。通常滚轮式滚压器结构简单，易于制造，刚性较好，滚压变形区域及滚压力通常均较大，适合于滚压较大直径的孔。滚珠式及滚柱式滚压器的结构稍复杂，一般用于中小直径孔的滚压加工；两者加工的变形区域较小，但后者加工时的滚压变形区域比前者加工时的滚压变形区域稍大。

滚压加工作为一种无切屑的表面精密加工方式，具有下列优点：①内孔滚压加工的尺寸范围较大，加工直径为 2～500mm，可加工浅孔和深孔；②滚压的表面强化效果显著，能达到甚至超过喷丸强化的效果。滚压后的材料表面上产生具有残余压应力的紧密层组织，可以减少外加拉应力的不利影响，不但能抑制或推迟疲劳裂纹的产生，而且能减缓裂纹扩展的速度，使零件疲劳强度提高，缺口敏感度大为降低。

4. 机械喷丸

机械喷丸强化是利用压缩空气或者离心机将高速弹丸撞击到构件表面，使之产生有利的塑性变形的过程。喷丸强化一方面提高了机构件表面抗开裂的能力，同时也提高了结构表面抗应力腐蚀和抗氢脆的能力。紧固孔的机械喷丸强化方法主要是利用喷丸枪或喷丸分流器实现间接喷丸，见图 6-10。喷气发动机盘上 2.4mm 小孔的强化是以喷丸分流器强化方法为生产基础的。

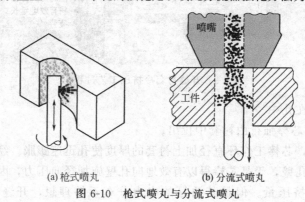

(a) 枪式喷丸　　　　　　　　(b) 分流式喷丸

图 6-10　枪式喷丸与分流式喷丸

机械喷丸处理始终存在的弊端是导致材料表面粗糙度增大，会在一定程度上抵消残余应力对延长疲劳寿命的贡献。

5. 激光冲击强化

激光冲击强化技术以激光为加工工具，具有易控制、非接触、无污染和强化效果显著等特点，是不同于以上四种技术的一种较新技术。这种技术由重复频率钕玻璃高功率脉冲激光器完成，不同的功率密度和冲击次数能诱导不同的残余应力大小和分布。常用一种铝箔胶带的薄层作为能量吸收层，一种薄水层来约束等离子体。激光冲击强化原理见图 6-11。

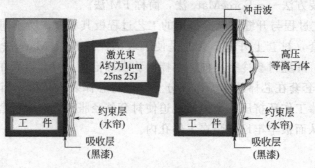

图 6-11　激光冲击强化原理图

　　激光冲击强化处理能在材料表层引入较深的残余应力（大概 1～2mm 深），根据理论计算和模拟的结果，激光冲击处理能减小孔边原始裂纹应力强度因子，有效抑制裂纹的扩展。从激光强化处理对紧固孔、单排止裂孔和三排止裂孔影响的研究中可见，激光冲击处理能不同程度地提高这三种结构的裂纹萌生寿命和疲劳寿命，见表 6-8。

表 6-8　激光冲击处理对三种结构的裂纹萌生寿命和疲劳寿命影响的对比

试样	裂纹萌生寿命/周		疲劳寿命/周	
	未强化	激光冲击强化	未强化	激光冲击强化
无裂纹孔	35000	200000	70000	＞800000
单止裂孔	12500	20000	32000	＞300000
三个一直线的止裂孔	25000	40000	41000	＞300000

三、各紧固孔表面强化技术的比较

　　与滚压相比，激光冲击强化虽然在高温时残余应力不够稳定，但由于其能诱导比滚压更深的残余压应力，并且在试验中其塑性应变较小，激光冲击强化处理的试样疲劳寿命稍长。见图 6-12。

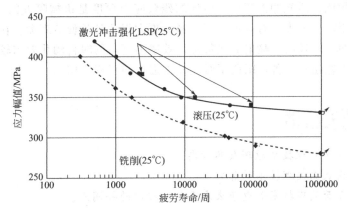

图 6-12　激光冲击强化和滚压对 AISI304 疲劳寿命的影响（25℃）

　　与机械喷丸相比，激光冲击强化所诱导的残余应力深度是机械喷丸的 2～5 倍，并且不会导致材料表面粗糙度增大，有效保护材料，从而大幅提高疲劳寿命。图 6-13 是 7075-T7351 铝合金分别经机械喷丸和激光冲击强化处理后疲劳寿命的比较。由图 6-13 可见，激光冲击强化大幅提高了试样的疲劳寿命。

　　激光冲击强化能大幅延长紧固孔疲劳寿命，强化效果明显。而且激光冲击强化加工无污染，易控制，对环境保护意义重大。但是由于目前高功率激光器造价昂贵，运行成本高，并且激光冲击强化相关理论和关键工艺还不完善，工程应用受到阻碍。

　　以下对五种紧固孔强化技术作进一步的比较。

　　冷挤压和干涉配合相比，由于强化机制的不同，孔的强化效果也不相同。干涉配合在预制裂纹长度较长，载荷谱应力比大的情况下，强化效果依然理想，而冷挤压在这种情况下效果较差。对于较小尺寸的紧固孔，冷挤压与干涉配合实施困难，而且强化效果也不理想。

　　对于 40Cr 和 GCr15 两种材料，滚压和喷丸都很大程度地提高了疲劳极限和残余应力。与喷丸相比，滚压的效果更明显。

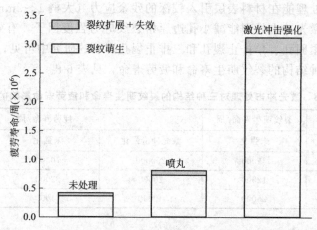

图 6-13　7075-T7351 铝合金裂纹萌生和扩展疲劳
寿命对比（$\sigma_{max}=260MPa$，$R=0.1$）

　　与滚压相比，激光冲击强化能诱导较深的残余压应力，并且在试验中其塑性应变较小，激光冲击强化处理的试样疲劳寿命稍长。另外，滚压强化技术不适用于小批量生产。

　　与机械喷丸相比，激光冲击强化所诱导的残余应力深度是机械喷丸的 2～5 倍，并且不会导致材料表面粗糙度增大，有效保护了材料，更大程度延长疲劳寿命。在对于孔壁的喷丸时，机械对丸粒的要求较高，喷射方式特殊，效率不高，同时自动化要求较高。但是激光冲击强化成本高，工艺还不完善，阻碍了激光冲击强化的工程应用。

 复习思考题

1. 简述激光表面处理技术原理及其种类。
2. 简述电子束表面处理技术的原理。
3. 比较激光表面处理技术和电子束表面处理技术的异同点。
4. 概括常用高密度太阳能表面处理技术的优缺点。
5. 渗硼和渗铬有何不同，这两种工艺的技术难点各是什么？
6. 硫会引起热裂纹，为何表面还可进行渗硫处理，其目的在于什么？
7. 辨析：等离子体表面扩渗处理主要采用低温等离子体技术。
8. 简述离子注入的原理。
9. 分析对比孔表面的强化方法。

第七章

气相沉积技术

气相沉积技术是近 30 年来迅速发展的一门新技术，是当代真空技术和材料科学中最活跃的研究领域，它是利用气相之间的反应，在各种材料或制品表面沉积单层或多层薄膜，从而使材料或制品获得所需的各种优异性能。现在，气相沉积技术不仅可以沉积金属膜、合金膜，还可以沉积各种各样的化合物、非金属、半导体、陶瓷、塑料膜等。按照使用要求，现在几乎可以在任何基体上沉积任何物质的薄膜。这些薄膜及其制备技术除大量用于电子器件和大规模集成电路制作外，还可用于制作磁性膜及磁记录介质、绝缘膜、电介质膜、压电膜、光学膜、光导膜、超导膜、传感器膜和耐磨、耐蚀、自润滑膜，装饰膜以及各种特殊需要的功能膜等，在促进电子电路小型化、功能高度集成化方面发挥着关键的作用。气相沉积技术具有十分广阔的应用前景。

第一节 薄膜及其制备方法

一、薄膜的定义与类型

利用近代技术在工件（或基体）表面上沉积厚度为 100nm 至数微米薄膜的形成技术，称为薄膜形成技术。不同研究者对"薄膜"的定义不一，有的研究者以 $25\mu m$ 为界，小于 $25\mu m$ 为薄膜，大于 $25\mu m$ 为厚膜。从原子尺度来看，薄膜的表面呈不连续性，高低不平，薄膜内部有空位、位错等缺陷，并且有杂质的混入。用各种工艺方法，控制一定的工艺参数，可以得到不同结构的薄膜，如单晶薄膜、多晶薄膜、非晶态薄膜、亚微米级的超薄膜以及晶体取向外延薄膜等。二维伸展的薄膜因具有特殊的成分、结构和尺寸效应而使其获得三维材料所没有的性质，同时又很节约材料，所以非常重要。例如集成电路、集成光路、磁泡等高密度集成器件，只有利用薄膜及其具有的性质才能设计、制造。又如大面积廉价太阳能电池以及许多重要的光电子器件，只有以薄膜的形式使用昂贵的半导体材料和其他贵重材料，才使它们富有生命力。

几乎所有的固体材料都能制成薄膜材料。由于其极薄，通常为几十纳米到微米级，因而需要基体支承。薄膜和基体是不可分割的，薄膜在基体上生长，彼此有相互作用，薄膜的一面附着在基体上，并受到约束而产生内应力。附着力和内应力是薄膜极为重要的固有特征，具体大小不仅与薄膜和基体的本质有关，还在很大程度上取决于制膜的工艺条件。基体的类型很多，例如微晶玻璃、蓝宝石单晶等都是用得很多的基体。单晶基体可以生长外延薄膜。硬质薄膜可以生长在硬质合金、高碳钢等的表面，如 TiN、TiC 等薄膜，使表面硬化。总之，薄膜用途的不同，对基体的要求也不同。

薄膜涵盖的内容十分广泛，按用途可分为光学薄膜、微电子学薄膜、光电子学薄膜、集成光学薄膜、信息存储薄膜、防护薄膜、力学薄膜和装饰薄膜等；按膜层组成可分为金属膜、合金膜、陶瓷膜、半导体膜、化合物膜、塑料膜及其他高分子材料膜等；按膜的结构可分为多晶膜、单晶膜、非晶态膜、超晶格膜等。

二、薄膜的应用

薄膜因其厚度很小，加上结构因素和表面效应，会产生许多块材料所不具备的新性质和新功能，特别是随着电子电路的小型化，薄膜的实际体积接近零这一特点显得更加重要。薄膜工艺的发展和一些重大突破，伴随着各种类型新材料的开发和新功能的发现，它们蕴藏着极大的发展潜力，并为新的技术革命提供可靠的基础。

现在薄膜应用已经扩大到各个领域，薄膜产业迅速崛起，如卷镀薄膜产品、塑料金属化制品、建筑玻璃镀膜制品、光学薄膜、集成电路薄膜、液晶显示器、刀具硬化膜、光盘、磁盘等等，都已有了很大的生产规模。在今后一个相当长的时期内，薄膜产业仍将不断发展，前景光明。

金属膜应用极为广泛，微电子工业中广泛采用铝合金作为布线膜层材料，金、银、铜、铂、镍等难熔金属作为导电膜，锌、铬、镍、钛以及锌铝、镍铬铝、钴铬铝钇、镍钴铬铝钇合金等用作耐腐蚀膜或抗氧化膜，金、银、铝、铜等用作光学反射膜，钨、铂用于触点膜，钴镍磷、钴铬合金等用于磁记录膜，碲、铝、银、铬、锌的若干复合膜用作光盘膜。此外，在塑料和纸张上沉积金属膜可用于装饰、包装、压光、透明绝缘、透明导电、建筑隔热和反射等。以氧化物、氮化物、碳化物等无机化合物为原料，采用特殊工艺在一定的基体表面上沉积的陶瓷薄膜可分为功能薄膜（利用薄膜本身做成元器件）和结构薄膜（用于增加基体的使用性能，如耐磨损、耐腐蚀、装饰、太阳能控制等）。功能陶瓷薄膜材料，目前研究热点有高 Tc 超导陶瓷薄膜（YBaCuO、BiSrCaCuO 等）、多晶或外延单晶金刚石薄膜（用于高温高频和大功率半导体器件）以及用于微电子学、光电子学和集成光学的薄膜［如压电铁电薄膜 $PbTiO_3$、（Pb，La）TiO_3，压电薄膜 ZnO、AlN 等］。结构陶瓷薄膜，目前研究热点是耐磨耐蚀的多晶金刚石薄膜或类金刚石薄膜，以及钛系化合物如 TiC、TiN、$TiCN$ 膜等，硅系化合物如 SiC、Si_3N_4 膜，氧化物如 Al_2O_3 膜，以及多层复合膜如 $TiC/TiCN/TiN/Al_2O_3$ 等。

三、薄膜的制备方法

（1）一般的制备方法　具体的薄膜制备方法很多。这里以半导体器件为例给予简略的说明。在各种半导体器件制造过程中，晶片表面必须覆盖多层各种金属膜或绝缘膜，即导电薄膜和介质薄膜。它们的制备方法按环境压力可分为真空、常压和高压三类制膜方法，下面按压力高低的顺序来排列：真空蒸镀，10^{-3} Pa 以下；离子镀膜，$10^{-3} \sim 10^{-1}$ Pa；溅射镀膜，10^{-1} Pa；低压化学气相沉积（LPCVD），$10^{-1} \sim 10$ Pa；等离子体化学气相沉积（PCVD），$10 \sim 10^2$ Pa；常压化学气相沉积（CVD），常压；氧化法，常压；涂敷、沉淀法，常压；高压氧化法，高于常压。

（2）气相沉积方法分类　上述前六种制备方法为气相沉积法，它大致上可分为两大类：其一是物理气相沉积（PVD），它是在真空条件下，利用各种物理方法，将镀料气化成原子、分子，或离子化为离子，直接沉积到基体表面的方法，主要包括真空蒸镀、溅射镀膜、离子镀膜等。还有一种分子束外延生长法，是以真空蒸镀为基础的晶体生长法，在高技术中有重要应用。其二是化学气相沉积（CVD），它是把含有构成薄膜元素的一种或几种化合物、单质气体供给基体，借助气相作用或基体表面上的化学反应生成要求的薄膜，主要包括常压化学气相沉积、低压化学气相沉积和兼有 CVD、PVD 两者特点的等离子体化学气相沉积等。还有有机金属化学气相沉积（MOCVD）和激光化学气相沉积（LCVD）等方法，在高技术中也有重要的应用。

第二节 真空蒸镀

真空蒸镀简称蒸镀，是在真空条件下，用一定的方法加热镀膜材料（简称膜料）使之气化，并沉积在工件表面形成固态薄膜。蒸镀是一种发展较早和应用较广泛的气相沉积技术，它与溅射和离子镀同属于物理气相沉积。虽然从近年的发展来看，溅射和离子镀技术更为优越一些，但是蒸镀方法简单，在适当的工艺条件下，它能够制备非常纯净的，并且在一定程度上具有特定结构和性能的薄膜涂层，所以，蒸镀至今仍有着重要的地位，同时也引进了很多新的内容。

一、真空蒸镀原理

真空蒸镀的物理过程如下。

① 采用各种热能转换方式，使膜料蒸发或升华，气化为具有一定能量（0.1～0.3eV）的粒子（原子、分子或原子团）。

② 气态粒子通过基本上无碰撞的直线运动飞速传输到基体。

③ 粒子沉积在基体表面上并凝聚成薄膜。传输到基体的蒸发粒子与基体碰撞后一部分被反射，另一部分被吸附在基体表面发生表面扩散，沉积粒子之间产生二维碰撞，形成簇团，有的在表面停留一段时间后再蒸发。粒子簇团与扩散粒子相碰撞，或吸附单粒子，或放出单粒子，这种过程反复进行，当粒子数超过某一临界值时就变为稳定核，再不断吸附其他粒子而逐步长大，最后与邻近稳定核合并，进而变成连续膜。

④ 组成薄膜的原子重新排列或化学键合发生变化。

二、真空蒸镀设备

真空蒸镀装置由真空抽气系统和蒸发室组成。图 7-1 为真空蒸镀装置原理图。图中汇集了配备不同真空泵的各种装置。

真空抽气系统由（超）高真空泵、低真空泵、排气管道和阀门等组成。此外，还附有冷阱（用以防止油蒸气的返流）和真空测量计等。蒸发室大多用不锈钢制成。在蒸发室内配有真空蒸镀时不可缺少的蒸发源、基片和蒸发空间。此外，还置有控制蒸发原子流的挡板，测量膜

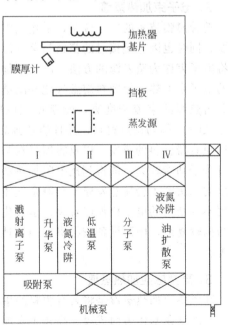

图 7-1 真空蒸镀装置原理图

厚并用来监控薄膜生长速率的膜厚计，测量蒸发室的真空变化和蒸发时剩余气体压力的（超）高真空计，以及控制薄膜生长形态和结晶性的基片温度调节器等。

蒸发源是用来加热膜料使之气化蒸发的部件。目前真空蒸发使用的蒸发源主要有电阻加热、电子束加热、高频感应加热、电弧加热和激光加热等五大类。

三、真空蒸镀工艺

真空蒸镀工艺是根据产品要求确定的，一般非连续蒸镀的工艺流程是：镀前准备→抽真空→离子轰击→烘烤→预热→蒸发→取件→镀后处理→检测→成品。

镀前准备主要有工件清洗、蒸发源制作和清洗、真空室和工件架清洗、安装蒸发源、膜料清洗和放置、装工件等。工件放入真空室后，先抽真空至 0.1～1Pa 进行离子轰击，即对真空室内铝棒加一定的高压电，产生辉光放电，使电子获得很高的速度，工件表面迅速带有负电荷，在此吸引下正离子轰击工件表面，工件吸附层与活性气体之间发生化学反应，使工件表面得到进一步的清洗。离子轰击一定时间后，关掉高压电，再提高真空度，同时进行加热烘烤，控制在一定温度，使工件及工件架吸附的气体迅速逸出。达到一定真空后，先对蒸发源通以较低功率的电，进行膜料的预热或预熔，然后再通以规定的电流，使膜料迅速蒸发。蒸发结束后，停止抽气，再充气，打开真空室取出工件。有的膜层如镀铝等，质软和易氧化变色，需要施涂面漆加以保护。

1. 电阻加热蒸镀

电阻加热蒸镀是用丝状或片状的钨、钼、钽等高熔点金属做成适当形状的蒸发源，将膜料放在其中，接通电源，电阻直接加热膜料而使其蒸发，或者把膜料放入 Al_2O_3、BeO 等坩埚中进行间接电阻加热蒸发。电阻蒸发源的形状是根据蒸发要求和特性确定的，通常有多股线螺旋形、U 形、正弦波形、圆锥筐形、薄板形、舟形等。电阻加热蒸镀结构简单、价廉易作，是一种应用很普遍的工艺。

2. 电子束加热蒸镀

随着薄膜技术的广泛应用，采用电阻加热蒸镀已不能满足蒸镀难熔金属和氧化物材料的需要，同时也因直接接触的膜料与蒸发源材料易互混而难以制作高度纯净的薄膜，于是发展了将电子束作为蒸发源的方法。电子束加热蒸镀是将膜料放入水冷铜坩埚中，利用高能量密度的电子束加热，使膜料熔融气化并凝结在基体表面成膜。电子束加热蒸镀的特点是：电子束轰击热源的束流密度高，能获得比电阻加热源更大的能量密度，故可蒸发如 W、Mo、Ge、Al_2O_3 等高熔点材料，并且能达到较高的蒸发速率；由于膜料置于水冷坩埚内，因而可避免容器材料的蒸发，以及容器材料与膜料之间的反应，有利于提高薄膜的纯度；电子束蒸发分子动能较大，能得到比电阻加热法更牢固致密的膜层；电子枪发出的一次电子和膜料发出的二次电子会使蒸发原子和剩余气体分子电离，有时会影响膜层质量，但可通过设计和选用不同结构的电子枪加以解决；多数化合物在受到电子轰击时会部分分解；电子束蒸镀装置结构较复杂，因而设备较昂贵；当加速电压过高时，所产生的软 X 射线对人体有一定的伤害。

3. 高频感应加热蒸镀

高频感应加热蒸镀是将装有膜料的坩埚放在高频感应线圈中进行高频感应加热，使膜料蒸发并凝结在基体表面成膜。高频感应加热蒸镀的蒸发源一般由水冷高频线圈和石墨或陶瓷（如氧化镁、氧化铝、氮化硼等）坩埚组成，高频电源的频率为 1 万至几十万赫兹，输入功率为几至几百千瓦。高频感应加热蒸镀的特点是：由于高频感应电流直接作用在膜料上，因此盛装膜料的坩埚的温度较低，坩埚材料不致造成薄膜污染；蒸发源的温度均匀稳定，不易产生蒸发料的飞溅现象；蒸发速率比电阻蒸发源大 10 倍左右；蒸发源一次装料，无需送料机构，温度控制较易；蒸发装置须屏蔽，以防射频辐射；需较复杂和昂贵的高频发生器；若线圈附近的压力超过 10^{-2}Pa，高频电场就会产生气体电离，使功耗增大；不易对输入功率进行微调。目前高频感应加热蒸镀主要用于制备铝、铍和钛膜。

4. 电弧加热蒸镀

电弧加热蒸镀是利用高真空中电弧放电的真空蒸镀法。它是通过两导电材料制成的电极之间形成电弧，产生足够高的温度使电极材料蒸发沉积成薄膜。此法避免了电阻加热法中常存在的加热丝、坩埚与膜料发生反应的问题，而且还可制备如 Ti、Zr、Hf、Ta、Nb、W 等高熔点金属在内的几乎所有导电性材料的薄膜。电弧加热蒸镀有交流电弧放电法、直流电弧放电法和电子轰击电弧放电法。电弧加热蒸镀的特点是：可简单快速地制作无污染薄膜，并且不会引起由蒸发源辐射作用而造成基体温度的提高；电弧放电会飞溅出微米级大小的电极材料的微粒，这些红热的微粒碰撞在蒸镀膜时会伤害膜层。

5. 激光加热蒸镀

采用激光束作为热源来蒸发沉积薄膜是一种新的薄膜制备技术。激光加热蒸镀是用激光束照射膜料表面，使其加热气化蒸发，然后沉积在基体表面成膜。激光加热蒸镀的光源有 CO_2 激光、Ar 激光、钕玻璃激光、红宝石激光、钇铝石榴石（YAG）激光及准分子激光等，目前使用效果最好的是准分子激光。准分子激光蒸镀技术已经成为高温超导薄膜和高温超导电子器件制备的一项重要工艺。激光加热蒸镀的特点是：激光器安装在真空室外，简化了真空室内部的空间布置；因采用非接触式加热，不需要坩埚，避免了坩埚的污染，适宜在超高真空下制备高纯薄膜；镀膜装置灵活性大，可设置多个靶，施行顺序蒸发，一次完成多层膜的原位沉积，产生原子级清洁的界面；可蒸发金属、半导体、陶瓷等各种无机材料，有利于解决高熔点材料，如氮化物、碳化物、硼化物、硅化物等的薄膜沉积问题；可引入各种活性气体，如氢、氧等，制备氢化物（ErH_2、SiH）和氧化物薄膜；靶材用量少，靶的尺寸原则上只要比束斑大一点即可，故适于制备稀有贵重金属薄膜；光子是电中性的，不会引起靶材料带电，蒸发粒子中含有大量处于激发态和离化态的原子、分子，基本上以等离子体的形式射向衬底，蒸发粒子的能量可达 $10\sim40$eV，增强了薄膜生长过程中原子之间的结合力和原子沿表面的扩散，有利于薄膜的外延生长；易于控制，效率高；适用于多组元化合物薄膜的沉积；对相当多的材料，沉积的薄膜中含有激光蒸发过程中喷溅出来的熔融的小颗粒或靶材碎片，降低了薄膜的质量；限于目前商品激光器的输出能量，激光法用于制备大面积薄膜尚有一定困难；鉴于激光制备设备的成本，目前它只适用于微电子技术、传感器技术、光学技术等高技术领域及新材料的开发研制，暂不能在工业中广泛应用。

6. 合金蒸镀

合金中各组分在同一温度下具有不同的蒸气压，即具有不同的蒸发速率，因此在基材上沉积的合金薄膜和合金膜料相比，通常存在较大的组分偏离。为消除这种偏离，可采用多源同时蒸镀法和瞬源同时蒸镀法。多源同时蒸镀法是将各元素分别装在各自的蒸发源，然后独立控制各蒸发源的蒸发温度，设法使到达基体上的各种原子与所需镀膜组成相对应。瞬源同时蒸镀法又叫闪蒸发，是把合金做成粉末或细颗粒，放入能保持高温的加热器和坩埚之类的蒸发源中，使膜料在蒸发源上实现瞬间完全蒸发。为保证一个个颗粒蒸发完后就有下次蒸发颗粒的供给，蒸发速率不能太快。颗粒原料通常是从加料斗的孔一点一点出来，再通过滑槽落到蒸发源上。除一部分合金（如 Ni-Cr 等）外，金属间化合物如 GaAs、InSb、PbTe、AlSb 等，在高温时会发生分解，而两组分的蒸气压又相差很大，故也常用闪蒸法制薄膜。

7. 化合物蒸镀

化合物在真空加热蒸发时，一般都会发生分解。可根据分解难易程度，采用两类不同方法：对于难分解或沉积后又能重新结合成原膜料组分配比的化合物（前者如 SiO、B_2O_3、MgF_2、NaCl、AgCl 等，后者如 ZnS、PbS、CdTe、CdSe 等），可采用一般的蒸镀法。对于极易分解的化合物如 In_2O_3、MoO_3、MgO、Al_2O_3 等，必须采用恰当蒸发源材料、加热方式、气氛，并且在较低蒸发温度下进行。例如蒸镀 Al_2O_3 时得到缺氧的 Al_2O_3-X 膜，为避免这种情况，可在蒸镀时充入适当的氧气。

8. 高熔点化合物蒸镀

氧化物、碳化物、氮化物等材料的熔点通常很高，而且制取高纯度的这类化合物也很昂贵，因此常采用"反应蒸镀法"来制备此类材料的薄膜。具体做法是在膜料蒸发的同时充入相应气体，使两者反应化合沉积成膜，如 Al_2O_3、Cr_2O_3、SiO_2、Ta_2O_5、AlN、ZrN、TiN、SiC、TiC 等。如果在蒸发源和基材之间形成等离子体，则可提高反应气体分子的能量、离化率和相互间的化学反应程度，这称为"活性反应蒸镀"。

9. 离子束辅助蒸镀

蒸发原子或分子到达基材表面时能量很低（约 0.2eV），加上已沉积粒子对后来飞达的粒子造成阴影效果，使膜层含有较多孔隙的柱状颗粒状聚集体结构，结合力差，又易吸潮和吸附其他气体分子而造成性质不稳定。为改善这种状况，可用离子源进行轰击，镀膜前先用数百电子伏特的离子束轰击清洗和增强表面活性，然后蒸镀中用低能离子束轰击。离子源常用氩气。也可以进行掺杂，例如用锰离子束辅助蒸镀 ZnS，得到电致发光薄膜 ZnSiMn。也可用此法制备化合物薄膜等。

10. 激光束辅助蒸镀

例如在电子束蒸发膜料的同时，用 10～60W 的宽束 CO_2 激光辐照基板，制得性能优良的 HfO_2 和 Y_2O_3 等介质薄膜。

11. 单晶蒸镀

基材通常为一定取向的单晶材料，选择较高的基板温度和较低的沉积速率，以及控制薄膜厚度、蒸发粒子入射角、残余气体种类与压力以及电场等参数，可以制备单晶薄膜。

12. 非晶蒸镀

采用快速蒸镀，有利于非晶薄膜的形成。Si、Ge 等共价键元素和某些氧化物、碳化物、钛酸盐、铌酸盐、锡酸盐等在室温或其以上温度下可得到非晶薄膜，而纯金属等需在液氮温度附近的基板上才能形成非晶薄膜。采用金属或非金属元素，或两种在高浓度下互不相溶的金属元素共同蒸镀，比纯金属容易形成非晶薄膜。另外也可通过加入降低表面迁移率的某些气体或离子来获得非晶薄膜。非晶薄膜往往有一些独特的性能和功能，具有重要用途。

第三节 溅射镀膜

以动量传递的方法，用荷能粒子轰击材料表面，使其表面原子获得足够的能量而飞逸出来的过程称为溅射。被轰击的材料称为靶。由于离子易于在电磁场中加速或偏转，所以荷能粒子一般为离子，这种溅射称为离子溅射。用离子束轰击靶而发生的溅射，则称为离子束溅射。溅射可以用来刻蚀、成分分析（二次离子质谱）和镀膜等。

溅射镀膜是利用溅射现象来达到制取各种薄膜的目的，即在真空室中利用荷能离子轰击靶表面，使被轰击出的气态粒子在基片（工件）上沉积的技术。与真空蒸镀相比，溅射镀膜的特点是：溅射镀膜是依靠动量交换作用使固体材料的原子、分子进入气相，溅射出的粒子的动能从几个到几十个电子伏特，比真空蒸镀高 $10\sim100$ 倍，沉积在基底表面上之后，尚有足够的动能在基底表面上迁移，因而镀层质量较好，与基底结合牢固；任何材料都能溅射镀膜，材料溅射特性差别不如其蒸发特性的差别大，即使高熔点材料也易进行溅射，对于合金、化合物材料易制成与靶材组分比例相同的薄膜，因而溅射镀膜应用非常广泛；溅射镀膜中的入射离子一般利用气体放电得到，因而其工作压力在 $10^{-2}\sim10\mathrm{Pa}$ 范围，所以溅射粒子在飞行到基底前往往已与真空室内的气体分子发生过碰撞，其运动方向随机偏离原来的方向，而且溅射一般是从较大靶表面积中射出的，因而比真空蒸镀容易得到均匀厚度的膜层，对于具有沟槽、台阶等镀件，能将阴极效应造成的膜厚差别减小到可忽略的程度，但较高压力下溅射会使薄膜中含有较多的气体分子；溅射镀膜除磁控溅射外，一般沉积速率都较低，设备比真空蒸镀复杂，价格较高，但操作单纯，工艺重复性好，易实现工艺控制自动化。溅射镀膜比较适宜大规模集成电路、磁盘、光盘等高新技术产品的连续生产工艺，也适宜于大面积高质量镀膜玻璃等产品的连续生产。

一、溅射镀膜原理

1. 溅射现象

荷能离子轰击固体表面时，将发生一系列物理和化学现象，如图 7-2 所示。这些现象包括：二次电子发射、二次正离子或负离子发射、入射离子的反射、γ 光子和 X 射线的发射、加热、化学分解或反应、体扩散、晶格损伤、气体的解析与分解、被溅射离子返回轰击表面而产生散射粒子等。从表面释放出来的中性原子和分子就是溅射成膜的材料源。

在等离子体中，任何表面具有一定负电位时，就会发生上述溅射现象，只是强弱程度不同而已。所以，靶、真空室壁、基片都有可能产生溅射现象。以靶的溅射为主时，称为溅射成膜；基片的溅射现象称为溅射刻蚀；真空室和基片在高压下的溅射称为溅射清洗。要想实现某一种工艺，

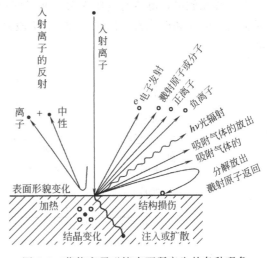

图 7-2 荷能离子碰撞表面所产生的各种现象

只需调整其相对于等离子体的电位即可。

入射一个离子所溅射出的原子个数称为溅射率或溅射产额。显然，溅射率越大，生成膜的速度就越大。一般认为，溅射率与轰击离子的种类和能量有关，与靶材原子的种类和结构有关，与溅射时靶材表面发生的分解、扩散、化合等状况有关，与溅射气体的压力有关，但是在很宽的温度范围内与靶材温度没有什么关系。

随着轰击离子质量的增加，溅射率总的趋势是增大，溅射率与轰击离子的原子序数之间呈周期性的起伏现象，而且与周期表的分组相吻合。各类轰击离子所得的溅射率的周期性起伏的峰值依次为 Ne、Ar、Kr、Xe、Hg 的原子序数处，所以，经常在这五种元素中选择一种作为在工作中使用的轰击离子源。在工程上广泛使用容易得到的 Ar 离子作为溅射的气体离子源，Hg 离子仅在少数研究工作中使用。轰击离子能量存在一个溅射能量阈值，当轰击离子能量小于此阈值时，溅射现象不会发生。对于大多数金属来说，溅射阈值为 20～40eV，当轰击离子能量达到阈值后，随着轰击离子能量增加，溅射率先迅速增大，之后增大幅度逐渐变小，达到极值后，逐渐变小。

溅射率与靶材原子序数的变化表现出与元素周期表类似的周期性，随靶材原子 d 壳层电子填满程度的增加，溅射率变大，即 Cu、Ag、Au 等最高，而 Ti、Zr、Nb、Mo、Hf、Ta、W 等最低。随着轰击离子入射角的增大，溅射率逐渐增大，当入射角达到 70°～80°之间时，溅射率最大，呈现一个峰值，此后，入射角再增大，溅射率急剧减小，以至为零。在溅射气体的压力较低时，溅射率不随压力变化，但在高压时，因溅射粒子与气体分子碰撞而返回靶表面，从而使得溅射率随压力增大而减小。在与升华能相关的某一温度范围内，溅射率几乎不随靶表面温度的变化而变化，但当温度超过这一范围时，溅射率有急剧增加的倾向。

2. 辉光放电

辉光放电是溅射过程中产生荷能离子的源。辉光放电是在 $10^{-2}～10Pa$ 真空度范围内，在两个电极之间加上直流电压产生的放电现象。图 7-3 是辉光放电的全伏安特性曲线：AB 段电压由零逐渐增加时，出现非常微弱的电流（$10^{-18}～10^{-16}A$），这是由于宇宙辐射引起的电子发射和空间电离所产生的；BC 段是自持的暗放电，电流几乎是一个常数，因为所有出现的电荷都在流动着，这就是汤森放电，其特征是有微弱的发光；CD 段为过渡区；DE 段是正常辉光放电，电流与电压无关，两极间产生明亮的辉光；EF 段是反常辉光放电，其特征是放电电压和电流密度同时增加；FG 段是弧光放电，电压下降很小的数值，电流迅速下降。

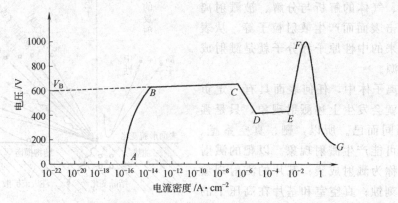

图 7-3　直流辉光放电全伏安特性曲线

人们习惯称从暗放电到自持的正常辉光放电过程为"雪崩"过程：离子轰击阴极，释放出次级电子，后者与中性气体原子碰撞，形成更多的离子，这些离子重复上述过程又回到阴极，又产生出更多的电子，并进一步形成更多的离子，如此循环，如同滚雪球的过程。当产生的电子数正好能形成足够量的离子，这些离子能再生出同样数量的电子时，放电达到自持。正常辉光放电的电流密度与阴极物质、气体种类、气体压力、阴极形状等有关，但其值总体来说较小，所以在溅射和其他辉光放电作业时均在反常辉光放电区工作。

如果施加的是交流电，并且频率增高到 50kHz 以上的射频，所发生的辉光放电称为射频辉光放电。利用射频辉光放电的溅射称为射频溅射，又叫 RF 溅射。射频辉光放电有两个重要属性：其一是辉光放电空间中电子振荡达到足够产生电离碰撞能量，故减少了放电对二次电子的依赖性，并且降低了击穿电压；其二是射频电压可以耦合穿过各种阻抗，故电极就不再限于导电体，其他材料甚至是绝缘材料都可用作电极而参与溅射。一般说来，与直流辉光放电相比，射频辉光放电可以在低一个数量级的压力下进行。

二、溅射镀膜工艺

溅射镀膜工艺的形式是多种多样的，而且随着设备或仪器的改进还会不断衍生出新的工艺方法。按溅射离子的来源分，溅射镀膜有辉光放电阴极溅射和离子束溅射两大类。辉光放电阴极溅射的工艺形式，从不同的角度来看，有不同的分类方法。从电极结构的角度分有二极溅射、三极溅射、四极溅射（等离子弧柱溅射）、磁控溅射等；从电源与放电形式分有直流溅射、射频溅射、非对称交流溅射、偏压溅射、溅射离子镀等；从气氛控制分有惰性气体溅射、反应溅射、吸附溅射、溅射清洗和高压力溅射；从成膜材料和结构特点分有纯金属溅射、合金溅射、介质溅射和化合物溅射等。图 7-4 为各种典型溅射镀膜工艺。

二极溅射是使用得最早也是最广泛的溅射工艺，其真空室中只有阴极和阳极，阴极上装着靶材，接负高压（直流二极溅射）或接电容耦合端（射频二极溅射），基片为阳极（通常接地）。其特征是构造简单，在大面积的基片上可以制取均匀的薄膜，放电电流随压力和电压的变化而变化。其工艺参数为 DC $1\sim7kV$，$0.15\sim1.5mA/cm^2$ 或 RF $0.3\sim10kW$，$1\sim10W/cm^2$，氩气压力约 $1.3Pa$。

三极或四极溅射通过热阴极和阳极形成一个与靶电压无关的等离子区，使靶相对于等离子区保持负位，并通过等离子区的离子轰击靶来进行溅射。有稳定电极的称为四极溅射；无稳定电极的称为三极溅射。稳定电极的作用就是使放电稳定。其特征是可实现低气压、低电压溅射，放电电流和轰击靶的离子能量可独立调节控制。可自动控制靶的电流，也可进行射频溅射。其工艺参数为 DC $0\sim2kV$ 或 RF $0\sim1kW$，氩气压力 $6\times10^{-2}\sim10^{-1}Pa$。

对向靶溅射是两个靶对向放置，在垂直于靶的表面方向加上磁场，以此增加溅射的电离过程，它可以对磁性材料进行高速低温溅射。其工艺参数用 DC 或 RF，氩气压力 $10^{-2}\sim10^{-1}Pa$。

射频溅射是在靶上加射频电压，电子在被阳极收集之前，能在阳极、阴极之间的空间来回振荡，有更多机会与气体分子产生碰撞电离，使射频溅射可在低气压（$10^{-1}\sim1Pa$）下进行。另一方面，当靶电极通过电容耦合加上射频电压后，靶上便形成负偏压，使溅射速率提高，不仅能沉积金属膜，而且能沉积绝缘体薄膜。其工艺参数为 RF $0.3\sim10kW$，DC $0\sim2kV$，射频频率通常为 $13.56MHz$，氩气压力约 $1.3Pa$。

偏压溅射是在基片上设置适当的负偏压，吸引部分离子在镀膜过程中也轰击基片表面，从而把沉积膜吸附的气体轰击出去，提高膜的纯度。它在镀膜中可同时清除 H_2O、H_2 等杂

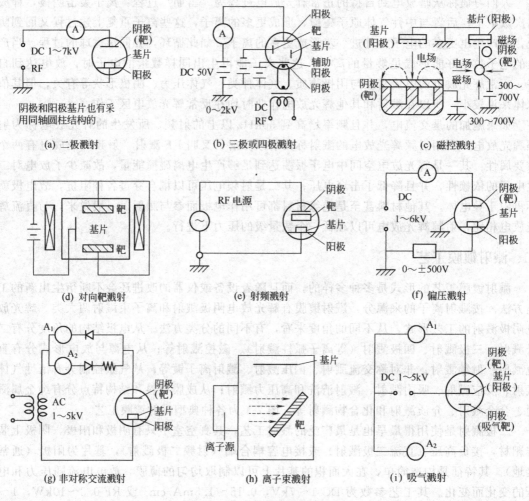

图 7-4　各种典型溅射镀膜工艺

质气体。其工艺参数为在基片上施加 $0 \sim 500V$ 范围内的相对于阳极的正或负的电位，氩气压力约 $1.3Pa$。

非对称交流溅射在装置结构上与普通二极溅射没有什么不同，只是施加电源为非对称的交流电流波形，在振幅大的半周期内对靶进行溅射，在振幅小的半周期内对基片进行较弱的离子轰击，把杂质气体轰击出去，提高膜的纯度，可获得高纯度的镀膜。其工艺参数为 AC $1 \sim 5kV$，$0.1 \sim 2mA/cm^2$，氩气压力约 $1.3Pa$。

吸气溅射是利用活性溅射粒子的吸气作用，除去杂质气体，提高膜的纯度，以获得高纯度的镀膜。其工艺参数为 DC $1 \sim 7kV$，$0.15 \sim 1.5mA/cm^2$ 或 RF $0.3 \sim 10kW$，$1 \sim 10W/cm^2$，氩气压力约 $1.3Pa$。

通常纯金属膜可采用直流溅射和射频溅射，合金膜采用直流溅射，介质膜采用射频溅射，化合物膜则采用反应溅射。反应溅射有两种形式：其一是以化合物作靶，溅射时离子轰击使靶材化合物分解，为保证组分成分，需在氩气中通入适量的反应气体；其二是靶材本身是纯金属、合金或混合物，在惰性气体和反应气体的混合气氛中，通过溅射合成为化合物的膜。其工艺参数为 DC $1 \sim 7kV$ 或 RF $0.3 \sim 10kW$，在氩气中通入量的活性气体。

离子束溅射与其他各种溅射工艺（工件都是浸没在等离子体中）不同，其离子源和工件是分开的，不在同一真空环境中，离子源空间的工作压力约为 10Pa，镀膜样品室的工作压力可以是 $10^{-4}\sim10^{-2}$Pa。它是在非离子体状态下成膜，成膜质量高，膜层结构和性能可调节和控制，但束流密度小，成膜速率低，沉积大面积薄膜有困难。其工艺参数为 DC，氩气压力约 10^{-3}Pa。

三、磁控溅射镀膜

磁控溅射是一种高溅射速率、低基片加热的溅射技术，称为高速低温溅射技术，它是工业应用实际中最有成效和最有发展前景的溅射工艺，是最重要的薄膜制备和工业生产的手段。磁控溅射是在"磁控管模式"运行下的二极溅射，它不依靠外加能源来提高放电电离效率，而是利用溅射引起的二次电子本身来实现高速低温的目标。

1. 磁控溅射原理

磁控溅射是在与二极溅射靶表面平行的方向上施加磁场，利用电场和磁场相互垂直的磁控管原理建立垂直于电场（亦即垂直于靶面）的一个环形封闭磁场，该电、磁正交场形成一个平行于靶面的电子捕集阱，来自溅射靶面的二次电子落入正交场捕集阱中，不能直接飞向阳极，而是在正交场作用下来回振荡，近似作摆线运动，并不断与气体分子发生碰撞，把能量传递给气体分子，使之电离，而其本身变为低能电子，最终沿磁力线漂移到阴极附近的阳极进而被吸收。由于磁控溅射装置的阳极在阴极的四周，基片不在阳极上，而放置在靶对面浮动电位的基片架上，这就避免了高能粒子对基片的强烈轰击，消除了二极溅射中基片被轰击加热和被电子辐射引起损伤的根源，体现了磁控溅射中基片"低温"的特点。另外，由于磁控溅射产生的二次电子来回振荡，使二次电子到达阳极的行程大大加长，电离概率大大增大，溅射速率大大提高，体现了"高速"溅射的特点。

2. 磁控溅射镀膜设备

溅射镀膜设备的真空系统与真空蒸镀相比，除增加充气装置外，其余均相似；基材的清洗、干燥、加热除气、膜厚测量与监控等也大体相同。但是主要的工作部件是不同的，即蒸发镀膜机的蒸发源被溅射源所取代。目前普遍使用的磁控溅射镀膜机主要由真空室、排气系统、磁控溅射源系统和控制系统四部分组成。其中磁控溅射源有多种结构形式，按磁场形成的方式分，有电磁型和永磁型两种。通常工业生产型设备大部分采用永磁型，它结构简单，成本低，场强分布可调整，靶的均匀区可较大，但场强较弱，场强一旦调整完毕后，在运行中无法任意调控，靶面易吸引铁磁性杂质和碎片而形成"磁性污染"。电磁型磁控溅射源的优缺点与永磁型正好相反，它只在靶材是铁磁材料时，或溅射过程中磁场要经常调整来控制镀膜质量时，或在一些特殊的研究工作中需要电磁靶时才考虑优先选用。按结构分，磁控溅射源主要有实心柱状或空心柱状磁控靶、溅射枪或 S 枪、平面磁控溅射靶四种，见图 7-5。柱状磁控靶结构简单，可有效地利用空间，可在更低的气压下溅射成膜，适用于形状复杂几何尺寸变化大的镀件。枪型靶呈圆锥形，制作困难，可直接取代蒸发镀膜机上的电子枪，用于对蒸发镀膜设备的改造，适于小型制作，科研用。平面磁控靶按靶面形状分，又有圆形和矩形两种，它制备的膜厚均匀性好，对大面积的平板可连续溅射镀膜，适合于大面积和大规模的工业化生产。

3. 磁控溅射镀膜工艺

一般间歇式的磁控溅射工序为：镀前表面处理→真空室的准备→抽真空→磁控溅射→镀后处理。镀前表面处理与蒸发镀膜相同。真空室的准备包括清洁处理，检查或更换靶（不能

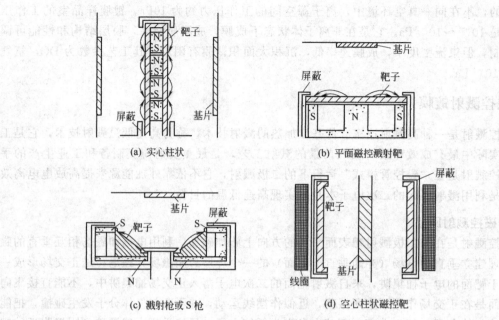

(a) 实心柱状　　　　　　　　　(b) 平面磁控溅射靶

(c) 溅射枪或 S 枪　　　　　　　(d) 空心柱状磁控靶

图 7-5　磁控溅射源

有渗水、漏水，不能与屏蔽罩短路），装工件等。磁控溅射工艺参数为 $0.2\sim1kV$（高速低温），$3\sim30W/cm^2$，氩气压力 $10^{-2}\sim10^{-1}Pa$。

第四节　离子镀膜

离子镀膜技术简称离子镀，是在真空蒸发和溅射技术基础上发展起来的一种新的镀膜技术。离子镀是在真空条件下，利用气体放电使气体或被蒸发物质部分电离，在气体离子或被蒸发物质离子轰击作用的同时把蒸发物质或其反应产物沉积在基片上。它把真空蒸发技术与气体的辉光放电、等离子体技术结合在一起，使镀料原子沉积与带能离子轰击改性同时进行，不但兼有真空蒸发镀的沉积速度快和溅射镀的离子轰击清洁表面的特点，而且具有镀制膜层的附着力强、绕射性好、可镀材料广泛等优点，因此获得了迅速的发展。从原理上看，许多溅射镀可归为离子镀，亦称溅射离子镀，而一般所说的离子镀常指采用蒸发源的离子镀。两者镀层质量相当，但溅射离子镀的基片温度显著低于采用蒸发源的离子镀。

一、离子镀膜原理

图 7-6 为典型的直流二极型离子镀原理图。镀前将真空室抽至 $10^{-4}\sim10^{-3}Pa$ 的高真空，随后通入惰性气体（如氩），使真空度达到 $10^{-1}\sim1Pa$。接通高压电源，则在蒸发源（阳极）和基片（阴极）之间建立起一个低压气体放电的低温等离子体区。放电产生的高能惰性气体离子轰击基片表面，可有效地清除基片表面的气体和污物。与此同时，镀料气化蒸发后，蒸发粒子进入等离子体区，与等离子体区中的正离子和被激活的惰性气体原子以及电子发生碰撞，其中一部分蒸发粒子被电离成正离子。正离子在负高压电场加速作用下，沉积到基片表面成膜。由此可见，离子镀膜层的成核与生长所需的能量，不是靠加热方式获得，

而是由离子加速的方式来激励的。在离子镀的全过程中，被电离的气体离子和镀料离子一起以较高的能量轰击基片或镀层表面。因此，离子镀是指镀料原子沉积与带能离子轰击同时进行的物理气相沉积技术。离子轰击的目的是改善膜层与基片之间的结合强度，并改善膜层性能。显然，只有当沉积作用超过溅射剥离作用时，才能发生薄膜的沉积过程。

二、离子镀膜工艺

离子镀膜是由离子镀设备在真空和气体放电的条件下完成的，其基本过程包括镀料气化蒸发、离化、离子加速、离子轰击工件表面、离子或原子之间的反应、离子的中和、成膜等。一般说来，离子镀设备是由真空室、蒸发源（或气源、溅射源等）、高压电源、离化装置和安置工件的阴极等部分组成。

根据膜材不同的气化方式和离化方式，可构成不同的离子镀膜类型。膜材气化方式主要有电阻加热、电子束加热、等离子电子束加热、高频感应加热、阴极弧光放电加

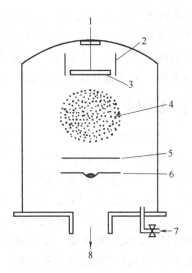

图 7-6　离子镀原理图

1—接负高压；2—接地屏蔽；
3—基片；4—等离子体；
5—挡板；6—蒸发源；
7—氩气阀；8—真空系统

热等。气体分子或原子的离化和激活方式主要有辉光放电型、电子束型、热电子型、等离子电子束型和高真空电弧放电型，以及各种形式的离子源等。不同的蒸发源与不同的电离或激发方式又可以有多种不同的组合。目前国内外常用的离子镀类型主要有直流二极型离子镀、三极型离子镀、射频离子镀、磁控溅射离子镀、反应离子镀、空心阴极放电离子镀和多弧离子镀。

直流二极型离子镀的结构原理如图 7-6 所示。它是利用基片和蒸发源两电极之间的辉光放电产生离子，并由基片上施加的 $1\sim5kV$ 负偏压对离子加速沉积成膜，工作气压在 1.33Pa 左右。由于二极型离子镀设备简单，用普通真空镀膜机就可以改装，镀膜工艺也易实现，故目前仍具有一定的使用价值。

三极型离子镀也属于直流放电型，它在蒸发源和基片之间分别设置灯丝和阳极，以改进二极型离子镀在低气压下难以激发和维持辉光放电的缺点。与二极型离子镀相比，它的主要特点是：依靠热阴极灯丝电流和阳极电压的变化，可独立控制放电条件，从而可有效地控制膜层的晶体结构和颜色、硬度等性能；主阴极（基片）所加的维持辉光放电的电压较低，减小了高能离子对基片的轰击作用，使基片温升得到控制；工作气压可在 0.133Pa，低于二极型离子镀，镀层富光泽而致密。

射频离子镀（RFIP）是在蒸发源和基片之间设置高频感应线圈。感应圈一般为 7 圈，用直径为 3mm 的铜丝绕制而成，高度为 7cm。基片与蒸发源的距离为 20cm。射频频率为 13.56MHz 或 18MHz，功率多为 $0.5\sim2kW$。基片接 $0\sim2kV$ 负偏压。射频离子镀的主要特点是：通过调节蒸发源功率、线圈的激励功率和基片负偏压，对蒸发、离化和加速三个过程可分别独立控制；放电状态稳定，在 $10^{-3}\sim10^{-1}Pa$ 的较高真空度下也能稳定放电，而且离化率较高，可达 10% 左右，镀层质量好，基片温升低且较易控制，还容易进行反应离子镀；工作真空度较高，镀膜的绕射性差；射频对人体有害，应进行屏蔽和防护。

磁控溅射离子镀（MSIP）是把磁控溅射和离子镀结合起来，在一个装置中实现氩离子

对磁控靶（由膜材制成）的大面积稳定溅射，与此同时，在基片负偏压的作用下，高能的靶材元素在基片（工件）上发生轰击、溅射、注入及沉积过程。磁控溅射离子镀可以在膜基界面形成明显的界面混合层，因此镀层的附着性能良好；能使膜材与基片形成金属间化合物和固溶体，实现材料表面合金化；能消除柱状晶，代之而形成均匀的颗粒状晶体。

三、反应离子镀

在离子镀过程中，若在真空室中导入能和金属蒸气起反应的气体，如 O_2、N_2、C_2H_2、CH_4 等代替 Ar，或将其掺入 Ar 气中，并用直流或射频等各种放电方式使金属蒸气和反应气体的分子、原子激活离化，促进其间的化学反应，在工件表面就可获得所需的碳化物（TiC、ZrC、NbC、Ta_2C、VC、W_2C、HfC 等）、氮化物（TiN、HfN、CrN、MoN、ZrN、TaN、NbN 等）和氧化物（TiO_2、SiO_2、Al_2O_3、ZnO、SnO_2、Cr_2O_3、ZrO_2、InO_2 等）镀层，这种方法称为反应离子镀。反应离子镀和化学气相沉积法都可用来合成化合物涂层。但反应离子镀不需含金属的化合物气体，而且工件加热温度低（550℃以下），不会出现工件变形和晶粒长大等一系列问题，并具有沉积速度快、镀层致密和附着性好等优点。反应离子镀的主要特点是：工艺温度低，可制备多种化合物镀层，沉积速率高。

1. 反应离子镀原理

图 7-7 所示为一种反应离子镀装置。它采用电子束蒸发源，在蒸发源坩埚上方设有 30mm×50mm×3mm 钼片制成的探极，探极的低端距坩埚中镀料熔池约 30mm，并加有 20～100V 的正偏压。反应气体从蒸发源和探极之间送入。由于电子束中的高能电子携带几千至上万电子伏特的能量，它不仅熔化镀料，而且能在镀料表面激发出二次电子。这些二次电子受到探极电场的吸引并被加速。蒸发源上方的镀料蒸气以及反应气体受到电子束中高能电子、被加速的二次电子和被探极拦截的一部分一次电子的非弹性碰撞而电离。其中二次电子的能量较低，对激发电离起着关键作用。当电子束功率达到某一最小值，在坩埚到基片的空间中，特别是在探极周围产生弧型辉光放电。此时，探极电流最大可达 100A。探极电流对电子束功率很敏感。所以，镀源材料的蒸发速率可由监测探极电流和调节电子束功率来控制。被激发、电离的镀料原子和反应气体的化学活性很高，它们在探极周围到基片的空间里进行化学反应形成化合物，并沉积在工件表面上。

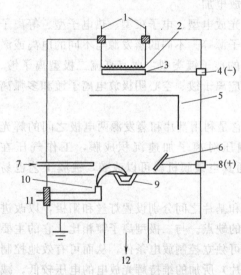

图 7-7 反应离子镀原理图

1—交流电源；2—基片加热器；3—基片；
4—基片偏压电源；5—挡板；6—探极；
7—气体导入口；8—探极电源；9—水冷铜
坩埚；10—电子枪；11—电子束电源；
12—抽气系统

2. 反应离子镀工艺

如图 7-8 所示为各种反应离子镀工艺。反应离子镀、射频反应离子镀和反应磁控溅射离子镀都在基片上加负偏压，靠离子轰击来提高膜层附着性，但由于轰击也提高了工件温度，所以准确控温很困难。活性反应蒸镀（ARE）与反应离子镀（RIP）类似，在 ARE 中，基

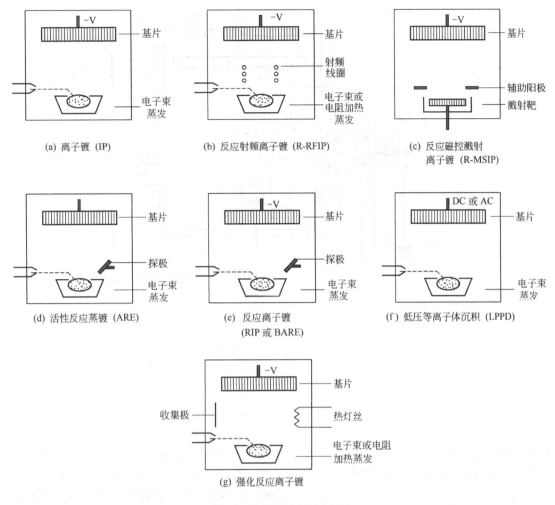

图 7-8　各种反应离子镀工艺

片可以接地，也可以悬浮设置，而 RIP 中的基片一般都加负偏压，有时也被称为 BARE。基片不加负偏压可以克服因离子轰击而难以控制工件温度的缺点，而且工件通过附加装置加热，也可以提高膜层的附着性。强化反应离子镀就是在反应离子镀装置中装上一个电子发射极，由它发射出的电子在探极（收集极）吸引的过程中，与被蒸发的镀料以及反应气体分子发生碰撞而增强离化。低压等离子体沉积（LPPD）是反应离子镀的一种改进方法，它不用探极，而是将直流或交流电压（数十伏）直接加到基片上，使装置简化，基片附加交流电压有助于离子轰击来改善镀层的附着性。

四、空心阴极放电离子镀

空心阴极放电（HCD）离子镀又称空心阴极蒸镀，是在空心热阴极技术和离子镀技术的基础上发展起来的，它是一种利用空心热阴极放电产生等离子电子束的离子镀工艺。如图 7-9 所示为 HCD 离子镀装置的示意图，它由水平放置的 HCD 枪、水冷铜坩埚、基片和真空系统所组成。

HCD 产生大电流低电压的等离子电子束，其结构如图 7-10 所示。图中空心阴极是一直径 3～15mm、壁厚 0.5～3mm、长度 60～80mm 的钽管。钽管收成小口，使氩气经过钽管

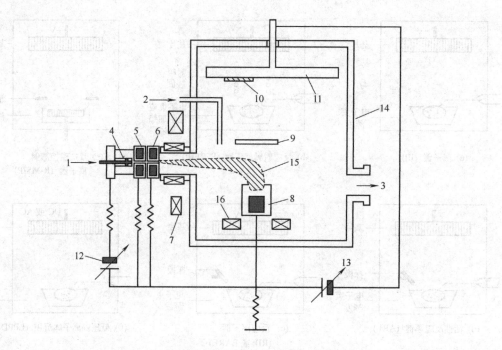

图 7-9　HCD 离子镀装置

1—氩气入口；2—反应气体入口；3—真空系统；4—阴极系统；
5—第一辅助阳极；6—第二辅助阳极；7—大磁场线圈；8—水冷
铜坩埚；9—挡板；10—基片；11—基片架；12—放电电源；
13—偏压电源；14—真空室；15—等离子体流；16—永磁铁

和辅助阳极流进真空室，能维持管内的压力在几百帕，而真空室的压力在 1.33Pa 左右。工作时，在阴极钽管和辅助阳极之间加上数百伏直流电压，产生反常辉光放电。中性低压氩气在钽管内不断电离，氩离子又不断地轰击钽管表面，使钽管温度逐步升高。当钽管温度上升到 2300～2400K 时，钽管表面发射出大量的热电子，辉光放电转变成弧光放电，电压降至 30～60V，电流上升至一定值可维持弧光放电。图中 HCD 枪装有 LaB₆ 制成的主阴极盘，它由钽管加热，在远低于钽的熔点温度就具有很高的电子发射能力，从而可以保护钽管免受过热损伤，并使放电电流最高达 250A 左右。

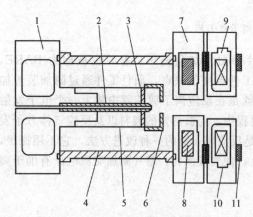

图 7-10　HCD 结构

1—阴极支座；2—阴极 Ta 管；3—LaB₆ 阴极
盘；4—玻璃管；5—Mo 管；6—W 帽；
7—第一辅助阳极；8—环形永磁铁；9—第二
辅助阳极；10—磁场线圈；11—陶瓷杯

HCD 枪的另一种引燃方式是在钽管处设置高频电场，激发钽管中的氩气电离。氩离子轰击钽管，使钽管升温至电子发射温度，从而产生等离子电子束。

由弧光放电产生的等离子电子束经偏转聚焦飞向作为阳极的水冷坩埚中的镀料，使其迅速蒸发，这些蒸发物质又在等离子体中被大量离化，在负偏压的作用下以较大的能量沉积在基片表面而形成牢固的膜层。

HCD 离子镀的主要特点是：HCD 枪既是镀料气化的热源，又是蒸发粒子的离化源，离化方式是利用低压电流的电子束碰撞；用 0 到数百伏的加速电压，离化和离子加速独立操作；能良好地进行反应性离子镀；基片温升小，镀膜时还要对基片加热；离化效率高，电子束斑较大，各种膜都能镀。

五、多弧离子镀

多弧离子镀是把真空弧光放电用于蒸发源的镀膜技术，它采用多个阴极电弧等离子沉积源同时联立工作，它不是空心阴极放电的那种热电子电弧，而是一种非热电子电弧，它的电弧形式是在冷阴极表面上形成阴极电弧斑点。图 7-11 是多弧离子镀装置示意图。图中，阴极是镀料制成的靶材，真空室接地作阳极，进行弧光放电。电弧的引燃通过点火器，即用一辅助的针

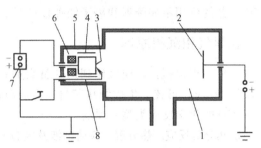

图 7-11　多弧离子镀示意图
1—真空室；2—基片；3—阴极；4—阴极屏蔽；
5—阳极；6—磁场；7—电弧电源；8—点火器

状阳极，使其与阴极瞬时接触而触发，在阴极和阳极之间形成自持弧光放电。弧光放电在阴极表面产生一个或多个明亮的阴极弧斑。弧斑是一团高温、高压、高密度且在阴极表面快速运动的等离子体，使阴极材料直接从固态气化并电离，喷发出电子、离子、熔融的阴极材料微粒和原子。其中的电子流被阳极吸收以维持稳定放电，离子流则在基片相对阴极 200～400V 的负偏压作用下，在基片上沉积成金属、合金或化合物薄膜。

电弧弧斑经过之后，在靶材表面留下微细的孔洞。弧斑的移动使靶材均匀消耗。尽管弧斑的温度很高，但由于弧斑的运动和采用水冷，所以整个阴极温度只有 50～200℃，可以认为是冷阴极弧光放电。

多弧离子镀的主要特点是：从阴极直接产生等离子体，不用熔池，弧源可任意方位、多源布置；设备结构较简单，不需工作气体，也不要辅助的离子化手段，弧源既是阴极材料的蒸发源，又是离子源，而在进行反应性沉积时仅有反应气体存在，气氛的控制仅是简单的全压力控制；离化率高，沉积速率高；入射离子能量高，沉积膜的质量和附着性能好；采用低电压电源工作，较为安全。

第五节　化学气相沉积

化学气相沉积（CVD）是一种制备材料的气相生长方法，它是把一种或几种含有构成薄膜元素的化合物、单质气体通入放置有基材的反应室，借助空间气相化学反应在基材表面上沉积固态薄膜的工艺技术。它是一种非常灵活、应用极为广泛的工艺，可以用来制备几乎所有的金属和非金属，及其化合物的涂层、粉末、纤维和成型元器件。与物理气相沉积（PVD）比较，CVD 方法的主要特点是：覆盖性更好，可在深孔、阶梯、洼面或其他复杂的三维形体上沉积；可在很宽广的范围控制所制备薄膜的化学计量比，可制备各种各样高纯的、具有所希望性能的晶态和非晶态金属、半导体及化合物薄膜和涂层；成本低，既适合于批量生产，也适合于连续生产，与其他加工过程有很好的相容性。CVD 技术除广泛用于微

电子和光电子技术中薄膜和器件的制作外，还用来沉积各种各样的冶金涂层和防护涂层，广泛应用于各种工具、模具、装饰，以及抗腐蚀、抗高温氧化、热腐蚀和冲蚀等场合。其主要缺点是需要在较高温度下反应，基材温度高，沉积速率较低（一般每小时只有几微米到几百微米），基材难于局部沉积，参加沉积反应的气源和反应后的余气都有一定的毒性等。因此，CVD 工艺的应用不如溅射和离子镀那样广泛。

一、化学气相沉积原理

CVD 过程包括：反应气体到达基材表面；反应气体分子被基材表面吸附；在基材表面产生化学反应，形核；生成物从基材表面脱离；生成物从基材表面扩散。

CVD 的化学反应类型主要有：

① 热分解反应。热分解反应通常涉及气态氢化物、羰基化合物以及金属有机化合物等在炽热基材上的热分解沉积。如 $SiH_4(g) \longrightarrow Si(s) + 2H_2(g)(650℃)$；$Ni(CO)_4(g) \longrightarrow Ni(s) + 4CO(g)$ $(180℃)$。后一反应是所谓 Mond 工艺的基础，这一工艺百余年来一直用于镍的冶炼。

② 还原反应。还原反应通常是用氢气作为还原剂还原气态的卤化物、羰基卤化物、含氧卤化物或其他含氧化合物。如 $SiCl_4(g) + 2H_2(g) \longrightarrow Si(s) + 4HCl(g)(1200℃)$。

也可采用单质金属作为还原反应的还原剂。如 $BeCl_2 + Zn \longrightarrow Be + ZnCl_2$。

还可用基材作为还原反应的还原剂。如金属卤化物被硅基片还原 $2WF_6 + 3Si \longrightarrow 2W + 3SiF_4$。

③ 化学输送。在高温区被置换的物质构成卤化物或者与卤素反应生成低价卤化物，它们被输送到低温区，由非平衡反应在基材上形成薄膜。如在高温区 $Si(s) + I_2(g) \longrightarrow SiI_2(g)$，在低温区 $2SiI_2(g) \longrightarrow Si(s) + SiI_4(g)$，总反应为 $Si + 2I_2 \Longleftrightarrow SiI_4$。

④ 氧化。主要用于在基材上制备氧化物薄膜。如 $SiH_4(g) + O_2(g) \longrightarrow SiO_2(s) + 2H_2(g)(450℃)$；$4PH_3(g) + 5O_2(g) \longrightarrow 2P_2O_5(s) + 6H_2(g)(450℃)$。

⑤ 加水分解。某些金属卤化物在常温下能与水完全发生反应，故将其和 H_2O 的混合气体输至基材上来制膜。如 $2AlCl_3 + 3H_2O \longrightarrow Al_2O_3 + 6HCl$，其中 H_2O 是由 $CO_2 + H_2 \longrightarrow H_2O + CO$ 反应得到的。

⑥ 与氨反应。如 $3SiH_2Cl_2 + 4NH_3 \longrightarrow Si_3N_4 + 6HCl + 6H_2$；$3SiH_4 + 4NH_3 \longrightarrow Si_3N_4 + 12H_2$。

⑦ 合成反应。几种气体物质在沉积区内反应于工件表面，形成所需物质的薄膜。如 $SiCl_4$ 和 CCl_4 在 $1200 \sim 1500℃$ 下生成 SiC 膜。

⑧ 等离子体激发反应。用等离子体放电使反应气体活化，可在较低温度下成膜。

⑨ 光激发反应。如在 SiH_4-O_2 反应体系中使用水银蒸气为感光性物质，用 253.7nm 紫外线照射，并被水银蒸气吸收，在这一激发反应中可在 100℃ 左右制备硅氧化物。

⑩ 激光激发反应。如有机金属化合物在激光激发下，$W(CO)_6 \longrightarrow W + 6CO$。

CVD 的源物质可以是气态、液态和固态。

二、化学气相沉积工艺

CVD 技术有多种分类方法，按激发方式分有热 CVD、等离子体 CVD、光激发 CVD、激光（诱导）CVD 等。按反应室压力分有常压 CVD、低压 CVD 等。按反应温度的相对高低分有高温 CVD、中温 CVD、低温 CVD 等。按源物质归类分有金属有机化合物 CVD、氯化物 CVD、氢化物 CVD 等。有人把常压 CVD 称为常规 CVD，而把低压 CVD、等离子体

CVD、激光 CVD 等列为"非常规"CVD。

CVD 装置一般由反应室、气体输送和控制系统、蒸发器、排气处理系统等构成。在反应室中，应设置夹持或安装基材的试样台，并采用合适的方式加热基材，使其保持一定的温度。基材加热方式主要有电阻加热、高频感应加热、红外线加热和激光束加热等，可根据 CVD 装置的结构和薄膜类型选择合适的加热方式。由于无论采用哪种加热方式均是气相反应，因此应对基材进行局部加热，以保证反应能在基材表面上有效地发生。除特殊情况外，不应使环境气体温度高于基材温度，这样做可抑制在气相的直接成核。

1．热化学气相沉积（TCVD）

TCVD 是利用高温激活化学反应气相生长的方法。按其化学反应形式分又有化学输运法、热解法和合成反应法三类。化学输运法虽能制备薄膜，但一般用于块状晶体生长；热分解法通常用于沉积薄膜；合成反应法则两种情况都用。TCVD 应用于半导体和其他材料，广泛应用的 CVD 技术如金属有机化学气相沉积、氢化物化学气相沉积等都属于这个范围。

2．低压化学气相沉积（LPCVD）

LPCVD 的压力范围一般在 $1 \sim (4 \times 10^4)$ Pa 之间。由于低压下分子平均自由程增加，因而加快了气态分子的输运过程，反应物质在工件表面的扩散系数增大，使薄膜均匀性得到改善。对于表面扩散动力学控制的外延生长，可增大外延层的均匀性，这在大面积大规模外延生长中（如大规模硅器件工艺中的介质膜外延生长）是必要的。但是对于由质量输送控制的外延生长，上述效果并不明显。低压外延生长，对设备要求较高，必须有精确的压力控制系统，增加了设备成本。低压外延有时是必须采用的手段，如当化学反应对压力敏感时，常压下不易进行的反应，在低压下变得容易进行。低压外延有时会影响分凝系统。

3．等离子体化学气相沉积（PCVD）

在常规的化学气相沉积中，促使其化学反应的能量来源是热能，因此沉积温度一般较高，对于许多应用来说是不适宜的。而 PCVD 是在反应室内设置高压电场，除热能外，还借助外部所加电场的作用引起放电，使原料气体成为等离子体状态，变为化学上非常活泼的激发分子、原子、离子和原子团等，促进化学反应，在基材表面形成薄膜。PCVD 由于等离子体参与化学反应，因此可以显著降低基材温度，具有不易损伤基材等特点，并有利于化学反应的进行，使通常从热力学上进行比较缓慢或不能进行的反应能够得以进行，从而能开发出各种组成比的新材料。PCVD 实际上是化学过程和物理过程的结合，从某种意义上讲是沟通 CVD 和 PVD 的桥梁。PCVD 是目前最受关注的 CVD 方法之一。

PCVD 按加给反应室电力的方法分主要有直流法、射频法和微波法等。利用直流电等离子体的激活化学反应进行气相沉积的技术称为直流等离子体化学气相沉积（DCPCVD）。它在阴极侧成膜，此膜受到阳极附近空间电荷所产生的强磁场的严重影响。用氩稀释反应气体时薄膜中会进入氩。为避免这种情况，将电位等于阴极侧基材电位的帘栅放置于阴极前面，这样可以得到优质薄膜。

利用射频等离子体激活化学反应进行气相沉积的技术称为射频等离子体化学气相沉积（RFPCVD）。RFPCVD 供应射频功率的耦合方式大致分为电感耦合方式和电容耦合方式。当采用管式反应腔时，电极置于石英管的外面，在放电中，电极不发生腐蚀，无杂质污染，需要调整基材位置和外部电极位置，它结构简单，成本低，但不适合于大面积基片的均匀沉积和工业化高效率生产。因此，应用更普遍的是把电极装入反应室内部的平行板式电容耦合方式，它在电稳定性和电功率效率上均显示优异性能。为提高薄膜的性能，还可在基材与离子体之间施加偏压或外部磁场。射频法可用来沉积绝缘薄膜。

用微波等离子体激活化学反应进行气相沉积的技术称为微波等离子体化学气相沉积（MPCVD）。由于微波等离子体技术的发展，获得各种气体压力下的微波等离子体已不成问题。微波等离子体中不仅含有比射频等离子体更高密度的电子和离子，还含有各种活性基团，可以实现沉积、聚合和刻蚀等各种功能。现在已有多种 MPCVD 装置。例如用一个低压 CVD 反应管，其上交叉安置共振腔及与之匹配的微波发射器，以 2.45GHz 的微波通过矩形波导入，使 CVD 反应管中被共振腔包围的气体形成等离子体，并能达到很高的电离度和离解度，再经轴对称约束磁场打到基材上。微波发射功率通常在几百瓦至 1000W 以上，这可根据托盘温度和生长过程满足质量输运限速步骤等条件决定。这项技术具有下列优点：可进一步降低基材温度，减少因高温生长造成的位错缺陷、组分和杂质的互扩散；避免了电极污染；薄膜受等离子体的破坏小；更适合于低熔点和高温下不稳定化合物薄膜的制备；由于其频率很高，所以对系统内气体压力的控制可以大大放宽；也由于其频率很高，在合成金刚石时更容易获得晶态金刚石。

图 7-12 是 MPCVD 装置的结构示意图。该装置包括磁控管微波源、环形器与水负载、定向耦合器与微波功率计、三螺钉阻抗调配器、天线耦合式微波模式转换器、带有石英微波窗和观察窗的水冷却不锈钢反应室以及多路质量流量控制器、机械真空泵、红外测温仪、热耦真空计和 U 形水银压力计等。其中微波模式转换器是关键部件，把矩形波导的 TE01 微波模式转变为同轴线的 TEM 模式，再由 TEM 模式转换为圆波导的 TM10 模式。

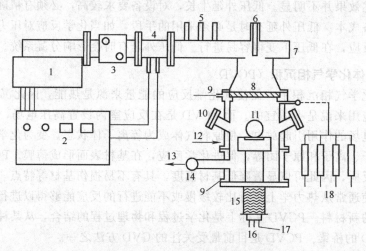

图 7-12　MPCVD 装置的结构示意图

1—微波管；2—微波电源；3—水冷却环形器及水负载；4—定向微波计；
5—三螺钉阻抗调配器；6—耦合天线；7—微波模式转换器；8—石英
真空窗；9—冷却水；10—观测窗口；11—椭球状等离子体；12—不锈钢
反应腔；13—接真空泵；14—气压控制；15—线性定位；16—基片操纵
基片热源；17—直流偏置电源；18—气体流量控制系统

该装置具有全方位离子注入（PSII）、全方位离子注入增强沉积（PSII-IBED）、物理气相沉积（PVD）、等离子体增强物理气相沉积（PEPVD）、等离子体增强化学气相沉积（PECVD）与自动等离子体源离子渗氮（AUTO-PSIN）等功能，各功能的实现均由计算机监控，应用于各种刀具、模具经 PSII 或 PSII-IBED 改性，各种薄膜（包括功能膜）的研制，印刷机易损部件表面改性，高分子材料改性，催化剂改性等。PCVD 另两个重要应用是制备聚合物膜以及金刚石、立方氮化硼等薄膜，展现了良好的发展前景。

除了上述的直流法、射频法、微波法三类以外，还有同时加电场和磁场的方法，是在磁场使用下增加电子寿命，有效维持放电，有时需要在特别低压条件下进行放电。

4. 激光（诱导）化学气相沉积（LCVD）

TCVD 和 PCVD 是目前应用最广泛的 CVD 方法，它们使用热或等离子体的能量来激活所需的 CVD 化学反应。而 LCVD 是使用激光的能量激活 CVD 化学反应，即在化学沉积过程中利用激光束的光子能量激发和促进化学反应实现薄膜的沉积。LCVD 所用的设备是在常规的 CVD 设备的基础上添加激光器、光路系统和激光功率测量装置。与常规 CVD 相比，LCVD 可以大大降低基材的温度，防止基材中杂质分布受到破坏，可在不能承受高温的基材上合成薄膜。例如用 TCVD 制备 SiO_2、Si_3N_4、AlN 薄膜时基材需加热到 $800\sim1200℃$，而用 LCVD 只需 $380\sim450℃$。与 PCVD 相比，LCVD 可以避免高能粒子辐照在薄膜中造成的损伤。由于给定的分子只吸收特定波长的光子，因此，光子能量的选择决定了什么样的化学键被打断，这样使薄膜的纯度和结构就能得到较好的控制。

5. 金属有机化合物化学气相沉积（MOCVD）

MOCVD 是 CVD 的一个特殊领域，是使用金属有机化合物和氢化物（或其他反应气体）作为原料气体的一种热解 CVD 方法。它利用金属有机化合物热分解反应进行气相外延生长，即把含有外延材料组分的金属有机化合物通过前驱气体输运到反应室，在一定温度下进行外延生长。除独特的金属有机化合物前驱气体外，就 CVD 反应热力学和动力学原理来讲，MOCVD 和普通热 CVD 并没有什么不同。金属化合物是一类含有碳-金属键的物质。目前，采用 MOCVD 可以沉积各种各样的材料，包括单晶外延膜、多晶膜和非晶态膜，但最重要的应用是Ⅲ～Ⅴ族及Ⅱ～Ⅵ族半导体化合物材料（如 GaAs、InAs、InP、GaAlAs、ZnS、ZnSe、CdS、CdTe 等等）的气相外延。

与常规 CVD 相比，MOCVD 的特点主要是：沉积温度低；能沉积单晶、多晶、非晶的多层和超薄膜；可大规模、低成本制备复杂组分的薄膜和化合物半导体材料；可在不同基材表面沉积；每一种或增加一种 MOCVD 源可以增加沉积材料的一种组分或一种化合物，使用两种或更多 MOCVD 源可以沉积二元或多元、二层或多层的表面材料，工艺的通用性较广；沉积速度慢，仅适宜沉积微米级的表面层；原料的毒性较大，设备的密封性、可靠性要好，并需谨慎管理和操作。

第六节　分子束外延

外延是指在单晶基片上生长出位向相同的同类单晶体（同质外延），或者生长出具有共格或半共格联系的异类单晶体（异质外延）。外延方法主要有气相外延、液相外延和分子束外延。

气相外延就是第五节介绍的化学气相沉积在单晶表面的沉积过程。

液相外延是将溶质放入溶剂中，在一定温度下形成均匀溶液，然后将溶液缓慢冷却通过饱和点（液相线）时，有固体析出而进行结晶生长的方法。

分子束外延（MBE）是将真空蒸镀膜加以改进和提高而形成的一种成膜技术，它是在超高真空条件下，精确控制蒸发源给出的中性分子束流强，在基片上外延成膜的技术。由于 MBE 过程基本上是一种由不同沉积条件控制的超高真空蒸镀过程，所以可以蒸发的材料也能够用 MBE 方法沉积在所选择的基片上。MBE 的突出优点在于能生长极薄的单晶膜层，并且能精确地控制膜厚和组分与掺杂，适于制作微波、光电和多层结构器件，从而为制作集成光学和超大规模集成电路提供有利手段。对于许多半导体、金属和介质薄膜的外延生长，MBE 是十分通用的技术。

一、分子束外延的特点

分子束外延是一种外延生长半导体单晶薄膜的方法，其本质上是一种真空蒸镀技术。但因一般的真空蒸镀达不到半导体薄膜要求的高纯度、晶体的完整性和杂质的控制，因而限制了它在制备半导体薄膜方面的应用。分子束外延是气态蒸镀材料运动方向几乎相同的分子流即分子束进行外延生长的。分子束是由加热喷射坩埚而产生的，从喷射坩埚喷发出来的射束由射束孔和射束快门来控制，以直线路径射到基片表面，在基片上冷凝和生长。

MBE 的主要特点是：属于真空蒸镀范畴，但因它并不是以蒸发温度为监控参数，而是用系统中的四级质谱仪和原子吸收光谱等现代分析仪器，精密地监控分子束的种类和强度，从而严格地控制生长过程和生长速率，生长速率低，大约为 $1\mu m/h$，相当于每秒一个单原子层，使膜层严格按照原子层逐层生长，将原子一个一个地在基体上进行沉积，故又是一种全新的晶体生长方法；薄膜晶体生长过程是在非热平衡条件下完成的、受基片的动力学制约的外延生长；是在超高真空下进行的干式工艺，既不需要考虑中间化学反应，也不受质量传输的影响，并且利用开闭挡板（快门）来实现对生长和中断的瞬时控制，膜的组分和掺杂浓度可随着源的变化而迅速调整，并同时控制几个蒸发源和基片的温度，杂质混入少，可保持表面清洁，外延膜质量好，面积大而均匀；低温生长，在获得单晶薄膜的技术中，其基片温度最低，把诸如扩散这类不希望出现的热激活过程减少到最低，同时降低了界面上热膨胀引入的晶格失配效应和基片杂质对外延层的自掺杂扩散影响；生长时间长，表面缺陷密度大，设备价格昂贵，分析仪器易受蒸气分子的污染。

二、分子束外延工艺

MBE 设备由真空系统、蒸发源、监控系统和分析测试系统构成。蒸发源由几个克努曾槽型分子束盒构成。后者由坩埚、加热器、热屏蔽、遮板构成。分子束盒用水冷却，周围有液氮屏蔽。分子束加热和遮板的开闭是精确控制的关键。图 7-13 是一种计算机控制的分子

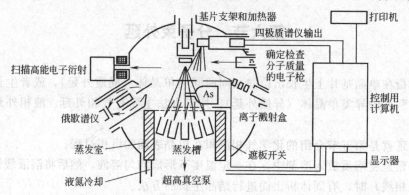

图 7-13　用计算机控制的分子束外延生长装置示意图

束外延生长装置示意图。这种早期使用的装置为单室结构。现在的 MBE 设备一般是生长室、分析室和基片交换室的三室分离型设备。

现以 GaAs 为例说明用 MBE 法制备Ⅲ～Ⅴ族半导体单晶膜的工艺：对经过化学处理的 GaAs 基片，在 10^{-8} Pa 的超高真空下用 As 分子束碰撞，经 1min 加热，基片温度达到 650℃，获得清洁的表面，生长温度可选择在 500～700℃；Ga 和 As 分子束从分子束盒射至基片上，形成外延生长；分子束强度按一定关系求得，并用设置在分子束路径上的四级质量分析仪检测，调节分子束盒的温度和遮板开闭。

三、分子束外延技术的发展

分子束外延自 20 世纪 60 年代末在真空蒸镀的基础上产生以来，发展十分迅速。其中之一是引入气态的分子束源，构成所谓化学束外延（CBE）。用砷烷（AsH_3）和磷烷（PH_3）生长 InGaAsP 等四元材料，或将金属有机化合物引入分子束源形成所谓金属有机化合物分子束外延（MOMBE）。这两项新技术是把 MBE 和目前发展很快的金属有机化合物气相沉积（MOCVD）技术相结合，进一步改进了 MBE 的生长和控制能力。

把分子束外延和脉冲激光结合起来，发展成所谓激光分子束外延（L-MBE）技术。它是用激光照射靶来代替分子（原子）束源，更容易实现对蒸发过程精确的控制，显示了比常规分子束外延更加广阔的应用前景。

分子束外延可能的应用领域有：在高温超导薄膜和器件的研究和应用方面将发挥重要作用，由于 L-MBE 能够人工控制原子层的有秩序堆积，可以外延生长出含有几个原子层组成绝缘层（I）的 YBCO/I/YBCO 夹心结构，具备研制三层夹心型超导隧道结的条件；外延生长含有低熔点、易挥发的多元化合物半导体薄膜，在精确调整化合物成分比以便调节隙宽度方面具有优势；人工合成具有特殊层状晶体结构的新型材料，探索新型高温超导体或具有特殊性质的新材料；激光分子束外延在研究和发展多元金属间化合物、亚稳态材料方面也可能有应用的前景。

复习思考题

1. 何为功能薄膜？何为结构薄膜？
2. 简述真空蒸镀、溅射镀膜和离子镀膜的原理。
3. 对比真空蒸镀、溅射镀膜和离子镀膜的应用场合。
4. 简述化学气相沉积工艺过程及其应用场合。
5. 分子束外延技术的特点有哪些？

第八章

复合表面处理技术和高分子表面金属化技术

　　随着工件使用的高负荷化、应力复杂化，人们对其质量与可靠性的要求日益提高，传统的单一表面处理方法逐渐显露出一些不足，已无法满足实际需求，为此，复合表面工程技术应运而生。复合表面工程技术又称为第二代表面工程技术，其特点在于采用两种或两种以上的表面技术以获得任何单一技术不能达到的、具有良好综合性能的复合表面层。这种组合起来的处理工艺称为复合表面处理技术。复合表面处理技术在德国、法国、美国和日本等国已获得广泛应用，并取得了良好效果。各国正在加大投资力度，研究发展新型特殊的复合表面处理技术。按照两种不同技术间的相互作用及其对复合表面层综合性能的贡献，可将复合表面处理技术分为两类：第一类指两种不同工艺技术互相补充，其最终性能是两种工艺共同作用的结果；第二类指一种工艺补充和增强另一种工艺，前者作为预处理或前处理，最终性能则主要取决于后一种工艺。从技术上说，两种或多种表面技术的结合是没有限制的，但实际上复合表面处理技术不是每种表面技术的简单混合。由于复合处理的结果组成了一个典型的多层复合体系，复合体系的最终性能主要取决于两种不同处理技术的综合效应，其中两种处理间的协同效应对改善复合体系的性能有利。因此，选择复合表面处理技术时，必须仔细考虑不同处理工艺在冶金学、力学、物理和化学等方面的相互作用，严防第二种处理损伤第一种处理原本具有的良好特性。正因为如此，目前仅有为数不多的复合处理技术显示出优异的性能和潜在的应用前景。而复合表面工程技术本身仍处在初级阶段甚至工艺选配阶段，在许多方面还缺乏指导性的理论和规范。

　　高分子表面金属化是利用物理或化学手段使高分子表面性质发生变化，呈现出金属的某些性能，如导电性、磁性、有光泽性等，其主要作用是赋予高分子材料以适应环境要求的特有性能，如电磁、光学、光电子学、热学和美学等与表层相关的功能特性。

第一节　复合表面处理新技术

一、复合表面扩渗

　　将两种表面扩渗方法复合起来，比单一的表面扩渗具有更多的优越性，因而发展了许多表面扩渗工艺，在生产实际中已获得广泛应用。

　　渗钛与离子渗氮的复合处理强化方法是先将工件进行渗钛的表面扩渗处理，然后再进行离子渗氮的表面扩渗处理。经过这两种表面扩渗复合处理后，在工件表面形成硬度极高，耐磨性很好且具有较好耐腐蚀性的金黄色 TiN 层。其性能明显高于单一的渗钛层和单一渗氮层的性能。

渗碳、渗氮、碳氮共渗对提高零件表面的强度和硬度有十分显著的效果，但这些渗层表面抗黏着能力并不十分令人满意。在渗碳、渗氮、碳氮共渗层上再进行渗硫处理，可以降低摩擦系数，提高抗黏着磨损的能力，提高耐磨性。如渗碳淬火与低温电解渗硫复合处理工艺是先将工件按技术条件要求进行渗碳淬火，在其表面获得高硬度、高耐磨性和较高的疲劳性能，然后再将工件置于温度为190℃±5℃的盐浴中进行电解渗硫。渗硫后获得复合渗层。渗硫层是呈多孔鳞片状的硫化物，其中的间隙和孔洞能储存润滑油，因此具有良好的自润滑性能，有利于降低摩擦系数，改善润滑性能和抗咬合性能，减少磨损。

二、碳氮共渗与氧化抛光复合处理

碳氮共渗与氧化抛光是一种以盐浴复合处理为主的复合处理工艺，国外商标名为QPQ工艺，其典型的工艺过程如图 8-1 所示。QPQ 工艺的渗剂包括碳氮共渗用盐、复合盐和氧化盐，三种盐浴中，最关键是氮碳共渗盐浴，要求 CN^- 含量尽可能低，同时活性稳定。目前渗剂中 CN^- 含量一般均小于1％，有的更低。工件带出的盐经氧化盐浴中浸渍后分解，可基本实现无污染作业。经 QPQ 工艺处理的工件，耐蚀、耐磨性能优良，表面乌黑发亮，在适当的场合可代替镀铬，解决电镀的污染问题。目前国内外在汽车、摩托车、照相机、兵器等零部件上应用较多。

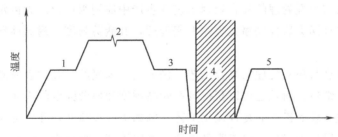

图 8-1　碳氮共渗与氧化抛光复合处理（QPQ）工艺

1—预热：(350～400)℃×(15～20)min（零件精度要求不高时可忽略）；2—碳氮共渗：
(540～580)℃×(1～2)h；3—氧化性盐浴浸渍：(350～400)℃×(15～20)min；
4—抛光；5—氧化性盐浴再次浸渍：(350～400)℃×(15～20)min

三、表面热处理与表面扩渗的复合强化处理

表面热处理与表面扩渗的复合强化处理在工业上的应用实例较多。

① 液体碳氮共渗与高频感应加热表面淬火的复合强化。液体碳氮共渗可提高工件的表面硬度、耐磨性和疲劳性能。但该项工艺有渗层浅、硬度不理想等缺点。若将液体碳氮共渗后的工件再进行高频感应加热表面淬火，则表面硬度可达 60～65HRC，硬化层深度达1.2～2.0mm，零件的疲劳强度也比单纯高频淬火的零件明显增加，其弯曲疲劳强度提高10％～15％，接触疲劳强度提高15％～20％。

② 渗碳与高频感应加热表面淬火的复合强化。一般渗碳后要经过整体淬火与回火，虽然渗层深，其硬度也能满足要求，但仍有变形大、需要重复加热等缺点。使用渗碳与高频感应加热表面淬火的复合处理方法，不仅能使表面达到高硬度，而且可减小热处理变形。

③ 氧化处理与渗氮的复合处理工艺。氧化处理与渗氮的复合称为氧氮化处理。就是在渗氮处理的氨气中加入体积分数为5％～25％的水分，处理温度为550℃，适合于高速

钢刀具。高速钢刀具经这种复合处理后，钢的最表层被多孔性的 Fe_3O_4 氧化膜覆盖，其内层形成由氮与氧富化的渗氮层。其耐磨性、抗咬合性均显著提高，改善了高速钢刀具的切削性能。

④ 激光与离子渗氮复合处理。钛的质量分数为 0.2% 的钛合金经激光处理后再离子渗氮，硬化层硬度从单纯渗氮处理的 600HV 提高到 700HV；钛的质量分数为 1% 的钛合金经激光处理后再离子渗氮，硬化层硬度从单纯渗氮处理的 645HV 提高到 790HV。

四、粘涂与电刷镀复合技术

采用粘涂技术进行修补时，存在着粘涂层的颜色与基材有一定差异、硬度一般低于基材、修复的机床导轨部位往往容易再次划伤等缺陷。采用粘涂与电刷镀复合技术可弥补这些缺陷。粘涂与电刷镀复合工艺过程为：先将一种特殊的导电修补胶涂覆于预处理好的工件表面，获得导电涂层，然后在涂层上电刷镀金属镀层。该工艺将粘涂法制备涂层速度快和电刷镀法可获得金属镀层的特点结合起来，充分发挥各自的优点，使粘涂表面成为全金属涂层，可广泛用于工件的划伤、磨损、铸造缺陷及麻点的修复。

五、热处理与表面形变强化的复合处理工艺

普通淬火回火与喷丸处理的复合处理工艺在生产中应用很广泛。如齿轮、弹簧、曲轴等重要受力件经过淬火回火后再经喷丸表面形变处理，其疲劳强度、耐磨性和使用寿命都有明显提高。

复合表面热处理与喷丸处理的复合工艺。例如离子渗氮经过高频表面淬火后再进行喷丸处理，不仅使组织细致，而且还可以获得具有较高硬度和疲劳强度的表面。

表面形变处理与表面扩渗的复合强化工艺。例如工件经喷丸处理后再经过离子渗氮，虽然工件的表面硬度提高不明显，但能明显地增加渗层深度，缩短表面扩渗的处理时间，具有较高的工程实际意义。

六、覆盖层与表面冶金化的复合处理工艺

利用各种工艺方法先在工件表面上形成所要求的含有合金元素的镀层、涂层、沉积层或薄膜，然后再用激光、电子束、电弧或其他加热方式使其快速熔化，形成一个符合要求的、经过改性的表面层。

柴油机铸铁阀片经过镀铬、激光合金化处理，表层的表面硬度达 60HRC，该层深度达 0.76mm，延长了使用寿命。45 钢经过 Fe-B-C 激光合金化后，表面硬度可达 1200HV 以上，提高了耐磨性和耐蚀性。

复合表面处理在有色金属表面处理中也获得应用，ZL109 铝合金采用激光涂覆镍基粉末后再涂覆 WC 或 Si，基体表面硬度由 80HV 提高到 1079HV。

表 8-1 列出了 AISI 6150 钢（美国合金结构钢号，相当于我国 50CrVA 钢）基体进行激光表面合金化所选涂敷材料。这些涂敷材料先用等离子喷涂，再用 1.2kW CO_2 激光器进行熔融和合金化。在激光照射前，工具的预涂敷还可采用电镀沉积（镍和磷）、表面固体渗（硼等）、离子渗氮（获得氮化铁）等。激光处理层的问题是出现裂纹，通过调整激光照排参数、涂敷材料和激光处理方法可减少裂纹。

表 8-1　AISI 6150 钢激光表面合金化前等离子喷涂材料

Metco 粉末	名　称	组成元素的质量分数/%											
		Cr	Si	B	Fe	Cu	Mo	W	WC+8%Ni	C	Ni	碳化铬	ZrO₂
19E	S/F Ni-Cr 合金	16.0	4.0	4.0	4.0	2.4	2.4	2.4		0.5	余量		
36C	S/F WC 合金	11.0	2.5	2.5	2.5				35.0	0.5	余量		
81VF-NS	碳化铬-Ni-Cr	余量									20.0	75.0	
201B-NS-1	ZrO₂-陶瓷								CaCO₃ 8.0				92.0
	Mo						99.0						

七、电镀与薄膜复合工艺

电镀与薄膜复合工艺主要是满足材料更高的耐腐蚀性和特殊工艺的要求。

PVD 和 CVD 沉积层硬度高，耐磨性好，一般正电位也较高，十分耐蚀。由于这类沉积层通常仅几微米厚，不足以覆盖基体表面的粗糙度和其他一些缺陷，从而存在腐蚀的隐患，最终导致局部腐蚀。另外，由于沉积层定向生长所形成的纤维状沉积结构沉积层的晶界增大电解液向内的扩散速度，也使材料整体耐蚀性下降。若要增加超硬沉积层厚度，形成致密无缺陷的表面，目前，就 PVD 和 CVD 技术而言还难以实现，况且也不经济。相比之下，电镀技术却具有很高的沉积速率，易于形成厚而平整的耐蚀沉积层，只是无法达到 PVD 和 CVD 沉积层那么高的硬度和耐磨性。因此，将二者结合起来能满足材料某些特殊的耐磨、耐蚀性要求。

在黄铜上电镀 $10\mu m$ 厚的 Ni 后再用 PVD 沉积 TiN，耐腐蚀性明显高于单一电镀镍层（它在相当小的腐蚀电流下就出现钝化现象）。由于复合处理层与沉积金属之间有较好的相容性，因而它的摩擦学性能十分理想。

由于 PVD 沉积层的颜色可以从金黄色到黑色逐渐变化（主要是ⅣB～ⅥB族元素的氮化物、碳化物或碳氮化物），电镀与之结合可以用于耐蚀性和耐磨性要求极高的装饰性表面。电镀 Ni＋镀 Cr，再经 PVD 沉积能消除镀铬层网状裂纹对镀层光泽的不良影响，成为一种较为经济的装饰镀工艺。

薄膜技术原则上可以沉积任何物质。因此，它可以在一些难以电镀或无法电镀的材料上沉积表面保护层，如在某些塑料表面沉积金属膜，实现塑料金属化，也可沉积 W、Ti、TiN 等膜层。然而，由于薄膜的沉积速率不高，实现金属化需再电镀使涂层增厚，故这一复合处理技术已成为难镀材料表面处理的一种手段。

八、激光、电子束复合气相沉积和复合涂镀层

（1）激光表面复合陶瓷化　利用激光使材料表面形成陶瓷的方法除了前面介绍的以外，还进行了以下试验研究：

① 供给异种金属粒子，并利用激光照射使之与保护气体反应而形成陶瓷层。研究表明，在 Al 表面涂敷 Ti 或 Al 粒子，然后通入氮气或氧气，同时用 CO_2 激光照射，可形成高硬度的 TiN 或 Al_2O_3 层，使耐磨性提高 $10^3～10^4$ 倍。

② 在材料表面涂覆两层涂层（例如在钢表面涂覆 Ti 和 C）后，再用激光照射使之形成陶瓷层（例如 TiC）的复层反应。

③ 一边供给氮气或氧气，一边用激光照射，使 Ti 或 Zr 等母材表面直接氮化或氧化而

形成陶瓷表层的方法。

（2）激光增强电镀和电沉积　在电解过程中，用激光束照射阴极，可极大地改善激光照射区的电沉积特性。激光增强电沉积，可迅速提高沉积速度而不发生遮蔽效应，能改善电镀层的显微结构，可望在选择性电镀、高速电镀和激光辅助刻蚀中获得应用。

在选择性电镀中，一种被称为激光诱导化学沉积的方法尤其引人注目，即使不施加槽电压，对浸在电解液中的某些导体或有机物进行激光照射，也可选择性地沉积 Pt、Au 或 Pb-Ni 合金，具有无掩膜、高精度、高速率的特点，可用于微电子电路和金属电路的修复等高新技术领域。在高速电镀中，当激光照射到与之截面积相当的阴极面上，不仅其沉积速率可提高 $10^3 \sim 10^4$，而且沉积层结晶细致，表面平整。

传统的电镀工艺与近代激光技术结合形成的激光电镀是新兴的高速电镀技术。运用激光辐照提高金属沉积速度，其效率比激光照射的高 1000 倍。当用一种连续激光或脉冲激光照射于阴极表面时，不仅极大地提高了沉积速度，而且可用计算机控制激光束的运动轨迹而得到预期复杂几何图形的无屏蔽镀层。20 世纪 80 年代又出现一种激光喷射强化电镀的新技术，将激光强化电镀技术与电镀液喷射结合起来，使激光和镀液同步射向阴极（工件）表面，使传质速度大大超过激光照射所引起的微观搅拌的速度，从而达到很高的沉积速度。与普通电镀相比，其优点是：沉积速度快，如激光镀金可达 $1 \mu m/s$，激光镀铜可达 $10 \mu m/s$，激光喷射镀金可达 $12 \mu m/s$，激光喷射镀铜可达 $50 \mu m/s$；金属沉积仅发生在激光照射区；容易实现自动控制等等。

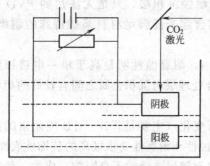

图 8-2　激光增强电镀试验装置

成都表面装饰应用研究所采用如图 8-2 所示的一种激光电镀试验装置，研究了在高强度 CO_2 激光束照射下（图中为背向照射阴极，也可以正向照射阴极），瓦特镍 Ni/Ni^+ 电极体系电沉积镍层的性质和变化规律。研究表明，激光照射能提高阴极极化效果。虽然激光电沉积镍层为微裂纹结构，但与基体结合力高，在一定的光照时间内，可获得结晶细致、表面平整的镍镀层。这类装置也可用来电镀 Cu、Au 等金属，并取得了良好的效果。

钛合金采用激光气相沉积 TiN 后再沉积 Ti（C，N）形成复合层，硬度可达 2750HV。

等离子体辅助电子束蒸镀包括离子镀和活化反应蒸镀，相关内容参见本书有关镀覆的章节。

九、磁控溅射与油漆复合工艺

这类复合工艺是利用 Ar 离子轰击清洁作用，除去金属上的污物和游离碳，磁控溅射沉积厚 $0.3 \mu m$ 的 Ti 膜后，再阴极电泳沉积 $16 \mu m$ 厚的漆膜，从而使漆膜的黏附性增强，持久性较好。这一工艺有如此优点，其原因是 Ti 本身具有极好的耐蚀性，油漆中的高分子聚合物与磁控溅射沉积的钛膜界面处存在着的化学键，改善了二者间的偶合性，从而大幅度提高了漆膜的附着性和耐腐蚀持久性。

将经过这种复合工艺处理的冷轧低碳钢板试样和锌系磷化（膜厚 $2 \mu m$）后电泳沉积的试样放入 3％ NaCl＋醋酸＋H_2O_2 的溶液中，对其气泡生成率和腐蚀面积进行测试，结果表明，500h 前者气泡直径仅 0.5mm，腐蚀面积＜10％，而后者气泡直径为 8mm，腐蚀面积＞80％，表明复合处理后的涂层具有极好的附着性和防腐蚀性。

十、改善铁、钛、铝及其合金摩擦学特性的表面复合处理工艺

10 多年以来，人们针对铁及其合金的多种双处理体系，如基体先进行化学镀 Ni-P、电镀 Ni、渗硼后再涂敷 TiN(C)，以及热或等离子喷涂后再激光处理等进行了大量的研究，发现合金钢经上述复合处理不仅可大幅度地提高其耐磨性，而且可明显提高其承载能力和抗疲劳能力。采用上述复合处理与单一处理技术在改善 En40B 钢（英国氮化钢，主要成分：0.233C-0.305Si-0.617Mo-3.27Cr，其余为铁）抗磨性方面的研究表明，复合处理可使 En40B 钢的磨损体积损失降低近 40 倍。

Ti 合金由于其优异的高比强度、优良的抗蚀性和生物相容性，在宇航工业、化学工业和现代生物医学领域越来越受到重视，Al 及其合金与 Ti 相似。但是，Ti、Al 及其合金的摩擦学特性很差，这使其在摩擦学领域的应用受到极大限制。为了适应节能需要，对发动机及其附件和其他机械设备运动构件的轻量化要求日益突出。多年来，金属材料学家和摩擦学家在高强度新型合金及其润滑材料研究方面已取得了巨大进展，但相关材料的摩擦学性能仍然难以满足工业摩擦学构件的应用需要。因此，对 Ti 及 Al 等合金的表面工程摩擦学研究尤为重要和迫切。近年来，对 Ti 合金表面工程摩擦学进行了系统研究，取得了显著成绩。开发成功的氧扩散处理/涂敷类金刚石碳膜复合处理技术可明显提高 Ti 合金的承载能力，并使其可适用于更大范围的滑滚工况。

20 世纪 70 年代以来，针对 Al 合金的摩擦学表面工程研究，如阳极氧化、镀金属和复合镀（如 Ni-SiC）、CVD、PVD 涂层以及离子注入等受到了广泛的关注。为了开发铝制汽车发动机，关于 Al 合金汽缸和活塞环组合件的摩擦学特性研究已取得了一些进展。研究表明，必须采用表面工程技术以强化和改善 Al 合金的表面特性，以满足高表面强度、高耐磨性和低摩擦的要求。德国很早就将 Ni-SiC 复合镀层用于 Al 质汽缸的制造，并成功地将其用在 BMW 的部分发动机上。英国最近也开始采用这一技术。日本本田两轮摩托和赛车在铝发动机中也采用了 Ni-SiC 镀层。铃木和雅马哈摩托车上则采用了 Ni-P-BN 和 Ni-P-SiC 镀层。实践表明，采用上述复合镀技术可大大降低油耗和提高输出功率。

十一、多层涂层

在涂层/基体体系中，采用复合表面工程技术的目的在于强化基体表面以提高基体对涂层（薄膜）的支撑能力，从而使涂层（薄膜）固有的潜力得以发挥，但涂层本身的性能并未改善。因此如何改善涂层本身的性能，以进一步提高复合处理表面的力学和摩擦学性能就成了人们面临的新课题。这促进了第二代二元涂层，如 Ti(CN)MoS$_2$＋Au 的出现，继而又出现了第三代涂层——多层和超晶格涂层。大量研究表明，多层涂层能满足多种性能要求，这是因为其具有如下优点：可获得各个不同材料单层特性的综合特性；与基体更牢固地黏结；多层涂层中多个平行于基体表面的界面可有效地拟制裂纹的产生和扩展，从而提高涂层的硬度和韧性，并获得适当的硬度/韧性比和残余应力；可获得高致密度的厚（＞10μm）涂层，满足切削刀具、磨粒磨损和冲蚀磨损等工况下的使用要求；多层膜具有"应力阻挡"作用，可降低表面与次表面的最大应力，从而具有较高的承载能力。

在给定的工况条件下，也许两层复合涂层即可具有高抗磨、高抗蚀和低摩擦的特性，而不一定以多层复合涂层为先决条件，如 TiN/化学镀 Ni、CrN/化学镀 Ni、DLC/WC 及 TiC(N)/Ti 等双层涂层等即是。其中 DLC/WC 涂层已在齿轮和轴承中获得了应用，TiN(CrN)Ti 等涂层已成功应用于磨粒磨损及冲蚀磨损条件下。切削刀具用涂层的情况与此相似，如以 TiN

为外层，由 TiN、TiCN 和 Al_2O_3 交替组成的 8 层涂层及由 $Al_2O_3/TiC/TiN$ 组成的 3 层涂层都在不同切削工况下获得了成功应用并已实现了商品化。近十多年来，与硬质耐磨多层涂层相比而言，针对 MoS_2 及软金属等的多层润滑膜的研究相对较少。关于 MoS_2 双层膜的研究主要集中在 20 世纪 80 年代，其中以金属（如 Ni、Pd 或 Rh）中间层、Cr_3Si_2 中间层和硼或硼化物中间层的 MoS_2 双层膜为主要代表。20 世纪 90 年代以来，相继出现了 MoS_2/TiN、MoS_2/Au 以及 $Au/MoS_2/TiN$、$Au/Ni-P$、$MoS_2/Au-20\%$ Pd 及代号为 MoST 的 MoS_2/Ti 多层膜。其中 MoS_2/Ti 多层膜（MoST）在保持低摩擦的同时使用寿命有了显著增加，与同期面世的 MoS_2 膜材料相比，该多层膜的寿命提高了约 50%，在经历 10000 多次工作循环后仍未失效，膜的磨损厚度仅为原膜厚的一半。

第二节 复合镀层

一、纤维增强金属复合材料镀层

把长纤维缠绕于金属基体表面后进行金属沉积所得到的镀层称为纤维增强金属复合材料镀层。纤维增强金属复合材料可以由非金属纤维在金属基质中形成，也可以由金属细丝在金属基质中形成。

纤维增强金属复合的目的是将某种陶瓷纤维或金属纤维的强度和刚度与金属的强度结合起来，在工件受载时，使刚度远高于基质金属的、彼此隔开的、排列方向与载荷一致并与基质牢固结合的纤维承受大部分载荷，而基质金属仅仅作为传递载荷的结合物。

纤维增强金属复合材料可用液态金属浸渍、粉末压实和烧结、气相沉积、喷涂和电镀等几种技术制造。电镀法由于具有不必再加其他工艺就可制成所需的零件，可在较低的温度（<100℃）进行，没有损坏纤维的危险等特点而备受关注。

根据工程上对结构材料提出的高比强度和高比刚度的要求，制备纤维增强复合材料必须选择高强度、高弹性模量、低密度的纤维和基质。对纤维的性能要求主要是：强度和刚度较高；容易处理；与基质相容。常用的纤维有金属纤维和非金属纤维两种。已经在电镀纤维增强金属复合材料中采用的有钨、钢、硼、石墨、碳化硅和玻璃等纤维，增强效果更好的晶须（单晶丝），如 Al_2O_3（蓝宝石）、BeO、B_4C、SiC、SiN 等也已引起了人们的广泛关注。基质材料的作用主要是：将纤维结合起来；保护纤维的表面；隔离纤维以免裂纹从一根纤维传递到另一根；将外力均匀地分配在每根纤维上。由于金属具有高强度、高韧性和对温度过高或过低相对不敏感，以及金属的塑性流动可使复合材料避免缺口敏感性等特点，金属作为基质材料相对于聚合物和陶瓷等具有显著的优点。金属是强纤维的优良结合材料，特别是在高温下。常用的基质金属主要有镍、镍钴合金、铜、铅、铅锡合金、银和铝。

纤维增强金属复合材料的电镀工艺主要有细丝缠绕法和电镀缠绕薄片法。细丝缠绕法又有连续细丝缠绕法和交替缠绕与电镀法。细丝缠绕法仅适用于旋转体形状。对于不能用缠绕制成的形状或要求高纤维含量时，应该采用电镀缠绕薄片法。

连续细丝缠绕法是纤维细丝在卷筒上的缠绕与电镀同时进行的。缠绕采用类似于制造线圈的缠绕机，卷筒浸在镀液中由马达驱动旋转，纤维细丝通过连接在横移机构上的分配器供给，由与横移机构连接的可变比例测微驱动器调节缠绕间距。横移机构运动到预定距离后即自动反向，于是逐层缠绕到所需长度。调节分配器的倾斜角，可改变缠绕角度。调节驱动马达的转速，可改变卷筒的旋转速率。

交替缠绕与电镀法是将不锈钢卷筒预先浸渍在基质金属镀液中电沉积数微米厚的基质金属，再在卷筒上缠绕玻璃、钨或碳的纤维，然后采用低电流密度电镀沉积一层金属，使所有的纤维被沉积物彻底覆盖；此后，再绕第二层，随后再如前继续电镀。纤维增强复合材料就这样逐层制取。

用能制成直径小于 $50\mu m$ 细丝的增强材料，来获得旋转体形状的纤维增强金属复合材料镀层，或纤维增强金属复合材料零件，使用细丝缠绕法能做到填充良好，没有孔洞。但是，一些比较先进的增强材料，如硼、碳化硅和铍等只能制得直径较大（$100\mu m$）的纤维，用细丝缠绕法有形成孔洞的问题；此外，碳纤维通常只能以纤维束的形式获得，如果用细丝缠绕法，则电镀不可能穿透到纤维束的心部；非旋转体形状无法用细丝缠绕法制成。为此，电镀缠绕薄片法应运而生。

电镀缠绕薄片法是将电成形与热压结合，在经过电镀的卷筒上缠绕一层纤维，再进行电镀使其覆盖，接着将电成形物切开，从卷筒上取下，展平即成缠绕薄片（电成形的单层复合材料），随后将缠绕薄片热压加工制成镀层或零件。该法会丧失整体电成形加工复合材料时所具有的对纤维损伤很小和纤维与基质间不发生反应的优点。

二、化合镀复合材料

通常规定化学镀的镀液中必须避免任何碎屑，而化学镀复合材料时，需在镀液中添加复合相微粒，这便使镀液的污染和稳定问题比普通的化学镀液更为严重。因此，镀液中需添加惰性微粒。微粒必须不溶或仅仅微溶于镀液，若是微溶，则溶解度需很低，且不能对沉积有影响。化学镀镍基复合镀层时，不能采用正电性比镍高或者是镍触媒的金属粉末。只能用经过纯化的粒状物质。为保持微粒悬浮，必须对化学镀液进行缓和搅动。电镀复合材料的几种搅动方法都可使用。另外，镀液中需添加稳定剂以防止镀液自催化分解。

电镀复合材料与化学镀复合材料的主要差别是：为获得一定量的复合微粒，化学镀液中的微粒含量为低浓度，而电镀要求高浓度，故化学镀的镀液在价格上有可能比电镀的低；添加表面活性剂可提高电镀的复合量，而对化学镀的复合量无影响；化学镀复杂件可获得无论是镀层的厚度还是复合程度都是均匀的镀层，而电镀复杂件会因电流密度的不均匀造成零件上各点的镀层厚度和微粒体积含量都不同；将沉积物电镀到深缝或孔洞中存在困难，而这对化学镀并非严重问题；电镀时在尖角处有额外的积累沉积，而化学镀则没有。

凡能化学镀的金属或合金原则上都能制得其复合材料。因此，化学镀制镍、铜、钴、锡、金和镍基合金等的复合材料是可能的。其中研究最多的是化学镀镍及其合金复合材料。凡能用于电镀复合材料的所有非金属微粒基本上都适于镀制化学镀复合材料。其中采用 SiC、Al_2O_3 和金刚石的复合材料获得广泛研究，已采用化学复合镀制取了 Ni-B-SiC、Ni-P-SiC、Ni-P-Al_2O_3、Ni-P-Si_3N_4 等复合材料，对化学镀镍-聚四氟乙烯复合材料的研究也日益受到人们的关注。化学镀复合材料主要是解决磨损问题。

三、层状复合材料

层状复合材料是由低弹性模量和高弹性模量的材料的薄层晶体 A 和 B 交替构成的新型复合材料，它具有良好的力学性能，尤其是强度较高。要实现最高的强度，必须很仔细地选择 A 和 B 材料。

材料 A 和 B 的选择原则为：A 和 B 的晶格常数和膨胀系数在工作温度几乎相等，以至于在 A 和 B 的界面上没有应变；位错的线能量在两种材料中必须有较大的差别；线能量低的材料，如 A，其厚度必须薄到位错不至于在其中产生（如果 A 的厚度约为 100 个原子层的厚度，可满足此条件）；各层之间必须具有良好的结合。

在层状复合材料中，位错源不能在单层内动作，并且要加很大的应力才能使位错从低线能量的 A 层驱动到高线能量的 B 层，故其强度可大幅度提高。

有应用价值的 A 和 B 材料的配合是铜-镍、铂-铱、铑-钯和 MgO-LiF。

因外延生长在基体与沉积物界面上的应变很小，故外延生长是制取层状复合材料的首选方法。由于电镀沉积物的初始层为外延生长，结合非常好，并且易于控制，故电镀成为制取高强度层状复合材料的可行技术。采用两种不同的镀液交替电镀铜和镍来制取铜-镍层状复合材料获得了较广泛的研究。在工业应用上，可采用自动移动阴极和流动槽等方法来电镀沉积层状复合材料，但更加可行的是采用单一的电解液进行电沉积。已研究了用调制电流从单一的电镀液中沉积银-钯层状复合材料。也许用合金电镀来制备层状复合材料更为可取，电镀合金的成分随电流密度和质量迁移而发生显著变化的特性可用来制取层状复合材料。对电镀镍铁合金箔的研究表明，含 25% Fe 的电镀镍铁合金具有层状结构，其强度比用常规技术制取的含 25% Fe 的商品镍铁合金高。此外，还研究了用气相沉积法来制取改善磁学性能和电学性能的层状复合材料，也许还可用电化学法制取层状复合材料。

四、光学复合材料

因其力学性能而获得应用的复合材料称为机械复合材料，因其特殊光学性能而获得应用的复合材料称为光学复合材料。纤维和微粒都能改善力学性能，而只有微粒能改善光学性能。复合材料在本质上是不均匀的。在微粒增强复合材料中，尽管基体可能是连续的（尤其是在微粒的含量不高时），但微粒却是不均匀的。如果微粒的尺寸超过光波的波长，则这种复合材料对光线的反射和透射在各个区域会有所不同，这类复合材料不会表现出特殊的光学性能，也就不是光学复合材料。如果微粒的尺寸比光波的波长小得多，则微粒不会直接影响电磁波的传播，但却可以使其附近介质中的电磁场发生变化，从而改变极化强度，影响邻近介质的光学常数，使复合材料的光学性能不同于基质和微粒，这类复合材料被认为是光学复合材料。光学复合材料可提供具有饱满色彩的或从灰色到黑色的"金属"镀层。彩色的金属装饰从而可以通过光学复合材料获得。

由于光学复合材料弥散相的尺寸小于光线的波长，几乎不可能使这种微粒保持满意的悬浮状态，故不能用与微粒弥散复合材料相同的沉积方法来制取，而是采用另一种方法进行沉积，即微粒在电极上原位形成。

黑镍是电解沉积在阴极上的镍锌合金弥散在 Ni_3S_2 基质中的光学复合材料，其工艺规范如下：$NiSO_4(NH_4)_2SO_4 \cdot 6H_2O$ 40g/L，$NiSO_4 \cdot 6H_2O$ 80g/L，$ZnSO_4 \cdot 7H_2O$ 40g/L，KCNS 20g/L；pH 5，$D_k = 2A/dm^2$。薄层黑镍具有鲜明的色泽，而层厚时由于对光线的吸

收而变得不透明，黑镍的黑色是由于复合材料的低反射率和透射光线的吸收所致。

当纯铬酸水溶液（不含硫酸盐）含有醋酸盐、硝酸盐和硼酸盐等催化剂时，在阴极上沉积的是黑铬。通常采用高电流密度和较低的温度。黑铬是铬与 Cr_2O_3 的光学复合材料。在黑铬中 Cr_2O_3 是非晶态，而铬是微晶态。与黑镍不同，黑铬的成分随厚度变化。成分的变化导致光学常数的改变。结果是，表层对可见光强烈吸收，而内层具有高的红外反射率。于是镀层表现出高吸收率和低发射率，是理想的太阳能选择吸收镀层。

铝的光学复合镀层是用另一种称为铝电解染色的工艺制备的。该工艺是在硫酸中阳极氧化，然后在磷酸中阳极氧化，最后在硫酸镍或硫酸亚锡或任何其他适当金属盐溶液中，以阳极氧化的铝作为电极之一进行直流电解。根据电压、磷酸阳极氧化的持续时间和直流电解时间，铝可染上色泽。铝的电解染色层是由含有柱状孔洞的氧化铝构成，孔洞的底部略宽，是金属微粒存在的场所。铝的电解染色层在较厚时为黑色。

光学复合材料在工程上的最重要的用途是用作太阳能集热管的选择吸收镀层。太阳能的大部分能量在 $0.1\sim2\mu m$ 的光谱范围内，选择吸收镀层对于波长在 $0.2\sim2\mu m$ 范围内的光线必须是理想的吸收体，而对于波长大于 $3\mu m$ 的光波是理想的反射体。黑镍和黑铬接近于满足这一要求，黑铬因抗蚀性良好而广泛用作选择吸收镀层。黑镍和黑铬已用在光学仪器零件上和某些印刷机械部件上作为防反射层。

尽管电解染黑的铝曾经研究过，拟用作太阳能选择吸收镀层，但由于其具有高发射率而未能获得实际应用。铝的电解染色镀层已广泛用于彩色装饰。

第三节　镀覆层与热处理复合工艺

镀覆后的工件再经过适当的热处理，使镀覆层金属原子向基体扩散，不仅增强了镀覆层与基体的结合强度，同时也能改变表面镀层本身的成分，防止镀覆层剥落并获得较高的强韧性，可提高表面抗擦伤、耐磨损和耐腐蚀能力。

一、电镀与表面扩渗复合工艺

这种处理的主要目的是形成新的化合物结构，提高工艺效果，改善摩擦性能及耐蚀性能。现在，对这类复合工艺的研究多集中在镀铬层的表面扩渗处理方面。镀铬层硬度高，用量大，涉及面广，先前的研究方法主要是对镀铬层进行液体氮化处理，继而对镀层进行辉光离子氮化处理，最后再进行离子碳氮共渗处理。用弥散镀铬方法制取含有活性炭的弥散镀铬层后，进行离子碳氮共渗复合处理，生成具有特殊界面及硬度高、耐磨性好的表面，也是一种有发展前景的新型表面强化技术。研究表明，复合处理的表层硬度比镀铬、离子氮化、离子碳氮共渗都高，弥散镀铬后离子碳氮共渗所生成的表层还具有较高的硬性，复合处理的表层耐磨性和边界润滑条件下的抗擦伤负荷也有明显提高。

在钢铁工件表面电镀 $20\mu m$ 左右含铜（铜的质量分数约 30%）的铜锡合金，然后在氮气保护下进行热扩散处理。升温时在 200℃左右保温 4h，再加热到 $580\sim600℃$ 保温 $4\sim6h$，处理后表层是 $1\sim2\mu m$ 厚的锡基含铜固溶体，硬度约 170HV，有减摩和抗咬合作用。其下为 $15\sim20\mu m$ 厚的金属间化合物 Cu_4Sn，硬度约 550HV。这样，钢铁表面覆盖了一层高耐磨性和高抗咬合能力的青铜镀层。

铜合金先电镀 7～10μm 锡合金，然后加热到 400℃ 左右（铝青铜加热到 450℃ 左右）保温扩散，最表层是抗咬合性能良好的锡基固溶体，其下是 Cu_3Sn 和 Cu_4Sn，硬度 450HV（锡青铜）或 600HV（含铅黄铜）左右，提高了铜合金工件的抗咬合、抗擦伤、抗磨料磨损和黏着磨损性能，并提高了表面接触疲劳强度和抗腐蚀能力。

在钢铁表面上电镀一层锡锑镀层，然后在 550℃ 进行扩散处理，可获得表面硬度为 600HV（表层碳的质量分数为 0.35%）的耐磨耐蚀表面层。

在铝合金表面同时电镀 20～30μm 厚的铟和铜，或先后电镀锌、铜和铟，然后加热到 150℃ 进行热扩散处理。处理后最表层为 1～2μm 厚的含铜与锌的铟基固溶体，第二层是铟和铜含量大致相等的金属间化合物（硬度 400～450HV），靠近基体的为 3～7μm 厚的含铟铜基固溶体。该表层具有良好的抗咬合性和耐磨性。

电刷镀技术是一种设备投资不大，工艺简单，能较好提高材料表面性能的表面处理方法。但电刷镀层的硬度不高，耐磨性也有待提高，并且电刷镀层与基体的结合强度不高，这些都限制了它的应用。电刷镀后再进行碳氮共渗，由于 C、N 原子向镀层的扩散，可以形成碳氮化合物，改变镀层的组织和性能，提高耐磨性，此外可以使镀层金属原子向基体进行扩散，可以增加镀层与基体的结合强度。在 38CrMoAl 钢表面电刷镀 Ni-W 合金后再经碳氮共渗处理时，W 较易形成稳定的碳氮化合物，这些化合物呈弥散分布，并以推移形式形成一定的渗入深度，因而在刷镀层中得到了一定含量的 WC、WN 的质点，其硬度提高到 1150HV，耐磨性也提高了 5 倍以上。此外，在碳氮共渗时，电刷镀与基体之间也有一定的原子扩散，在能谱图上表现为 Ni、W 在结合面处有一定的扩散，从而增加了刷镀层与基体的结合，使原来的机械结合转变为冶金结合。

二、热处理与薄膜复合工艺

31CrMoV9 经气体氮化、机械抛光去除氮化物表面疏松层后再 HCD 沉积 TiN，将超硬薄膜 TiN 用于氮化层表面，TiN 层附着性较好，大大提高了其耐磨性，在一定程度上减少了对氮化过程参数控制的要求，使产品质量易于得到保证。

锌浴淬火法是淬火与镀锌相结合的复合处理工艺。如碳的质量分数为 0.15%～0.23% 的硼钢在保护气氛中加热到 900℃，然后淬入 450℃ 的含铝的锌浴中等温转变，同时镀锌。这种复合处理缩短了工时，降低了能耗，提高工件的性能。

在钢表面上通过化学镀获得镍磷合金镀层，再在 400～700℃ 扩散处理，提高了表面层硬度，并具有优良的耐磨性、密合性和耐蚀性。这种方法已用于制造玻璃制品的模具、活塞和轴类等零件。

三、含铝复合处理

含铝复合处理常用的有渗层夹嵌陶瓷和渗铝前镀渗扩散阻滞层。

渗层夹嵌陶瓷是一种获得夹嵌 Al_2O_3 微粒的 Al 或 Al-Ti 渗层的工艺，渗层具有非常优良的抗高温氧化、抗热疲劳和冲蚀磨损性能，可用固体粉末法和电泳法，还可在熔融的铝浴中添加微细颗粒的 Al_2O_3，将工件浸入熔浴中保温后取出进行扩散退火。固体粉末法是将 Al_2O_3、TiO_2 粉末和黏结剂按比例制成料浆，用涂刷、浸渍或喷涂等方法涂敷在工件表面，干燥后埋入渗剂中，在氢气保护下保温，钛与铝的卤化物气体透过陶瓷层与基体产生互扩散，形成以铝为主的铝钛共渗层，陶瓷夹嵌在渗层内。电泳法是将 Al_2O_3 粉和铝钛合金粉同时电泳沉积到工件上，再在氢气炉中保温扩散处理。

渗铝前镀渗扩散阻滞层是在渗铝之前进行镀镍、镀铂（有时渗钽、渗铌），在基体表面形成一层扩散屏障，以阻滞在高温工作时铝的二次扩散，提高渗层的使用寿命，常用的工艺有镀镍渗铝及镀镍后铝铬共渗、镀铂渗铝、渗钽或渗铌后铝铬共渗。

第四节　离子注入与气相沉积复合表面改性

离子束与激光束、电子束一起合称为"三束"，在表面技术中有着重要的应用。离子注入改善材料表面性能，具有优良的效果，但尚存在一些弱点，如注入机昂贵、注入层太薄、离子束的直射性等，影响其在工业中广泛应用。当前离子束注入技术的发展，一是提高束流强度，二是把气相沉积技术同离子注入结合起来，形成离子注入与气相沉积复合表面改性技术。很多气相沉积技术用离子注入来提高镀层质量和降低沉积温度，这就是离子辅助镀膜（IAC）。在 IAC 中，如果轰击离子是反应元素，则又称为反应离子辅助镀膜（RIAC）。因为 IAC 包括了离子注入，故在离子注入过程中应予考虑的大部分因素（如真空度和直射性要求）同样适用于 IAC，主要差异是 IAC 通常要产生真正的膜层，而离子注入则不会。IAC 综合了离子注入和气相沉积镀膜这两种技术的优点，可根据需要选择各种离子供给膜层和基体，在沉积前、沉积时或沉积后直接进行化学改性，而且因通常是采用低的离子剂量，其成本远远低于单独离子注入的费用。IAC 在沉积时可以不用离子束，而是在沉积之后才用。此外，为了改善膜层的结合力，离子束可将膜层混入基体。由于离子束易于确定、控制和使用，比等离子体更适合不同的基体材料和几何形状，比等离子体费时耗资，IAC 在成本上相当于其他高技术，故 IAC 通常用于高度精密表面处理，以及普通技术不能处理的一些表面。由于具有灵活性、重复性和低温操作等特点，故在研制新型膜层或处理新型材料中，IAC 是一种快速和可控的方法。

一、IAC 的原理与机理

图 8-3 描述了 IAC 的物理原理。首先用轻离子的离子束轰击涂层（小于注入离子范围或 $0.2\mu m$）表面，使涂层元素部分地混入基体，这种元素的扩散作用得益于离子注入造成的晶体缺陷和浓度梯度，并由于辐射效应而增强。而且，由于轰击中的离子和涂层中的金属原子间的化学反应，在离子运动停止时，涂层部分地或全部地转变成氮化物或氧化物，以后各层随离子轰击同时按次序生成。

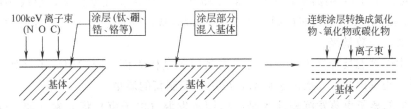

图 8-3　离子辅助涂覆概念图（部分混入并化学转变的涂层）

前已述及的离子束与固体相互作用的一般机理也适用于 IAC，但是在 IAC 中为了使撞击离子的沉积以及使其能量的损耗都发生在非常接近于表面的地方，所用离子能量可低到几十或几百伏；而另一方面，为了使膜层与基体相互混合，离子能量又可高达数十万伏。在膜层的形成中离子辅助所起的精确作用还不能确切阐明。这与所用的特定工艺有关，但是其中包括了几种机理。首先，离子溅射清洗基体表面，有助于获得较好的膜层结合力。其次，在膜层沉积过程中，离子轰击会将膜层中的原子撞入基体或溅离，也会填充正常形成的显微孔洞，而增大膜层的密度；沉积之后的注入，可以得到较高的密度和光滑的表面。还有，离子可使到达表面的原子离化或激发，从而使这些原子具有更高的化学活性，并与膜层中其他原子进行完善的结合；到达表面的气体分子可能被离子分解，而形成碳、氧或氮等沉积原子。

二、IAC 的方法

离子注入与气相沉积的复合新工艺，目前基本上是两种：蒸镀＋离子注入；溅射＋离子注入。从工艺角度主要又可分两类：一是分步混合的离子束混合，即先在基体表面沉积一层薄膜，然后用离子束注入；二是同步混合的离子束辅助沉积（IBAD），即沉积与离子注入同时进行。

离子束混合技术，是首先在基体材料表面上用真空蒸镀或溅射镀方法沉积一层膜层材料的薄膜（厚达 50nm），如 Cr、Ni、Ti 等的薄膜，然后采用离子注入机将氮或惰性气体离子轰击镀层，使镀层原子穿透膜层进入基体。来自核阻止级联的离子反冲使两种材料混合到一起。这种方法与单一离子注入比较，基体表面合金化的浓度高，且厚度深。与蒸镀、溅射镀相比，镀层的结合强度好。

离子束辅助沉积（IBAD）技术是将离子注入与 PCD（目前主要是真空蒸镀或溅射镀）同时进行的技术。例如，在某种基体表面上，一边沉积 Ti，同时用 N^+ 轰击，控制 Ti 和 N 的原子比，使之形成 TiN 表层。IBAD 对形成化合物十分有用，因为可以改善结构和化学性能。在膜的初期生长阶段同时用离子轰击，或沉积之前就开始轰击，可以改善膜的结合强度，使其接近任何基体。这种方法与蒸镀、溅射镀相比，增加了离子束的混合作用，因此镀层与基体结合强度比单一镀膜好得多，同时弥补了离子注入层较薄的弱点。

如图 8-4 所示为几种 IAC 的离子注入方法。

图(a) 中的反冲注入是预先将注入的元素沉积在基体表面上，然后用其他离子（常用重惰性气体，如 Xe^+）轰击沉积镀层，使沉积元素注入到基体中。它不需加速器提供离子，只需惰性气体 Xe^+。

图(b) 中的轰击扩散镀层注入与反冲注入相似，但附有加热装置。在离子轰击基体同时有热扩散效应，使离子注入更深。此法可采用较轻的非惰性离子（如 N^+）进行轰击，适于工业中应用。

图(c) 中的离子束多层混合是将元素 A 和 B 交替地沉积在基体上，组成多层膜（每层约 10nm），然后用 Xe^+ 轰击多层膜，使 A 和 B 混合成均匀的新合金。混合所用剂量要比常规离子注入低 2 个数量级。

图(d) 中的动态反冲注入是一面将元素溅射到基体表面，同时用离子（如 Ar^+）轰击镀层。在同一靶室内装有二次离子质谱，可用于控制膜的质量。

图(e) 中的离子束蒸发沉积注入是一面用蒸发源（电子束）将元素（如 Ti）沉积在基体上，同时用离子（如 N^+）轰击镀层，可形成 Ti＋N 混合层，二者可形成 TiN 硬质膜层。

图(f) 中的多离子束沉积注入（MIB）一般用氩离子束（Ar^+）射到靶材（如 Ti）上，Ti 被溅射并沉积在基体上形成 Ti 膜，同时离子束（如 N^+）也射到基体上，使 Ti 与 N 结合成 TiN 硬质膜。

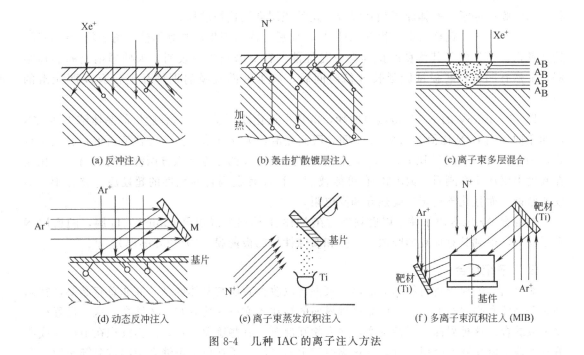

(a) 反冲注入　　　　　　(b) 轰击扩散镀层注入　　　　　(c) 离子束多层混合

(d) 动态反冲注入　　　　(e) 离子束蒸发沉积注入　　　　(f) 多离子束沉积注入 (MIB)

图 8-4　几种 IAC 的离子注入方法

三、IAC 的应用

1. 离子束混合

离子束混合是离子束与镀膜工艺结合的最基本形式。这种方法用于使薄层与表面结合为一体，或者使某种金属离子注入而不必提供这种金属的离子束。例如，用离子束混合将 Pd 混入 Ti 形成一种优良的耐腐蚀阻挡层。将离子辅助镀膜所得的这种 Ti-Pd 层在 $MgCl_2$ 沸腾溶液中进行腐蚀试验，甚至在沸腾 $MgCl_2$ 浸泡 4 个月后样品仍保持钝化。

离子束混合已用于二硅化钼，方法是先沉积 30nm 的钼，然后用 Ar^+ 离子束将其混入硅基体中。$MoSi_2$ 的重要性在于在电子器件应用中能够减少相互连接的电阻以及与硅基体的接触电阻。离子束混合技术亦广泛用于在表面上多层不同材料的相互混合。用此技术已产生出异常的物相和结构。

氧化铝上钛涂层的离子束诱发混合物已经试验成功。这是利用射频溅射先将钛薄膜（$200\sim400\mu m$）沉积在氧化铝基体上，再用 400keV 的离子注入机进行离子轰击，在基体温度为 $30\sim230$℃时产生能量高到足以渗入钛膜的氮离子。用次级离子质谱和卢瑟福反射表征检测表明，试件温度为 230℃时，在 Ti/Al_2O_3 的界面上明显地有混合物产生，这就提高了钛涂层与氧化铝基体的结合强度。

当对基体同时加热和注入时，沉积膜中原子将会沿离子束深度方向扩散，于是渗入可观深度，这称为辐照增强扩散。在 M2（W6Mo5Cr4V2）工具钢表面上沉积一层钛薄膜，而后用氮注入，当材料磨损深度远超过原有注入深度很多后，在磨损范围仍然保留有钛。在离子束混合时，几乎总会发生一些离子增强扩散，使得混合更加有效和充分。

利用先沉积 Ni 膜，随后注入 B^+，在成形工具上制出 Ni-B 层。这一工艺所得的可能是非晶态镍，并发现其在高负荷时的抗擦伤性能很好。

用溅射在表面上镀制 MoS_2 薄层，然后注入 Ar 使膜层与表面混合连接，可制成固体润滑层。所获得润滑层具有很低的摩擦系数，甚至在长期磨损后仍与表面良好结合。如果不进行注入使膜层原子与基体原子相互混合，这种膜层会迅速被磨损。

在 Z2CN1809 钢样品中沉积 Fe_6Al_4 层，而后注入氩产生出高黏附性的离子辅助镀膜层。选择铁铝合金是由于其优良的抗高温氧化性能。针盘磨损试验表明，未处理钢上的磨痕很深，显然有凹坑。磨损试验延长 8 倍时间后，离子辅助镀膜的钢样品上仅有浅薄光滑的磨痕。

以 $25\sim40keV$ 的 N^+ 轰击蒸镀的硼，沉积出氮化硼硬质膜。这种膜层的晶体结构随 B/N 比而不同。当 B/N 比值在 $0.9\sim1.1$ 间，膜面光滑，为立方结构。B/N 比值再低，膜面呈粒状，为六方结构。B/N 比值在 1.2 左右时，膜中有 BN 的立方和六方两种结构。由于氮化硼在硬度上仅次于金刚石，故 IAC 有可能镀制一种没有金刚石的脆性的超硬膜。立方 BN 不仅非常硬，而且化学稳定、高热导和高电阻。

在混合 Ar-N 等离子体中以射频溅射在 M43 工具钢上沉积出 35nm 的 Ti 膜，随后用 N 离子注入，得到具有优良的摩擦、磨损和腐蚀性能的极薄膜（$10\sim20nm$ 厚）。

2. 离子束缝合

对界面上的原子进行物理上的离子束混合以改善膜层与基体的结合并非总有必要，特别是对于陶瓷和高聚物的表面。依靠穿过界面的轻注入亦可使薄膜与基体结合，这一过程称为离子束缝合。这种界面仍保持突变，并未相互混合。有些迹象显示，薄膜沉积在绝缘体或覆盖有一薄层氧化物的金属上时，氧化物中产生的二次电子在离子束缝合中起着关键作用。在沉积之前基体表面上存在的杂质（碳氢化合物），以及膜层与基体原子的化学反应，对离子束缝合膜的最终结合强度均起重要作用。离子束缝合只要求离子通过原子界面附近，而不引起原子的真正位移。于是，$10^{15}\sim10^{16}$ 个离子/cm^2（即 $1\sim10$ 个离子/界面原子）的低剂量就可适合这一技术。低离子剂量与直接高剂量注入相比明显节约费用。

3. 离子束辅助沉积（IBAD）

IBAD 有时也称为离子束增强沉积（IBED），特别适合不平衡相的形成。如果轰击离子是反应元素（如氮、氧或碳），则将形成化合物薄膜，这种 IBAD 又称为反应离子束辅助沉积（RIBAD）。采用加速电压 $25\sim40keV$ 之间的氮离子注入与硼或钼的气相沉积相结合的 IBED，已生产出立方氮化硼和氮化钼。

用 IBAD 法涂覆 TiN，Ti 在电子束蒸发器中蒸发并沉积在试样表面，同时进行 30keV 的 N_2^+ 注入，可获得更好的表层性能。

低能 IBAD（$50\sim5000eV$）是通过仔细控制生长膜的结构变化用于产生光学介电膜。这一过程已成功地用于满足介电光学膜折射率的需要，减少膜上水蒸气的吸附，以及改善电阻、光学密度、表面形貌、膜层密度和孔隙度等性能。

产生高精密光学膜层的通用方法所得的光学膜折射率一般缺少重现性，而且不稳定。这些膜用于激光陀螺仪镜片和抗反射涂层。RIBAD 用氧离子束改变膜的显微组织和化学比，生产出高质量光学膜。RIBAD 产生的介电膜包括 TiO_2、SiO_2、HfO_2、BeO、Ta_2O_5 和 ZrO_2。这些膜的特性是消光系数低，通常质硬和稳定。

IBAD 和 RIBAD 技术现已用于生产其他许多种膜层，如在低温由电子束沉积结合离子轰击生长 TiN 膜层。采用原位电子束蒸发，同时用氮离子注入膜层，制出厚度 $100\sim200nm$ 的薄膜。发现单用沉积而未注入薄膜，其显微组织是由 10nm 的等轴晶粒组成的。而 RIBAD 方法制成的薄膜显微组织却是一种通常在高温下沉积出的尺寸双峰分布的标准膜。当对氮注入膜和未注入膜作结合力试验时，单沉积膜破裂并沿划痕脱落，同时 RIBAD 膜则随基体变形并与基体保持连接。

采用反应离子束，如氮、碳或氧的薄膜沉积可用不同的方法，其中包括可以原处完成的溅射及电子束蒸发，或在注入靶室外面进行的离子镀、CVD、镀铬等等。离子辅助镀膜具有优良的耐磨性和抗蚀性，甚至在膜层磨去以后，其注入基体的腐蚀、摩擦和磨损速率仍显示出有下降趋势。

IAC 的一项不寻常的应用是生物医学中曾研制一种很复杂和高附着性的羟基磷灰石薄镀层，并用于假体、金属、陶瓷和高分子聚合物。这种无机物人工骨镀层必须是生物相容的或生物活性的。这取决于它的生产过程即离子束改性。对于这一应用，关键是材料在低温下制出，并仍为结晶态。

用 IAC 方法可快速镀制高黏着性化合物层，如 ZrN、ZrC、BN 和 TiO_2。这些化合物层已沉积在金属、陶瓷，甚至聚合物上（用其他方法要求高温）。相似技术可用于在玻璃、陶瓷、聚合物和复合物上沉积黏着性金属。

复习思考题

1. 如何理解复合表面处理技术中的"复合"？

2. 激光诱导化学气相沉积与常规化学气相沉积有何不同？

3. 在对镀覆层进行热处理时需注意哪些问题？

4. 离子注入与气相沉积复合表面改性，较单一表面处理技术有哪些优点？

5. 根据复合表面处理技术复合的一般原理，你认为还有哪些表面处理技术可以进行复合？复合后形成的新技术可解决哪方面的问题？

第九章

表面细微加工技术

表面加工技术，尤其是表面细微加工技术是表面技术的一个重要组成部分。目前高新技术不断涌现，大量先进产品对加工技术的要求越来越高，在精细化上已从微米级、亚微米级发展到纳米级，表面加工技术的重要性日益提高。

微电子工业的发展在很大程度上取决于细微加工技术的发展。集成电路的制作，从晶片、掩模制备开始，经历多次氧化、光刻、腐蚀、外延、掺杂（离子注入或扩散）等复杂工序，以后还包括划片、引线焊接、封装、检测等一系列工序，最后得到成品。在这些繁杂的工序中，表面细微加工起了核心作用。对于微电子工业来说，所谓的细微加工是一种加工尺度从微米到纳米量级的制造微小尺寸元器件或薄膜图形的先进制造技术。

细微加工技术不仅是大规模和超大规模、特大规模集成电路的发展基础，也是半导体微波技术、声表面波技术、光集成等许多先进技术的发展基础。在其他许多制造部门中，涉及加工尺度从微米至纳米量级的精密、超精密加工技术也将越来越多。例如：用于汽车、飞机、精密机械的微米级精密加工；用于磁盘磁鼓制造的亚微米级精密加工；用于超精密光电子器件的纳米级精密加工。对于这样的精细加工尺度，可以将微电子工业中的"细微加工"一词延伸过来，通称细微加工技术。

作为先进的表面处理工艺方法，前几章已作过介绍，但内容主要关注表面处理和改性问题。表面加工技术与表面改性技术在其技术的应用和原理上有较大的差别，当然作为现代表面加工技术已把表面改性处理和表面功能（包括结构）制造加工紧密地结合在一起。作为初步介绍，我们还是把表面加工技术与表面改性技术分开论述。本章先简略介绍一些表面加工技术（包括细微加工和非细微加工），然后着重介绍微电子细微加工技术。

第一节　表面细微加工技术简介

一、激光束细微加工

它是利用激光束具有高亮度（输出功率高），方向性好，相干性、单色性强，可在空间和时间上将能量高度集中起来等优点，对工件进行加工。当激光束聚焦在工件上时，焦点处功率密度可达 $10^7 \sim 10^{11}\,W/cm^2$，温度可超过 $10000\,℃$。

激光束加工根据能量是否连续分连续激光和和脉冲激光，脉冲激光主要又分纳秒、皮秒和飞秒激光。

1. 激光束加工的优点
① 不需要工具，适合于自动化连续操作。

② 不受切削力影响，容易保证加工精度。

③ 能加工所有材料。

④ 加工速度快，效率高，热影响区小。

⑤ 可加工深孔和窄缝，直径或宽度可小到几微米，深度可达直径或宽度的 10 倍以上。

⑥ 可透过玻璃对工件进行加工。

⑦ 工件可不放在真空室中，也不需要对 X 射线进行防护，装置较为简单。

⑧ 激光束传递方便，容易控制。

2. 激光束加工技术的主要应用

① 激光打孔。如喷丝头打孔，发动机和燃料喷嘴加工，钟表和仪表中的宝石轴承打孔，金刚石拉丝模加工等。

② 激光切割或划片。如集成电路基板的划片和微型切割等。

③ 激光焊接。目前主要用于薄片和丝等工件的装配，如微波器件中速调管内的钽片和钼片的焊接，集成电路中薄膜焊接，功能元器件外壳密封焊接等。

④ 激光热处理。如表面淬火、激光合金化等。

⑤ 激光掺杂。如采用低热的工艺，进行选择性的扩散和掺杂制造太阳能电池。

实际上激光加工有着更广泛的应用。从光与物质相互作用的机理看，激光加工大致可以分为热效应加工和光化学反应加工两大类。

热效应加工是指用高功率密度激光束照射到金属或非金属材料上，使其产生基于快速热效应的各种加工过程，如切割、打孔、焊接、表面处理等。

光化学反应加工主要指高功率密度激光与物质发生作用时，可以诱发或控制物质的化学反应来完成各种加工过程，如半导体工业中的光化学气相沉积、激光刻蚀、退火、掺杂和氧化，以及某些非金属材料的切割、打孔和标记等。这种加工过程，热效应处于次要地位，又称激光冷加工。

3. 激光刻蚀

激光刻蚀是在一定能量密度激光照射下，材料发生复杂的熔化和气化过程。激光与材料的相互作用是个复杂的物理过程，它包含光辐射场与物质的原子及分子非连续化的能量交换作用，其宏观统计结果表现为材料对激光的反射、吸收、折射和材料温度的升高等物理现象。通过一定的光学系统将激光束聚焦到极小光斑，其功率密度可高达 $10^5 \sim 10^9 \, \text{W/mm}^2$，温度可达一万摄氏度，在此高温下，多数材料在瞬间熔化、蒸发并气化，工件表面不断吸收激光能量，凹坑处的金属蒸气迅速膨胀，压力猛然增大，熔融物被产生的强烈冲击波喷溅出去。在这个过程中，激光器作为能量源，通过高能能量将材料去除掉。图 9-1 为长脉冲激光刻蚀金属靶材的物理过程；图 9-2 为 Nd：YAG 激光器在金属上刻蚀后的效果图，由图片可以看出，激光刻蚀后金属有明显的熔化痕迹，由于张力作用，有少量的融化物被喷射到刻蚀区以外，由于使用的是脉冲式激光器，激光脉冲是一个一个作用到金属表面，因而熔化斑点也是一个接一个。

这种激光刻蚀技术不需要任何液相腐蚀剂，具有非接触、无污染和可实现微米级精密加工的特点。而且，随着激光器质量的提高和控制系统的改善，激光刻蚀技术得到了越来越广泛的应用。例如，利用激光刻蚀技术制作光学实验需要的多种狭缝元件、太阳电池硅片打孔和激光标识；在电子设备中愈来愈需要制备小尺寸元件，如广泛用作录音带、录像带和硬盘驱动器的磁性材料和磁头；航空、航天和其他国防领域中的重要复杂曲面零部件制造；在医

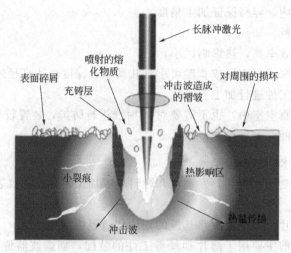

图 9-1　长脉冲激光刻蚀金属靶材的物理过程

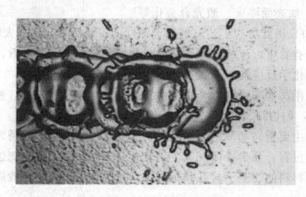

图 9-2　Nd：YAG 激光器在金属上刻蚀后的效果图

学方面利用激光刻蚀牙釉质对其形态的影响，测量激光刻蚀釉质后其抗剪切强度能否达到临床要求。图 9-3 为激光刻蚀得到的微孔矩阵，图 9-4 为碳化钨硬质合金激光刻蚀。

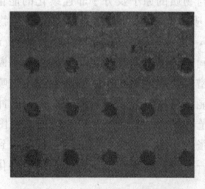

图 9-3　激光刻蚀得到的微孔矩阵

图 9-4　碳化钨硬质合金激光刻蚀

4. 激光掺杂

激光掺杂就是应用能量接近衬底熔融阈值的激光脉冲，轰击杂质原子，利用激光的高能量密度，将杂质原子掺杂到硅的电活性区域。掺杂源可以是气体、液体或固体。激光掺杂技术，无需硅衬底整体经过高温过程，在室温条件下，即可形成选择性的掺杂区域。

在激光掺杂工艺中，激光脉冲（脉宽微秒或纳秒量级）熔融表层的硅衬底，杂质渗透到激光熔融的硅表层。经过一个融化和固化的循环过程，掺杂源进入到硅的顶层。在每一个融化和固化的循环过程，融化的顶层都会向下外延，液态和固态的交界面移回表面。固化后，掺杂原子取代硅原子的位置，激活了衬底的导电性。因为在熔融温度，液态硅中掺杂原子的扩散系数比在固态硅中要大很多，掺杂原子可以扩散到整个的熔融深度。此外，由于激光能量集中，有很高的固化率，掺杂浓度可能超过溶解极限。也就是说，激光掺杂层仅仅受限于激光溶解层，可以形成高浓度、杂质激活率高的掺杂层。激光脉冲与掺杂源的相互作用可以重复多次，以达到期望的掺杂浓度和掺杂深度。图 9-5 为激光掺杂晶体硅太阳能电池结构图。

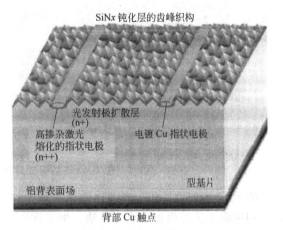

图 9-5 激光掺杂晶体硅太阳能电池结构图

与常规的掺杂技术相比，激光掺杂有以下几个独特的优点。

① 陡峭的超浅结 激光掺杂容易获得杂质浓度超过固溶度，具有变化很陡的杂质浓度分布的超浅结，这是由于激光束的强聚焦性能，对基片表面的加热可以高度定域，时间可以很短。

② 平滑结面 激光掺杂可以在多晶硅掺杂中防止杂质晶粒间界隙扩散，因而可以形成平滑的结面，这是因为准分子脉冲激光的卓越性能，可以使衬底表面瞬时熔融。

③ 结深与浓度的精确控制 通过光脉冲能量和光脉冲数目的控制，可以实现结深和掺杂浓度的精确控制。

④ 直接写入 利用计算机控制的聚焦激光扫描，可以实现无掩模的"直接写入"图形掺杂，将常规工艺需要多步加工才能完成的掺杂过程由激光"直接写入"一步完成。

⑤ 高空间分辨率 掺杂线宽可以比激光束的焦斑直径小得多，用大于 $2\mu m$ 束斑，可以获得 $0.3\mu m$ 线宽，因此，掺杂图样可以具有很高的空间分辨率。

在现代制造固态照明领域利用激光掺杂实现更加高效、节能、环保的目标；提高集成电路中微细加工、薄层外延、低温浅结掺杂等工艺水平；在太阳能电池制造工艺中，需要应用扩散工艺形成 PN 结，激光掺杂技术能够替代传统的在扩散炉中进行高温杂质扩散的方法，采用低热的工艺，进行选择性的扩散和掺杂，成为未来太阳电池技术发展的方向。

5. 皮秒激光细微加工

随着全固态皮秒激光技术的发展，皮秒激光以其稳定的工作特性及烧蚀材料时显现出的高质量加工特性，开始受到人们广泛重视。与纳秒激光加工相比，皮秒激光微加工有更小的热影响区和更高的加工精度及加工质量。与飞秒激光器相比，皮秒激光器不仅结构简单、造价低、稳定可靠，而且皮秒激光器可以提供较高的平均功率和较好的光束质量。另外，皮秒激光器重复频率高达几百 kHz，从而减少了单件成本，使这种微加工技术具备工业应用的资格。

目前皮秒脉冲激光已成为革命性的微制造工具，最近数年给生产工程师提供了众多产品来进行微加工，举例如下。

① 金属打孔　在工业上，为了保证一些部件（如：航空燃气涡轮上的叶片、喷管叶片、燃烧室等）在工作状态时的冷却，人们常常在这些部件的表面打上数以千计的孔，以保证部件表面被一层薄薄的冷却空气覆盖。这层冷却空气不仅能够延长零件的使用寿命，还可以提高引擎的工作性能。图 9-6 为在 1mm 厚的镍金属制成的涡轮叶片上打冷却孔。

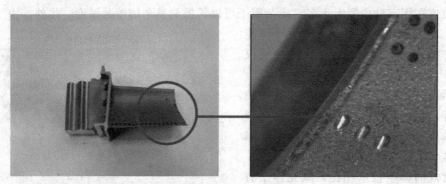

图 9-6　在 1mm 厚的镍金属制成的涡轮叶片上打冷却孔

② 陶瓷和玻璃打孔　当陶瓷钻孔必须达到严格的公差、很小的孔径或复杂的孔眼分布时，利用激光进行微加工成为首选。加工陶瓷和玻璃等不存在自由电子的材料时，超短激光脉冲的能量密度达到了产生多光子吸收、电子冲击吸收以及带间跃迁的阈值，使得超短脉冲激光器可以处理常规激光器难以加工的硬质材料和透明材料。图 9-7 为分别在 $300\mu m$ 厚硅片上钻孔及在 $140\mu m$ 厚玻璃盖片上钻 1mm 孔。

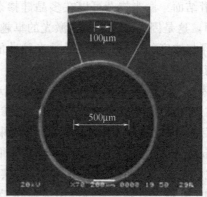

(a) 在300μm厚硅片上钻孔　　　　　(b) 在140μm厚玻璃盖片上钻1mm孔

图 9-7　在硅片和玻璃上钻孔

③ 不锈钢切割　在工业应用中，飞秒激光加工系统主要用来切割 $100\mu m$ 厚的不锈钢板（这种钢板主要应用于电子工业领域），大大降低加工时间。

④ 硅材料切割　硅片切割广泛应用于半导体芯片制造业中。为满足封装需求，要求集成芯片上的沟纹尽可能小。利用皮秒激光脉冲切割硅片，可最大限度地降低切口边缘附近裂缝的形成，并且不需再处理即可应用。

6. 飞秒激光细微加工

飞秒激光用于超细微加工是飞秒激光用于超快现象研究和超强现象研究之外的又一个飞秒激光技术重要的应用研究领域。这一应用是近几年才开始发展起来的，目前已有了不少重要的进展。与飞秒超快和飞秒超强研究有所不同的是飞秒激光超微细加工与先进的制造技术紧密相关，对某些关键工业生产技术的发展可以起到更直接的推动作用。飞秒激光超微细加工是当今世界激光、光电子行业中的一个极为引人注目的前沿研究方向。

基于飞秒激光的脉宽极窄，它可以在相对较低的脉冲能量下得到极高的峰值功率，使其与普通长脉冲激光相比显示出独特的优势，主要体现在以下几个方面。

① 加工过程中的非热熔性。飞秒激光材料加工实现相对意义上的"冷"加工，大大减弱和消除了传统加工中热效应带来的诸多负面效应。因此，飞秒激光加工的边缘极其整齐和精确，并能克服热效应带来的一切弊端。

② 加工区域可以小于聚焦尺寸，突破衍射极限等。飞秒激光受衍射规律的限制，其焦斑尺寸不可能小于半个波长。但由于其峰值功率极高，和物质相互作用时不是单光子过程，而是多光子过程，这样，具有高斯横向分布的飞秒激光光束和物质相互作用时不是在整个焦斑范围内，而是远远小于光斑，因此飞秒激光加工突破了衍射极限。

③ 加工材料的广泛性。玻璃、石英、陶瓷、半导体、绝缘体、塑料、聚合物、树脂等各种不同材料都可以利用飞秒激光直接进行微纳尺度的加工。图 9-8 为飞秒激光微加工磷化铟、硅、金刚石和聚合物材料的实例。

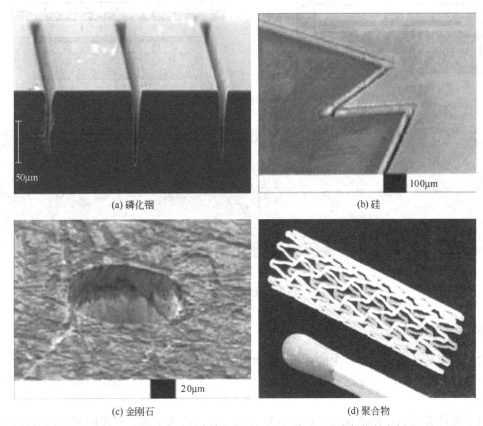

(a) 磷化铟　　　　　　　　　　　　(b) 硅

(c) 金刚石　　　　　　　　　　　　(d) 聚合物

图 9-8　飞秒激光微加工磷化铟、硅、金刚石和聚合物材料实例

飞秒激光在细微加工的应用主要包括：对石英、玻璃、晶体、光纤等各种透明材料内部进行三维加工和改性；可以通过飞秒激光双光子聚合细微加工技术来实现工业中聚合物的制备；在生物医学领域，飞秒激光具有的能量低、损伤小、准确度高并能在三维空间上严格定位等优点，使其能最大限度地满足生物医学领域的特殊需要；在细胞工程领域，应用飞秒激

光在活体细胞内实现了纳米手术操作而不伤及细胞膜，飞秒激光的这些操作技术对基因疗法、细胞动力学、细胞极性、抗药性以及细胞内部不同成分和亚细胞异质结构等方面的研究都具有积极意义。

采用飞秒激光驱动飞片还可以进行表面细微成形。激光冲击微成形装置如图 9-9 所示。成形装置主要由约束层、飞片、飞行腔、箔板（靶材工件）和微模具组成。约束层采用透明介质，使得聚焦后的高功率密度脉冲激光可以穿过约束层作用于飞片，一般飞片的厚度在几微米到几十微米之间，激光在纳秒级的时间辐射到飞片表面，使飞片表面材料迅速气化，气化部分的材料形成高温高压等离子体，在激光脉宽时间内等离子体继续吸收激光能量使得等离子体膨胀爆炸，在飞片上产生 GPa 级的冲击压力使飞片以很高的速度向前运动。高速运动的飞片作为激光能量的载体，经过飞行腔后与工件材料发生碰撞，在碰撞界面上产生碰撞压力。当碰撞压力超过工件的动态屈服强度后，将使得工件在凹模中发生塑性变形，复制凹模的形状实现箔板成形。图 9-10 为激光冲击微成形 SEM 形貌图。

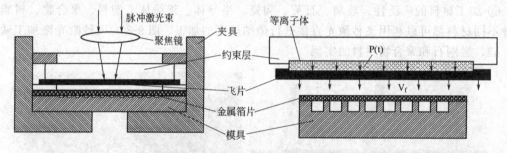

图 9-9　激光冲击微成形装置图

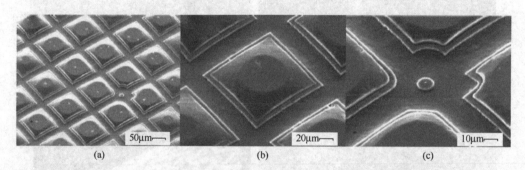

图 9-10　激光冲击微成形 SEM 形貌图

二、离子束细微加工

它是利用离子源中电离产生的离子，引出后经加速、聚焦形成离子束，向真空室中的工件表面进行冲击，以其动能进行加工。目前主要用于离子束注入、刻蚀、曝光、清洁和镀膜等方面。

离子源种类很多，特性各异，可按需要选用最合适的离子源。常用的离子源有冷阴极潘宁源、热阴极潘宁源、弗里曼源、双等离子体离子源等。离化的物质可以是固体和气体。其中气体离子源使用最普遍，工作原理是气体放电，即利用电子与气体或蒸气的原子碰撞产生等离子体，然后从等离子体引出离子束。常用的放电方式有：高频放电、电子振荡放电（简称 EOS）、低电压弧光放电、双离子电弧放电等。对离子源的基本要求是能够持续放电。图 9-11 是冷阴极潘宁离子源示意图。这种冷阴极源主要靠离子轰击阴极表面产生的次级电子维持放电。两个相对安装的阴极（K1 和 K2）中间有一个石墨制成的圆筒状的阳极（A），组成潘宁源的放电室，并处于轴向强磁场中。阴极可由钼、钽、石墨等材料制成。其结构简单，最大束流可达 2mA，寿命较长，可工作几个月，故被许多离子注入机所采用。它没有蒸发炉，只适于气态物质。

离子束在离子注入和镀膜等方面的应用，已在第六章、第七章分别加以介绍。离子束刻蚀（腐蚀）可用于集成电路等器件的制造。图 9-12 是离子腐蚀装置示意图，它用加速的 Ar^+ 溅射，即加速离子或中性原子与固体表面的原子相碰撞而将原子冲击出去，从而在被加工物表面上进行腐蚀。如前所述，这类干腐蚀可以进行极精密的加工，还可形成亚微米级的图形，如用于形成磁泡存储器的微细电极图形等。但是，由于离子腐蚀没有选择性，所以在半导体器件加工方面的应用受到许多限制。

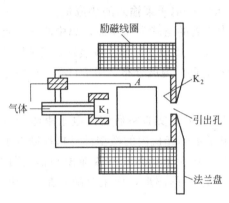

图 9-11　冷阴极潘宁离子源示意图

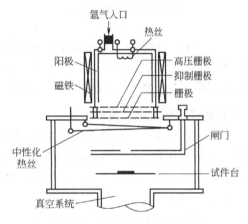

图 9-12　离子腐蚀装置示意图

三、电子束细微加工

它是利用阴极发射电子，经加速、聚焦成电子束，直接射到放置于真空室中的工件上，按规定要求进行加工。这种技术具有束径小、易控制、精度高以及对各种材料均可加工等优点，因而应用广泛，目前主要有两类加工方法。

① 高能量密度加工。电子束经加速和聚焦后能量密度高达 $10^6 \sim 10^9 \, W/cm^2$，当冲击到工件表面很小的面积上时，于几分之一微秒内将大部分能量转变为热能，使受冲击部分达到几千摄氏度高温而熔化和气化。

② 低能量密度加工。用低能量电子束轰击高分子材料，发生化学反应，进行加工。

1. 电子束加工装置

电子束加工装置通常由电子枪、真空系统、控制系统和电源等部分所组成。电子枪产生一定强度的电子束，可利用静电透镜或磁透镜将电子束进一步聚成极细的束径。其束径大小随应用要求而确定。如用于微细加工时，约为 $10 \mu m$ 或更小；用于电子束曝光的微小束径是平行度好的电子束中央部分，仅有 $1 \mu m$ 量级。

2. 电子束高能量密度加工

电子束高能量密度加工有热处理、区域精炼、熔化、蒸发、穿孔、切槽、焊接等。在各种材料上加工圆孔、异形孔和切槽时，最小孔径或缝宽可达 $0.02 \sim 0.03mm$。在用电子束进行热加工时，材料表面受电子束轰击，局部温度急剧上升，其中处于束斑中心处的温度最

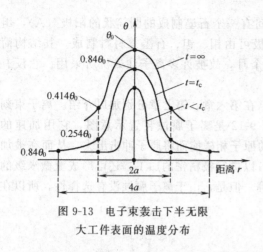

图 9-13　电子束轰击下半无限
大工件表面的温度分布

高。而偏离中心的温度急剧下降。图 9-13 为电子束轰击下半无限大工件表面的温度分布。图中 θ_0 表示电子束轰击时间 $t \to \infty$ 时平衡态下的表面中心温度，称为饱和温度。t_c' 表示表面中心温度为 $0.84\theta_0$ 时所需的时间，称为基准时间。有：

$$t_c = \pi a^2 \rho c / \lambda$$

$$\theta_0 = \Phi / (\pi a \lambda)$$

式中　a——电子束斑半径；

ρ——材料密度；

c——材料比热容；

λ——材料的热导率；

Φ——电子束输入的热流量。

由图 9-13 可以看出，电子束轰击时间达 t_c 后，中心处的温度为 $0.84\theta_0$，离中心约 a 处的温度为 $0.25\theta_0$，两者相差很大。因此在电子束热加工中，可以做到局部区域蒸发，其他区域则温度低得多。若反复进行多脉冲电子束轰击，可以形成急陡的温度分布，用于打孔、切槽等。

3. 电子束低能量密度加工

低能量密度加工主要用于电子束曝光等。图 9-14 为贝尔实验室研制的电子束曝光装置简图。从磁带读出预先设计的器件图形信息，随之电子束曝光机内的微型计算机控制电子束的偏转，工作台的位置以及电子束的通、断等，并向工作台上的晶片（或掩模）描绘图形。电子束直接曝光法适于描绘微细图形，也可形成宽 $0.1\mu m$ 的图形，而主要缺点是曝光时间长、生产率低，为此人们作了许多改进。

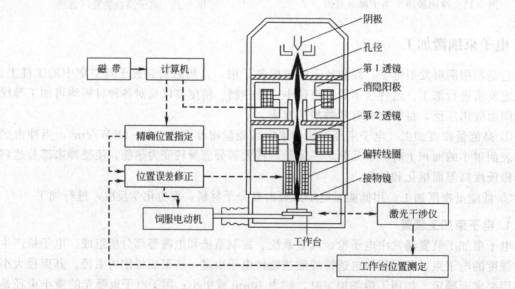

图 9-14　贝尔实验室的电子束曝光装置简图

四、超声波细微加工

它是利用超声波进行加工的一种方法，可用来清洗、焊接以及对硬脆材料进行加工等。超声波加工硬脆材料的原理如图 9-15 所示。由超声波发生器产生的 16kHz 以上的高频电流

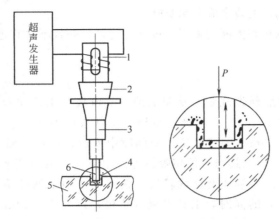

图 9-15　超声波加工硬脆材料原理示意图
1—换能器；2，3—变幅杆；4—工作液；5—工件；6—工具

作用于超声换能器上，产生机械振动，经变幅杆放大后可在工具端面（变幅杆的终端与工具相连接）产生纵向振幅达 0.01～0.1mm 的超声波振动。工具的形状和尺寸取决于被加工面的形状和尺寸，常用韧性材料制成，如未淬火的碳素钢。工具与工件之间充满磨料悬浮液（通常是在水或煤油中混有碳化硼、氧化铝等磨料的悬浮液，称为工作液）。加工时，由超声换能器引起的工具端部的振动传送给工作液，使磨料获得巨大的加速度，猛烈冲击工件表面，再加上超声波在工作液中的空化作用，来实现磨料对工件的冲击破碎，完成切削功能。通过选择不同工具端部形状和不同的运动方法，可进行不同的细微加工。

超声波加工适合于加工各种硬脆材料，尤其是不导电的非金属硬脆材料，如玻璃、陶瓷、石英、铁氧体、硅、锗、玛瑙、宝石、金刚石等。对于导电的硬质金属材料如淬火钢、硬质合金等，也能进行加工，但加工效率较低。加工的尺寸精度可达 ±0.01mm，表面粗糙度可达 $R_a = 0.63～0.08\mu m$。主要用于加工硬脆材料的圆孔、弯曲孔、型孔、型腔；可进行套料切割、雕刻以及研磨金刚石拉丝模等；此外，也可加工薄壁、窄缝和低刚度零件。

超声波加工在焊接、清洗等方面有许多应用。超声波焊接是两焊件在压力作用下，利用超声波的高频振荡，使焊件接触面产生强烈的摩擦作用，表面得到清理，并且局部被加热升温而实现焊接的一种压焊方法。用于塑料焊接时，超声振动与静压力方向一致，而在金属焊接时超声振动与静压力方向垂直。振动方式有纵向振动、弯曲振动、扭转振动等。接头可以是焊点；相互重叠焊点形成的连续焊缝；用线状声极一次焊成直线焊缝；用环状声极一次焊成圆环形、方框形等封闭焊缝。相应的焊接机有超声波点焊机、缝焊机、线焊机、环焊机。超声波焊接适于焊接高导电、高导热性金属，以及焊接异种金属、金属与非金属、塑料等，可焊接薄至 $2\mu m$ 的金箔，广泛用于微电子器件、微电机、铝制品工业以及航空、航天领域。

五、电解细微加工

它是在电解抛光的基础上，利用金属在电解液中因电极反应而出现阳极溶解的原理，对工件进行加工。目前，电解加工已广泛用于打孔、切槽、雕模、去毛刺等。

1. 电解加工的特点

① 加工不受金属材料本身硬度和强度的限制。
② 加工效率约为电火花加工的 5～10 倍。
③ 可达到 $R_a = 0.2～1.25\mu m$ 的表面粗糙度和 ±0.1mm 的平均加工精度。

④ 不受切削力影响，无残余应力和变形。

⑤ 主要缺点是难以达到更高的加工精度和稳定性，并且不适宜进行小批量生产，电解液有腐蚀性。

2. 电解加工工艺

电解加工时，把按照预先规定形状制成的工具电极与工件相对放置在电解液中，两者距离一般为 $0.02\sim1mm$，工具电极为负极，工件接电源正极，两极间的直流电压为 $5\sim20V$，电解液以 $5\sim20m/s$ 的速度从电极间隙中流过，被加工面上的电流密度为 $25\sim150A/cm^2$。加工开始时，工具与工件相距较近的地方通过的电流密度较大，电解液的流速也较高，工件（正极）溶解速度也就较快。在工件表面不断被溶解（溶解产物随即被高速流动的电解液冲走）的同时，工具电极（负极）以 $0.5\sim3.0mm/min$ 的速度向工件方向推进，工件就被不断溶解，直到与工具电极工作面基本相符的加工形状形成和达到所需尺寸为止。

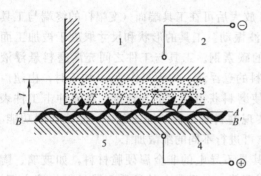

图 9-16　电解研磨复合抛光原理图
AA'—起始加工位置；BB'—最终加工位置；
l—电解间隙；1—工具电极；2—黏弹性体；
3—电解液；4—钝化膜；5—工件

电解液通常为 $NaCl$、$NaNO_3$、$NaBr$、NaF、$NaOH$ 等，要根据加工材料等情况来配置。电解加工除上述用途外，还可用于抛光。目前已有电解与其他加工方法复合在一起，构成了复合抛光技术，显著提高了生产效率与抛光质量。例如电解研磨复合抛光，它是把工件置于 $NaNO_3$ 水溶液［$NaNO_3$ 与水的质量比为（1:10）至（1:5）］等"钝化性电解液"中产生阳极溶解，同时借助分布在透水黏弹性体上（无纺布之类的透水黏弹性体覆盖在工具表面）的磨粒，刮擦工件表面波峰上随着电解过程产生的钝化膜（图 9-16）。工件接在直流电源的正极上。电解液经透水黏弹性体流至加工区。磨料含在透水黏弹性体中或浮游在电解液中。这种抛光技术能以很少的工时使钢、铝、铜、钛等金属表面成为镜面，甚至可降低波纹度和改善几何形状精度。

六、电火花细微加工

它是在液体介质（通常是低黏度的煤油或煤油与机油、变压器油的混合液）中，利用工具电极和工件之间脉冲性火花放电的电腐蚀现象对工件进行加工。

1. 电火花加工的特点

① 脉冲放电的能量密度高，可加工任何硬、脆、韧、软、高熔点的导电材料。

② 用电热效应实现加工，无残余应力和变形，同时脉冲放电时间为 $10^{-6}\sim10^{-3}s$，因而工件受热的影响很小。

③ 自动化程度高，操作方便，成本低。

④ 在进行电火花通孔和切割加工中，通常采用线电极结构方式，因此把这种电火花加工方式称为"无型电极加工"或称为"线切割加工"。

⑤ 主要缺点是加工时间长，所需的加工时间随工件材料及对表面粗糙度的要求不同而有很大差异。此外，工件表面往往由于电介质液体分解物的黏附等原因而变黑。

2. 电火花加工工艺

在电火花加工设备中，工具电极为直流电源的负极（成型电极），工件为正极，两极间充满液体电介质。当正极与负极靠得很近时（几微米，几十微米），液体电介质的绝缘被破坏而发生火花放电，电流密度达 $10^5 \sim 10^6 \mathrm{A/cm^2}$，然而电源供给的是放电持续时间为 $10^{-7} \sim 10^{-3} \mathrm{s}$ 的脉冲电流，电火花在很短时间内就消失，因而其瞬时产生的热来不及传导出去，使放电点附近的微小区域达到很高的温度，金属材料局部蒸发而被蚀除，形成一个小坑。如果这个过程不断进行下去，便可加工出所需形状的工件。使用液体电介质的目的是为了提高能量密度，减小蚀斑尺寸，加速灭弧和清除电离作用，并且能加强散热和排除电蚀渣等。电火花加工可将成型电极按原样复制在工件上，因此加工所用的电极材料应选择耐消耗的材料，如钨、钼等。

对于线切割加工，工具电极通常为直径 $0.03 \sim 0.04\mathrm{mm}$ 的钨丝或钼丝，有时也用 $0.08 \sim 0.15\mathrm{mm}$ 直径的铜丝或黄铜丝。切割加工时，线电极一边切割，一边又以 $6 \sim 15\mathrm{mm/s}$ 的速度通过加工区域，以保证加工精度。切割的轨迹控制可采用靠模仿型、光电跟踪、数字程控、计算机程控等。这种方法的加工精度为 $0.002 \sim 0.004\mathrm{mm}$，粗糙度 R_a 达 $1.6 \sim 0.4\mu m$，生产速率达 $2 \sim 10\mathrm{mm/min}$ 以上，加工孔的直径可小到 $10\mu m$。孔深度为孔径的 5 倍为宜，过高则加工困难。

电火花加工已获得广泛应用，除加工各种形状工作，切割以及刻写、打印铭牌和标记等，还可用于涂敷强化。电火花涂敷的设备和工作原理等与一般的电火花加工有所不同，它是通过电火花放电作用把电极材料涂敷于工件表面。

七、电铸细微加工

它的原理与电镀相同，但电镀仅满足于在工件表面镀覆金属薄层，以达到防护或具有某种功能的目的，而电铸则是在芯模表面镀上一层与之密合的、有一定厚度但附着不牢固的金属层，镀覆后再将镀层与芯模分离，获得与芯模型面凹凸相反的电铸件。

1. 电铸加工的特点

① 能精密复制复杂型面和细微纹路。

② 能获得尺寸精度高、表面粗糙度优于 $R_a = 0.1\mu m$ 的复制品，生产一致性好。

③ 芯模材料可以是铝、钢、石膏、石蜡、环氧树脂等，使用范围广，但用非金属芯模时，需对表面作导电化处理。

④ 能简化加工步骤，可以一步成型，而且需要精加工的量很少。

⑤ 主要缺点是加工时间长，如电铸 1mm 厚的制品，简单形状的需 $3 \sim 4\mathrm{h}$，复杂形状的则需几十个小时。电铸镍的沉积速度一般为 $0.02 \sim 0.5\mathrm{mm/h}$；电铸铜的沉积速度为 $0.04 \sim 0.05\mathrm{mm/h}$。另外，在制造芯模时，需要精密加工和照相制版等技术。电铸件的脱模也是一种难度较大的技术，因此与其他加工相比电铸件的制造费用较高。

2. 电铸加工工艺

电铸加工的主要工艺过程为：芯模制造及芯模的表面处理—电镀至规定厚度—脱模、加固和修饰—成品。

芯模制造前要根据电铸件的形状、结构、尺寸精度、表面粗糙度、生产量、机械加工工艺等因素来设计芯模。芯模分永久性的和消耗性的两大类。前者用在长期制造的产品上；后者在电铸后不能用机械方法脱膜，因而要求选用的芯模材料可以通过加热熔化、分解或用化学方法溶解掉。为使金属芯模电铸后能够顺利脱模，通常要用化学或电化学方法使芯模表面形成一层不影响导电的剥离膜，而对于非金属芯模则需用气相沉积和涂敷等方法使芯模表面形成一层导电膜。

从电镀考虑，凡能电镀的金属均可电铸，然而顾及性能和成本，实际上只有少数金属如铜、镍、铁、镍钴合金等才有实用价值。根据用途和产品要求来选择电镀材料和工艺。电铸制品包括分离电铸和包覆电铸两种。前者是在芯模上电镀后再分离，后者则在电镀后不分离而直接制成电铸制品。目前电铸制品的应用主要有以下四个方面：

① 复制品。如原版录音片及其压模、印模，以及美术工艺制品等。

② 模具。如冲压模、塑料或橡胶成型模、挤压模等。

③ 金属箔与金属网。电铸金属箔是将不同的金属电镀在不锈钢的滚筒上，连续一片地剥离而成。例如印刷电路板上用的电铸铜箔片。电铸金属网的应用较广，如电动剃须刀的刀片和网罩，食品加工器中的过滤帘网，各种穿孔的金属箍带，印花滚筒，等等。

④ 其他。例如雷达和激光器上用的波导管、调谐器，可弯曲无缝波纹管，火箭发动机用喷射管等。

八、光刻加工

它是用照相复印的方法将光刻掩模上的图形印制在涂有光致抗蚀剂的薄膜或基材表面，然后进行选择性腐蚀，刻蚀出规定的图形。所用的基材有各种金属、半导体和介质材料。光致抗蚀剂俗称光刻胶或感光胶，是一类经光照后能发生交联、分解或聚合等光化学反应的高分子溶液。光刻工艺按技术要求不同而有所不同，但基本过程通常包括涂胶、曝光、显影、坚膜、腐蚀、去胶等步骤。在制造大规模、超大规模集成电路等场合，需采用电子计算机辅助设计技术，把集成电路的设计和制版结合起来，即进行自动制版。

图 9-17 是光刻加工的一个实例：硅片氧化，表面形成一层 SiO_2（a）；在层表面涂布一层光致抗蚀剂即光刻胶（b）；在光刻胶层上面加掩模，然后用紫外线曝光（c）；曝光部分通过显影而被溶解除去（d）；浸入氢氟酸腐蚀液，使未被光刻胶覆盖的 SiO_2 部分被腐蚀掉（e）；再显影使光刻胶全部除去（f）；扩散，即向需要杂质的部分扩散杂质（g）。这样的过程往往需要重复数次。

1. 光致抗蚀剂的分类

根据形成图像的形态，光致抗蚀剂可分为两大类：

① 正型抗蚀剂。它在光照后发生光分解、光降解反应，使溶解性增大。这类抗蚀剂以邻重氮萘醌感光剂——酚醛树脂型为主。

② 负型抗蚀剂。它在光照后发生交联、光聚合，使溶解性减小。这类抗蚀剂以环化橡胶——双叠氮化合物、聚乙烯醇肉桂酸酯及其衍生物等为主。

目前使用较为广泛的光致抗蚀剂是上述的负型抗蚀剂，它与衬底材料（特别是金属）黏附性较好，并且具有较好的耐腐蚀性能。但是每种抗蚀剂都有一定的优缺点，所以要根据产品要求进行合理的选择。同时，为使刻蚀出来的图像重叠精度高，清晰，没有钻蚀、毛刺、针孔和小岛等缺陷，必须严格按工艺要求进行。

2. 光刻加工工艺

为了提高分辨率和灵敏度，新的光致抗蚀剂和相关的工艺技术正在不断开发出来，现将各基本工序简述如下。

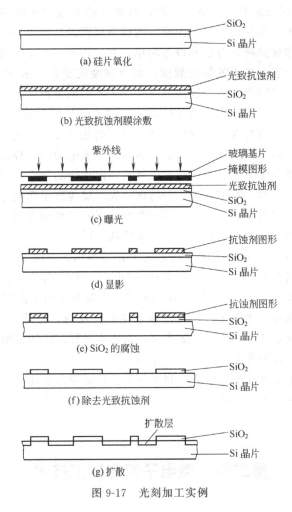

图 9-17 光刻加工实例

① 涂胶。一般是在涂胶机上用旋转法涂敷，其他方法有刷涂、浸渍和喷涂等。厚度约 $5\mu m$ 光刻的分辨率约为胶膜厚度的 $5\sim8$ 倍，故在精密图形的光刻中胶膜厚度选择在 $1\mu m$ 左右。涂敷后往往要在一定温度下烘烤，使胶膜中残存溶剂充分逸出来。

② 曝光。掩模与胶膜贴紧曝光的方法称为接触式曝光。其分辨率较高，图形畸变小，但胶膜容易受到磨损，因而产生了掩膜不与胶膜接触的其他曝光方式，如投影曝光。它可放大和缩小，其复印精度取决于所采用的光学系统。曝光通常采用能提供丰富紫外线的高压汞灯，紫外线波长约 $0.35\sim0.45\mu m$，在掩模-抗蚀剂-衬底界面存在光的衍射、反射和干涉作用，使加工极限难以突破 $0.4\mu m$ 左右。为了超过这个极限，研究了 $0.2\sim0.35\mu m$ 波长范围的深紫外线曝光。后来又研究了准分子激光光刻技术。另外 X 射线曝光也是一种高精度复印方式，其波长约零点几纳米，可忽视光的衍射、反射和干涉作用，得到的线宽可达 $0.1\mu m$，但存在位置对准困难和需要较严格的防护等缺点。关于电子束和离子束曝光在前面"电子束加工"和"离子束加工"中已介绍。

③ 显影。不同的光致抗蚀剂要求使用不同的显影液。如对于 PVAC 胶最常用的显影液是丁酮；对 PVA 这类重铬酸胶质光刻胶，通常只用 $40℃$ 或 $50℃$ 温水显影。

工件显影后需在一定温度下焙烘，使胶膜中残存的溶剂或水分彻底除去，并改善胶膜与衬底的黏附性能。这个工序称为"坚膜"。

④ 腐蚀。它是选用合适的腐蚀方法，将没有被胶膜覆盖的衬底部分腐蚀掉，而将有胶膜覆盖的区域保留下来，刻蚀出精细的图形。腐蚀有湿腐蚀和干腐蚀之分。湿腐蚀是选用一定成分的酸、碱溶液作腐蚀液，方法和设备简单，并已积累了丰富的经验，常用于图形要求不太精细的场合。但是它有严重的钻蚀效应，难以刻蚀线宽在 $3\mu m$ 以下的图形，同时还有污染和不易实现自动化等问题，故干腐蚀方法受到了人们的重视。

干腐蚀按其作用机理一般分为等离子体腐蚀、离子束和溅射腐蚀、反应离子腐蚀三类。等离子体腐蚀是利用气体辉光放电中等离子体所引起的化学反应来达到腐蚀的一种技术，此时要选择合适的放电气体，以能使要除去的材料在辉光放电中形成挥发性生成物。离子束腐蚀与溅射腐蚀合称为离子腐蚀，它们都是利用具有一定动能的惰性气体（如氩气等）的离子轰击基底表面而造成刻蚀的，基本上是一种物理过程。反应离子腐蚀是将离子轰击的物理效应和活性粒子的化学效应两者结合起来，因而兼有前面两种腐蚀方法的优点，即不仅有高的腐蚀速度，又有良好的方向性和选择比，能刻蚀精细图形。

⑤ 去胶。腐蚀结束后，光致抗蚀剂就完成了它的作用，此时要设法把这层无用的胶膜去掉。去胶主要有溶剂去胶、氧化去胶和等离子去胶等方法。等离子去胶是在一定的反应室中先抽真空到 $1\sim10Pa$，然后通入一定流量的氧气，在射频电场下激发形成氧等离子体，其中活化氧原子具有很强的氧化能力，与光刻胶发生氧化反应，形成可挥发性的 CO_2、H_2O 以及其他气体，被真空泵抽走。该方法效率高，表面质量好，不用强酸和有机溶剂等有害物品，并且不依赖于光刻胶的种类，故被广泛使用。

光刻质量除与上述光致抗蚀剂的种类和光刻工艺有密切关系外，还与掩模版质量直接相关。常规的制版采用照相法，现在已开发出计算机的自动制版技术。

第二节 微电子细微加工技术

一、细微加工技术对微电子技术发展的重大影响

微电子技术的迅速发展，使人们的生产和生活发生了很大的变化。所谓微电子技术，就是制造和使用微小型电子器件、元件和电路而能实现电子系统功能的技术。它具有尺寸小、重量轻、可靠性高、成本低等特点，使电子系统的功能大为提高。这项高技术是以大规模集成电路为基础发展起来的，而集成电路又是以细微加工技术的发展作为前提。在一块陶瓷衬底上可包封单个或若干个芯片，组成超小型计算机或其他多功能电子系统。同时，可与系统设计、芯片设计自动化、系统测试等其他现代科技成果相结合，组成微电子技术整体。它还能与其他技术互相渗透，逐步演变成极其复杂的系统。

自 1958 年世界上出现第一块平面集成电路以来，集成电路的集成度不断提高：一个芯片包含几个到几十个晶体管的小规模集成电路（SSI）—包含几千、几万个晶体管的大规模集成电路（LSI）—包含几十万、几百万、几千万个晶体管的超大规模集成电路（VLSI）。目前已从特大规模集成电路（ULSI）向吉规模集成电路（GSI 或称吉集成）进军，可在一个芯片上集成几亿个元器件（256Mbit DRAM，即 256 兆位动态随机存储器），最细宽约 $0.2\sim0.25\mu m$。现在可生产出每个芯片上集成数十亿个元器件、最细线宽达 $0.1\sim0.18\mu m$ 的 1 吉位 DRAM（即 1024 兆位动态随机存储器）。一个芯片上的集成度以每隔 3 年大约上升 4 倍

的高速度向前发展。这样巨大的变化首先应归功于高速发展的细微图形加工技术。

微电子技术的发展除不断提高集成度之外，另一个方向就是不断提高器件的速度。要发展更高速度的集成电路，一是把集成电路做得小，二是使载流子在半导体内运动更快。提高电子运动速度的基本途径是选用电子迁移率高的半导体材料。目前已开发的砷化镓等材料，它们的电子迁移率比硅高得多。另一类引人注目的材料是超晶格材料。这是通过材料内部晶体结构的改变而使电子迁移率显著提高的。如果把一种材料与另一种材料周期性地放在一起，比如把砷化镓和镓铝砷一层一层夹心饼干似地生长在一起，并且每一层做得很薄，达几个原子厚度，就会使材料的横向性能和纵向性能不一样，形成很高的电子迁移率。原来认为工业生产这种超晶格材料很难，但是由于分子束外延（MBE）和有机化学气相沉积（MOCVD）等生产超薄层表面技术的发展，从而在制作工艺上取得了突破。

当晶体管本身的速度上去了，在许多情况下集成电路延迟时间的主要矛盾会落在晶体管与晶体管之间的引线（互连线）上。要降低引线的延迟时间，可采用多层布线，减少线间电容。据估计，多层布线达 $8 \sim 10$ 层，才能使引线对延迟时间的影响不起主要作用。多层布线是一项重要的细微加工技术，人们关注它的发展，不仅在于它的功能、质量，还在乎它的成本。

人们为满足不同领域的应用需要，生产了许多标准通用集成电路。目前全世界集成电路（IC）的品种多达数万种，但是仍然不能满足用户的广泛需要。用标准 IC 组合起来很难满足各种不同的用途，同时增加了 IC 块数、器件的体积和重量，并且可能降低器件的性能和可靠性，于是专用集成电路（ASIC）便应运而生。ASIC 的生产，例如采用门阵列的方式，把门阵列预先设计制作在半导体内，有的把第一次布线也布好了。然后根据需要进行第二次布线，做成需要的品种。这种方法能做到多品种、小批量的生产，周期短，成本低，使超大规模集成电路的应用范围大大扩展。

综上所述，表面细微加工技术是微电子技术的工艺基础，并且对微电子技术的发展有着重大的影响。

二、微电子细微加工技术的分类和内容

从目前的研究和生产情况来归纳，微电子细微加工技术主要由精密控制掺杂技术、外延技术、薄膜晶体及薄膜生长技术和细微图形加工技术四部分组成。

1. 掺杂技术

为了在半导体中形成 P 型和 N 型区，要将一定的杂质原子掺入，随着集成电路高集成度化的发展，对掺入技术的精度要求越来越高。硅的掺杂方法有许多种，工业上常用的方法有以下几种。

① 化学源扩散法。扩散源为含杂质的化合物液体或气体，将硅置于其蒸气中，通过时间与温度的控制来决定掺杂的深度与浓度。目前用 $POCl_3$、$B(CH_3O)_3$、BBr_3 等液体扩散源以及 PH_3 和 BCl_3 等气体扩散源较多。

② 平面源扩散法。它是用氮化硼、氧化硼微晶玻璃片等片状杂质源与硅片间隔放置在开槽的石英舟上并保持平行，用高纯氮气保护，杂质源表面蒸发的杂质蒸气具有一定的浓度梯度，在高温化学反应下杂质原子向硅片扩散，形成 P 层。

③ 固态源箱法扩散。它是将硅片与杂质源放在一个密闭的箱内，在氮气保护下进行高温扩散。目前双极型隐埋层扩散大多采用以 Sb_2O_3 为杂质源的箱法扩散，形成 N 型层。

④ 离子注入法。用这种方法掺杂，通常剂量偏差小于±1%，其均匀性远高于上述的扩散法。离子注入对于浅结形成最为有利。特别是利用控制加速电压，通过预先设置的半导体表面薄膜或掺杂层，可向其内部进行掺杂。一般扩散法需在 $900 \sim 1200℃$ 高温下进行，而离子注入可在 $300℃$ 以下操作，当剂量少时还可在室温下进行。一般扩散法的掺杂剂为 B、P、As、Sb 等，浓度受掺杂剂在硅中溶解度的限制，而离子注入是在非平衡态下掺杂，各种掺杂剂都可用，并且注入浓度变化范围广。另外，离子注入还具有受沾污很小和无横向扩散等优点。离子注入的缺点是高浓度注入时间长，离子注入后晶格损伤较大（为此，离子注入后，工件必须进行"退火"），不能实现深结，设备昂贵等。

离子注入与扩散法各有优缺点，因而各有一定的用途。

2. 外延技术

外延技术是制备半导体器件的重要技术，它是在单晶基底上沿其晶向连续生长具有特定参数的单晶薄层的方法。根据基底材料与外延材料的化学组成可将外延法分为：

① 真同质外延。它是指基底与外延层的化学组成，包括掺杂剂与浓度都完全相同的外延生长。它未获实际应用。

② 赝同质外延（简称同质外延）。它是指基底与外延层的主化学组成相同，但其掺杂剂或掺杂浓度不同。

③ 真异质外延。它是指基底与外延层的化学组成完全不同。

④ 赝异质外延。它是指基底与外延层的化学组成中有一个或部分组成相同。

上述③和④统称为异质外延。

外延生长方法有许多种，主要是化学气相外延、液相外延、固相外延、分子束外延、离子束（团）外延和化学分子束外延，其中用得最多的是化学气相外延。硅化学气相外延以 H_2 为载气，用 $SiCl_4$、$SiHCl_3$、SiH_2Cl_2 或 SiH_4 为硅源。进行外延的温度较高，例如用 $SiCl_4$ 源时，外延温度为 $1150 \sim 1250℃$，生长速度为 $0.4 \sim 1.5 \mu m/min$。N 型掺杂用 PH_3 或 AsH_3，P 型掺杂用 B_2H_5。

在硅基底上外延硅是同质外延；如果在绝缘体上外延硅，则为异质外延。后者可去掉 PN 结电容，速度高，提高集成密度，这种外延简称 SOI。它分为两种，一是在厚绝缘基底上外延 Si；二是在厚硅片上生长薄 SiO_2 后再外延 Si。在 SiO_2 上外延 Si 的 SOI 结构又有几种。例如在注入隐埋 SiO_2 上外延，它先在 Si 片上注氧，具体是用束流 $2 \times 10^{18} cm^2$、150keV 注入后，氧进入 Si 表面层下留下约 40nm 厚的单晶层，再在 $1150℃$、N_2 保护下退火 3h 表面再结晶得到 $0.15 \mu m$ 厚的单晶 Si，下面是 $0.45 \mu m$ 厚的 SiO_2，然后外延 $0.2 \mu m$ 厚的 Si，这样总共单晶厚 $0.35 \mu m$，可用来制作 CMOS 超大规模集成电路。

SOI 也可用固相外延法得到。通常是在开有窗口的 SiO_2 上沉积一层多晶 Si，用硅离子注入使之变为非晶硅（α-Si），经过 $500 \sim 600℃$ 退火，此时窗口下的单晶 Si 成为籽晶，使 α-Si 转化为单晶 Si，并侧向生长，使 SiO_2 上的 α-Si 全部转化为单晶 Si。

3. 表面薄膜生长技术

在集成电路中要求有各种材料、各种厚度的薄膜；在大规模、超大规模集成电路中，提出了要求更高的、品种更多的各种绝缘膜、金属膜、钝化膜、光学膜等。这就需要用各种物理气相沉积（PVD）和化学气相沉积（CVD）等方法来制作薄膜。

面向 21 世纪的超大规模集成电路（VLSI）的发展，CMOS 电路提高集成度、微细化，必然引起巨大的技术开拓。预计近年的 CMOS 设计规则将是 $0.1 \sim 0.18 \mu m$ VLSI 普及和实用化，2010 年预计达到 $0.07\mu m$，由于纳米级细微加工技术的发展，人们将实现 1 芯片 10 亿个晶体管元件的吉规模集成电路（GSI）的设想。世界集成电路市场自 1970 年开始每年约增长 21.9%，产量直线上升，集成电路的最大消费市场是计算机 PC 机。另外，细微加工技术不仅是集成电路的发展基础，也是半导体微波技术、声表面波技术、光集成等许多先进技术的发展基础。细微加工技术在微电子技术成就的基础上，正在向一系列重要领域（包括微机械技术等）推进，展现了远大的发展前景。

4. 细微图形加工技术

在基板表面上形成所要求的薄膜图形主要有三种方法：

① 反向刻蚀法（剥蚀法）。它可以用丝网印刷术印刷或用感光树脂（光刻胶）在基板表面上形成负图像，然后采用真空蒸镀、溅射、CVD 等方法进行全表面镀膜，接着把制品浸泡在容易溶解负像物质的溶剂中，这样在把形成负像物质泡胀溶解的同时，将镀在其上的薄膜剥蚀下来，使基板表面上留下所要求的正像薄膜图形。

② 一般的光刻法。它是用真空蒸镀等方法在全基板表面上镀膜后，用丝网印刷术印刷正像或将光刻胶在基板上形成正像，然后将相当于负像部分（露出部分）的薄膜用化学（湿法）刻蚀或者干法刻蚀法除掉，并将残留在其正像上面的丝网印刷用的油墨或光刻胶用相应溶剂溶解掉，也可以经干燥处理形成灰尘的方法清除掉，最后在基板上形成所要求的薄膜正像。

③ 掩模法。它是将具有负像的掩模贴在基板上，然后用真空蒸镀等方法将薄膜镀在基板全表面上，取下掩模后即可获得所要求的薄膜正像。

以上三种方法各有一定的优缺点，但是在形成薄膜图形中工序最少的方法是掩模法。它所用的掩模是用一定材料和工艺制作的，例如蒸镀用掩模常用钼、钴等金属以及石墨和玻璃，开孔加工可用超声、电子束等。

集成电路是将互相连接的电路元件如薄膜晶体管、电容、电阻等，按规定的位置制作在半导体基板上。这种芯片的制造要经历一系列精细而复杂的加工过程，即通过诸如外延、沉积、氧化、扩散、注入和金属等工艺制造出十分精细而复杂的多层立体结构。其中每层介质材料的几何图形及层与层之间的相互关系，通常就是借助一整套掩模版采用多次光刻工艺来实现的。

关于光刻工艺，前面已作过介绍。为了提高光刻分辨率，制造更高密度的集成电路，以及降低缺陷密度和提高生产效率，人们提出了一系列的改进措施，主要是：

① 在光掩模制作上采用移相掩模（phase-shift masks）技术，即在高集成度的光掩模中所有相邻的透明区，相间地增加或减薄一层透明介质（称移相层），使透过这些移相层的光的相位与相邻透明区透过的相位差 180°，利用光的相干性抵消一部分衍射扩展效应而提高分辨率。

② 在曝光工序上采用以激发深紫外波长的准分子激光器这一曝光光源，显著提高曝光分辨率。

③ 在化学上使用反差增强技术，即使用反差增强层（CEI）以及开发新型高分辨率、耐干法刻蚀性能的抗蚀剂。还有利用光敏酸发生剂受光照后生成酸离子，使光致抗蚀剂中各组分间发生连锁反应，加快光化学反应速度，从而提高辐照曝光的感光灵敏度，这称为光致抗蚀剂化学增幅技术。

④ 在刻蚀技术方面，为了实现 $0.01\sim0.1\mu m$ 图形超精细加工，人们加强高能粒子束直

接扫描成像技术的研究，同时在以三维加工技术和自对准技术为代表的"几何技巧"上也深入研究，并取得了一些新的成果。

第三节　微结构功能表面切削新技术

功能表面是指通过优化加工过程进而使近表面材料性质及特征发生改变以形成具有特定功能和结构的表面。

近年来，随着航空航天、信息处理、生物医学以及微电子技术的发展，人们对具有特定功能微结构表面的需求越来越广泛，受应用需求驱动的影响，目前，国内外针对微结构功能表面制造技术的研究也在不断深入，同时新的加工方式也在不断出现。因微切削加工技术具有加工材料范围广泛、加工成本低、生产效率高等诸多优点，从而成为微结构功能表面的主要加工技术之一。

1. 微结构表面

微结构是指具有特定功能的微小表面拓扑结构，如有规则的几何外形的凸起、四槽及微透镜阵列等，如图9-18所示，为通过金刚石超精密车削获得的微沟槽和微金字塔结构。微结构功能表面是指分布着具有高深宽比、特定几何特征的微结构，用以转化元件的机械、物理和化学性能并由此表现出特定功能的表面。

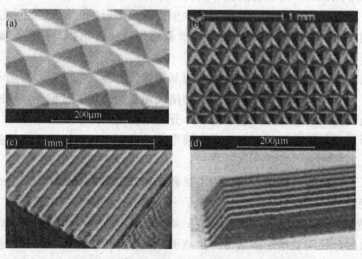

图9-18　金刚石超精密车削获得的微结构

2. 微结构切削理论问题

微切削与普通切削相比都是一个材料机械去除的过程，所不同的是由于微切削加工时材料去除尺度小，通常为几微米甚至更小，这样的尺度与多数金属材料的晶粒尺寸处于同一数量级。刀具在这种尺度下切削加工时，基本是在晶粒内部切削，工件材料已无法看作一个连续体，需要同时考虑晶格方向和晶界对切削过程的影响，这时传统的以连续介质力学为基础的切削理论已不适于微切削。

宏观切削理论一般假定切削过程中工件材料变形均匀，着重研究机床性能，刀具几何参数及切削速度、进给量、切削深度等切削用量对切削力、切削温度、刀具寿命、表面质量等的影响。当切削用量减小到微米级时，微切削过程出现强烈的尺度效应、犁耕效应及最小切削厚度现象，以经典连续介质力学为理论基础的宏观切削理论不含表示材料特征尺度的量，不能反映微切削过程中工件材料在微观尺度下的变形行为。

3. 光学元件细微切削加工

超精密加工技术在微光学元件加工中的应用实例也在逐渐增多，已成功地应用于隐形眼镜、多棱镜、非球面透镜、微透镜阵列、金字塔微结构表面、减速反射光栅等微结构表面的加工。

影响微结构超精密金刚石加工精度及质量的因素很多，主要有超精密机床、金刚石刀具、被加工材料、工艺设计、工作环境、测量及误差补偿以及操作者的技艺等，加工过程中必须加以考虑。

超精密切削加工必须使用超精密切削加工用材料，才能保证加工质量。在加工过程中，应该制定相应合理的工艺路线来保证零件的加工精度，首先应做到粗加工、精加工各阶段切削余量合理分布，要合理安排热处理工序，适时进行人工时效及冷冻处理，避免材料本身内部应力释放影响零件加工前后的稳定性。其次，零件的装夹方式也要精心安排，避免装夹变形量大于零件的微量切削。在微结构表面的超精密加工中，由于是微量去除，可能产生变形大于加工余量的情况。因此，最好能做到无变形装夹，例如采用真空负压吸附和用胶粘合等方法。对于刚性差的零件，还要考虑加辅助结构等方案。再次，要高度重视刀具的选择、安装及调试这一非常重要的环节。要根据被加工材料，微结构的几何和光学特性，合理选择或者设计加工刀具。安装刀具时，通过调整试切使刀具半径中心与零件回转中心一致。

由于单晶金刚石刀具的耐用度很高，高速切削时刀具磨损也很小，因此，切削速度并不受刀具耐用度的限制，而是受所用机床及切削控制系统的动特性限制，一般应选择机床及其切削系统振动最小的转速，才能保证被加工的微结构表面的质量最高。在微结构功能表面的超精密车削过程中，由于材料的不同必然要求选用不同的切削参数。这些切削参数直接影响被加工的微结构的表面质量。在光学系统中表面质量导致光散射，表面散射出了影响光能量的损失之外，将减小光学传递函数的性能。因此，在试验中需要不断摸索优化削切参数。除了上述的影响因素之外，在微结构表面的超精密加工过程中，加工环境、误差补偿技术设备及操作者的加工经验和技术水平对微结构功能表面金刚石超精密加工质量也都有一定的影响。

复习思考题

1. 表面细微加工技术主要包括哪些方面，比较各自的特点和优势。
2. 试比较激光束表面细微加工的原理、特点和应用。
3. 试分析电子束细微加工技术的原理、特点及其对设备的要求。
4. 什么是微电子技术，分析微电子对细微加工技术的要求。
5. 分析比较各种细微加工技术在微电子技术中的应用。

第十章

表面分析和性能测试

近年来表面技术发展迅速，现代科学技术的迅速发展为表面分析和检测提供了强有力的手段。电测技术、超高真空技术、计算机技术以及表面（或薄膜）制备的发展，各种显微镜和分析谱仪出现和完善，为表面研究提供了良好的实验条件，有可能精确地直接获取各种表面信息，有条件从电子、原子、分子水平去认识表面现象。

在工程技术上，各种表面检测对保证产品质量、分析产品失效原因是必要和重要的。本章先简要介绍表面分析的类别、特点和功能，然后介绍某些重要的表面分析技术，最后举例介绍表面检测的类别、项目、内容和方法。

第一节　表面分析

要全面描述固体材料表面状态，需从宏观到微观逐层次对表面进行分析研究，来阐明和利用各种表面特性，分析包括：表面形貌、显微组织结构、表面成分、表面原子排列结构、表面原子动态及受激态和表面的电子结构。

一、表面形貌和显微组织结构分析

材料、构件、零部件和元器件在经历各种加工处理后或在外界条件下使用一段时间之后，其表面或表层的几何轮廓及显微组织会有一定的变化，可以用肉眼、放大镜和显微镜来观察分析加工处理的质量以及失效原因。显微镜发展迅速，种类很多，如透射电子显微镜、扫描电子显微镜、离子显微镜、扫描隧道显微镜，用各种显微镜可在宽广的范围内观察表面形貌和显微组织。

二、表面成分分析

目前已有许多物理、化学和物理化学分析方法可以测定材料的成分。例如利用各种物质特征吸收光谱的吸收光谱分析，以及利用各种物质特征发射光谱的发射光谱分析，都能正确、快速分析材料的成分，尤其是微量元素。又如 X 射线荧光分析，是利用 X 射线的能量轰击样品，产生波长大于入射线波长的特征 X 射线，再经分光作为定量或定性分析的依据。这种分析方法速度快、准确，对样品没有破坏，适宜于分析含量较高的元素。但是，这些方法一般不能用来分析材料量少、尺寸小而又不宜作破坏性分析的样品，因此通常也难以作表面成分分析。

如果分析的表层厚度为 $1\mu m$ 的数量级，那么这种分析称为微区分析。电子探针微区分析（EPMA）是经常采用的微区分析方法之一。它是一种 X 射线发射光谱分析，用高速运动的电子直接轰击被分析的样品，而不像 X 射线荧光分析那样是用一次 X 射线轰击样品。

高速电子轰击到原子的内层，使各种元素产生对应的特征 X 射线，经分光后根据波长及其强度作定性和定量分析。电子探针可与扫描电子显微镜结合起来，即在获得高分辨率图像的同时，进行微区成分分析。

对于一个或几个原子厚度的表面成分分析，需要更先进的分析谱仪，即利用各种探针激发源（入射粒子）与材料表面物质相互作用以产生各种发射谱（出射粒子），然后进行记录、处理和分析。

目前各种分析谱仪的入射粒子或激发源主要有电子、离子、光子、中性粒子、热、电场、磁场和声波等八种，而能接收自表面出射、带有表面信息的粒子（发射谱）有电子、离子、中子和光子四种，因此总共有 32 种基本分析方法。如果考虑激发源能量、进入表面深度以及伴生的物理效应等不同，那么又可派生出多种方法，加起来有 100 多种分析方法。

用分析谱仪检测出射粒子的能量、动量、荷质比、束流强度等特征，或出射波的频率、方向、强度以及偏振等情况，就可以得到有关表面的信息。这些信息除了能用来分析表面元素组成、化学态以及元素在表面的横向分布和纵向分布等表面成分的数据外，还有分析表面原子排列结构、表面原子动态和受激态、表面电子结构等功能。

三、表面原子排列结构分析

表面原子或分子的排列情况与体内不一。如前所述，晶体表面大约要经过4~6个原子层之后，原子排列才与体内基本相似。晶体表面除重构和弛豫等之外，还有台阶、扭折、吸附原子、空位等缺陷。这是晶体清洁表面的情况。实际表面有更复杂的表面结构。表面吸附、偏析、化学反应以及经过加工处理，都会引起表面结构的变化。

测定表面结构，对于阐明许多表面现象和材料表面性质是重要的。目前经常采用 X 射线衍射和中子衍射等方法来测定晶体结构。X 射线和中子穿透材料的能力较强，分别达几百微米和毫米的数量级，并且它们是中性的，不能用电磁场来聚焦，分析区域为毫米数量级，难以获得来自表面的信息。电子与 X 射线、中子不同，它与表面物质相互作用强，而穿透材料的能力较弱，一般为 $0.1\mu m$ 数量级，并且可以用电磁场进行聚焦，因此电子衍射法经常用于微观表面结构分析，例如对材料表面氧化、吸附、沾污以及其他各种反应产物进行鉴定和结构分析。利用电子衍射效应进行表面结构分析的谱仪较多，如低能电子衍射（LEED）和反射式高能电子衍射（RHEED），还有反射电子衍射（RED）、电子通道花样（ECP）、电子背散射花样、X 射线柯塞尔花样（XKP）等。

除了利用电子衍射效应，其他一些谱仪如离子散射谱（ISS）、卢瑟福背散射谱（RBS）、表面灵敏扩展 X 射线吸收细微结构（SEXAFS）、角分解光电子谱（ARPES）、分子束散射谱（MBS）等，都可直接或间接用来分析表面结构。

现在已经使用一些先进的显微镜来直接观察材料表面原子排列和缺陷情况，如高压电子显微镜（HVEM）、分析电子显微镜（AEM）、场离子显微镜（FIM）、扫描隧道显微镜（STM）等。

四、表面原子动态和受激态分析

这方面主要包括表面原子在吸附（或脱附）、振动、扩散等过程中能量或势态的测量，由此可获得许多重要的信息。

例如用热脱附谱，通过对已吸附的表面加热，加速已吸附的分子脱附，然后测量脱附率在升温过程中的变化，由此可获得有关吸附状态、吸附热、脱附动力学等信息。其他分析谱仪如电子诱导脱附谱、光子诱导脱附谱等也可用来研究表面原子吸附态。

又如表面原子振动与体内原子振动有差异。在完整晶体中，一个振动模式常扩展到整个晶体。若是实际晶体，则在缺陷附近有可能存在局域的振动模式。对材料表面而言，由于晶格的周期在此发生中断，因而也可能存在局域于表面附近的振动模式，在距表面远处其振幅趋于零。这种表面振动影响着表面的光学、热学、电学性质，以及对电子或其他粒子的散射等。电子能量损失谱、红外光谱、拉曼散射谱等分析谱仪可用来分析表面原子振动。

五、表面的电子结构分析

表面电子所处的势场与体内不同，因而表面电子能级分布和空间分布与体内有区别。特别是表面几个原子层内存在一些局域的电子附加能态（称为表面态），对材料的电学、磁学、光学等性质以及催化和化学反应中都起着重要的作用。

表面态有两种。一种是本征表面态，它是由晶体内部的周期性势场至表面附近时突然中断而产生的电子附加能态。另一种是外来表面态，它是由表面附近的杂质原子和缺陷引起的电子附加能态。因为晶体的周期性势场至杂质原子和缺陷附近时也会突然中断，而表面处的杂质原子和缺陷比体内多得多，所以表面的这种电子附加能态也是重要的。

目前半导体制备技术已经达到很高的水平，可以制备出纯度和完整性非常高的半导体材料，体内杂质和缺陷极少，因此半导体的表面态是较为容易检测的。玻璃、金属氧化物和一些卤化物由于禁带中有电子、空穴和各种色心等引起的附加能级，所以表面态不容易从这些附加能级中区分开来。金属没有禁带，而体电子在费米（Fermi）能级处的能级密度很高，表面态也难于区分。虽然金属和绝缘体材料的表面态检测有困难，但是随着分析谱仪技术的发展。这些困难将逐步得到克服。

研究表面电子结构的分析谱仪主要有紫外光电子谱（LIPS）、角分解光电子谱（ARPES）、场电子发射能量分布（FEED）、离子中和谱（INS）等。

第二节　表面分析仪器和测试技术简介

一、电子显微镜（TEM）

1. 透射式电子显微镜（TEM）

电子被加速到100keV时，其波长仅为0.37nm，为可见光的$1/10^5$左右，因此用子束来成像，分辨本领大大提高。现在电子显微镜的分辨本领可高达0.2nm左右。

透射式电子显微镜是应用较广的电子显微镜。电子穿过电磁透镜与光线穿过光学透镜有着相似的成像规律。如图10-1所示，在高真空密封体内装有电子枪、电磁透镜（双聚光镜、物镜、中间镜及投影镜）、样品室和观察屏（底片盒）等。电子枪由阴极（灯丝）、栅极和阳极组成。电子枪发出的高速电子经聚光镜后平行射到试样上。试样要加工得很薄，也可按被观察实物的表面复制成薄膜。穿过试样而被散射的电子束，经物镜、中间镜和投影镜三级放大，在荧光屏上成像。在物镜的后焦面处装有可控制电子束的入射孔径角的物镜光阑，以便获得最佳的像衬度和分辨率。

2. 扫描电子显微镜（SEM）

究竟能看清多大的细节，这不仅和显微镜的分辨本领有关，而且还与物体本身的性质有关。例如对于羊毛纤维、金属断口等，用光学显微镜，因其景深短而无法观察样品的全貌。用透射电镜，因试样必须做得很薄，故也很难观察凹凸如此不平的物体的细节。扫描电镜则利用一极细的电子束（直径7～10nm），在试样表面来回扫描，把试样表面反射出来的二次电子作为信号，调制显像管荧光屏的亮度，和电视相似，就可逐点逐行地显示出试样表面的像。扫描电镜的优点是景深长，视场调节范围宽，制样极为简单，可直接观察试样，对各种信息检测的适应性强，是一种实用的分析工具。扫描电镜的分辨本领可达7～10nm。

图10-2是扫描电镜的原理图。由电子枪发出的电子束，依次经两个或三个电磁透镜的聚焦，最后投射到试样表面的一小点上。末级透镜上面扫描线圈的作用是使电子束作光栅式扫描。在电子束的轰

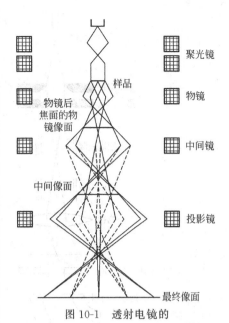

图 10-1　透射电镜的
构造及光路图
实线表示中间镜物平面与物镜像平面
重合时观察到的显微图像；虚线表示
中间镜物平面与物镜背焦面重合时
观察到的电子衍射谱

击下，试样表面被激发而产生各种信号：反射电子、二次电子、阴极发光光子、电导试样电流、吸收试样电流、X 射线光子、俄歇电子、透射电子。这些信号是分析研究试样表面状态及其性能的重要依据。利用适当的探测器接受信号，经放大并转换为电压脉冲，再经放大，并用以调制同步扫描阴极射线管的光束亮度，于是在阴极射线管的荧光屏上构成了一幅经放大的试样表面特征图像，以此来研究试样的形貌、成分及其他电子效应。

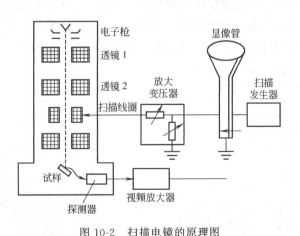

图 10-2　扫描电镜的原理图

3. 分析电子显微镜（AEM）

将扫描电子技术应用到透射电子显微镜，形成了扫描透射电子显微镜（STEM），在此基础上结合能量分析和各种能谱仪就构成了分析电子显微镜（AEM）。

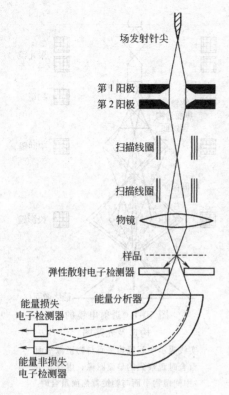

场发射针尖

第1阳极
第2阳极

扫描线圈

扫描线圈

物镜

样品
弹性散射电子检测器

能量损失
电子检测器

能量分析器

能量非损失
电子检测器

图 10-3　STEM 的原理图

图 10-3 是 STEM 的原理图。它由场发射枪、电子束形成透镜和电子束偏转系统组成，通常带有电子能量损失谱装置。STEM 可以观察较厚样品和低衬度样品。在样品以下设有成像透镜，电子经过较厚样品所引起的能量损失不会形成色差，而得到较高的图像分辨率。当分辨率相仿时，STEM 样品厚度可以是 TEM 的 2～3 倍。利用样品后接能量分析器，可以分别收集和处理弹性散射和非弹性散射电子，从而形成一种新的衬度源——z（原子序数）衬度，用这种方法可以观察到单个原子。还因为 STEM 中单位时间内打到样品上的总电流很小，通常为 10^{-12}～10^{-10}A（常规透射电镜中约为 10^{-7}～10^{-5}A），所以电子束引起的辐射损伤也较小。利用场发射电子枪的较高亮度，照射到样品上的电子束直径可减少到 0.3～0.5nm，因此分辨率可达 0.3～0.5nm。

二、扫描隧道显微镜（STM）

　　它是利用导体针尖与样品之间的隧道电流，并用精密压电晶体控制导体针尖沿样品表面扫描，从而能以原子尺度记录样品表面形貌以及获得原子排列、电子结构等信息。

　　STM 的主体由三维扫描控制器、样品逼近装置、减震系统、电子控制系统、计算机控制数据采集和图像分析系统等组成。其工作原理是利用量子隧道效应。图 10-4 为隧道电流原理图。先讨论金属 M_1-绝缘层（I）-金属 M_2 的情况［见图 10-4(a)］。当绝缘层厚度 s 减至 0.1nm 以下，并且 M_2 相对于 M_1 加上正偏压 y 时，它们之间就有电流流过。图 10-4(b) 为此结的位能图。由于在界面和绝缘层中出现势垒，经典理论不能解释这种电流，但量子力学理论可以解释，并将其称为量子隧道效应。图 10-4(c) 示出隧道电流集中在针尖附近。图 10-5(a) 为 STM 结构原理图，其中 X、Y、Z 为压电驱动杆，L 为静电初调位置架，G 为样

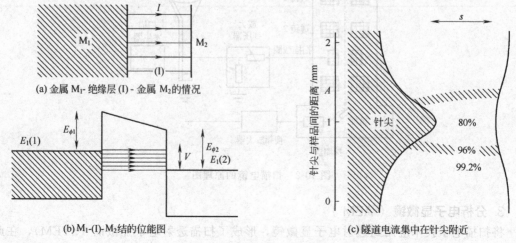

(a) 金属 M_1- 绝缘层 (I) - 金属 M_2 的情况

(b) M_1-(I)-M_2结的位能图

(c) 隧道电流集中在针尖附近

图 10-4　隧道电流原理图

品架。图 10-5(b) 为针尖顶端与样品架放大 10000 倍后的示意图。图 10-5(c) 为图（b）放大 10000 倍后的示意图，圆圈代表原子，虚线代表电子云等密度线，箭头表示隧道电流的方向。如果在 Z 压电杆上加上可调节的直流电压，则可将隧道电流控制于 1～10nA 之间的任意值。在 X 压杆上加锯齿波电压，使针尖作类似于电视中的行扫描，在 Y 压电杆上加另一台阶锯齿波电压，使针尖作帧扫描。当针尖因扫描而处于原子上或原子间时，隧道电流要发生变化。若要隧道电流保持不变，则针尖应随表面起伏（称为皱纹）而移动，即 Z 压杆上的电压要改变，其改变量与表面皱纹有关，这由电路自控完成。若在记录仪上画出行、帧扫描时按 Z 方向高度的变化，则可得到表面形貌图。

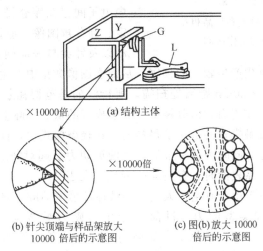

×10000倍　　　(a) 结构主体

×10000倍

(b) 针尖顶端与样品架放大　　　(c) 图(b)放大 10000
10000 倍后的示意图　　　　　倍后的示意图

图 10-5　STM 结构原理图

X、Y、Z—压电驱动杆；L—静电初调位置架；G—样品架

STM 的纵向分辨率已达到 0.01nm，横向分辨率优于 0.2nm，可用来研究各种金属、半导体生物样品的表面形貌，也可研究表面沉积、表面原子扩散和徙动、表面粒子的成核和生长、吸附和脱附等等。STM 可在真空、大气、溶液、常温、低温等不同环境下工作。

三、原子力显微镜（AFM）

原子力显微镜（AFM）是 Binnig、Qume 和 Gelher 在 1986 年发明的，它是将 STM 的工作原理与针式轮廓曲线仪原理结合起来而形成的一种新型显微镜。如前所述，STM 是基于量子隧道效应工作的，当一个原子尺度的金属针尖非常接近样品，在有外电场存在时，就有隧道电流 I_t 产生。I_t 强烈地依赖于针尖与样品之间的距离，例如 0.1nm 距离的微小变化就能使 I_t 改变一个数量级，因而探测 I_t 就能得到具有原子分辨率的样品表面三维图像。STM 能获得表面电子结构等信息，样品又可置于真空、大气、低温及液体覆盖下进行分析，因此 STM 得到了广泛的应用。但是 STM 因在操作中需要施加偏电压而只能用于导体和半导体。AFM 是使用一个一端固定而另一端装有针尖的弹性微悬臂来检测样品表面形貌的。当样品在针尖下扫描时，同距离有关的针尖与样品之间微弱相互作用力，如范德瓦尔斯力、静电力等，就会引起微悬臂的形变，也就是说微悬臂的形变是对样品与针尖相互作用的直接测量。这种相互作用力是随样品表面形貌而变化的。如果用激光束探测微悬臂位移的方法来探测该原子力，就能得到原子分辨率的样品形貌图像。

AFM 不需要加偏压，故适用于所有材料，应用更为广泛。同时，AFM 能够探测任何

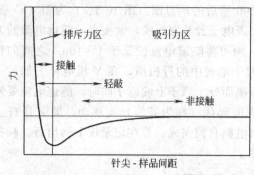

图 10-6　各模式在针尖和样品相互
作用力曲线中的工作区间

类型的力，于是派生出各种扫描力的显微镜，如磁力显微镜（MFM）、电力显微镜（EFM）、摩擦力显微镜（FFM）等。

AFM 有三种不同的操作模式：接触模式、非接触模式以及介于这两者之间的轻敲模式。图 10-6 给出了各模式在针尖和样品相互作用力曲线中的工作区间。在接触模式中，针尖始终同样品接触，两者互相接触的原子中电子间存在库仑排斥力。虽然它可形成稳定、高分辨图像，但探针在样品表面上的移动以及针尖与表面间的黏附力，可能使样品产生相当大的变形并对针尖产生较大的损害，从而在图像数据中产生假象。非接触模式是控制探针在样品表面上方 5～20nm 距离处扫描，所检测的是范德瓦尔斯吸引力和静电力等对成像样品没有破坏的长程作用力，但分辨率较接触模式的低。实际上由于针尖容易被表面的黏附力所捕获，因而非接触模式的操作是很难的。在轻敲模式中，针尖同样品接触，分辨率几乎与接触模式的一样好，同时因接触很短暂而使剪切力引起对样品的破坏几乎完全消失。轻敲模式的针尖在接触样品表面时，有足够的振幅（大于 20nm）来克服针尖与样品之间的黏附力。目前轻敲模式不仅用于真空、大气，在液体环境中的应用研究也不断增多。

AFM 能够探测各种类型的力，目前已派生出磁力显微镜（MFM）、电力显微镜（EFM）、摩擦力显微镜（FFM）、化学力显微镜（CFM）等。例如 MFM，它的结构如图 10-7 所示，由纳米尺度的磁针尖加上纳米尺度的扫描高度使磁性材料表面磁结构的探测精细到纳米尺度。

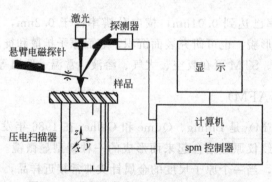

图 10-7　磁力显微镜（MFM）结构示意图

四、X 射线衍射

目前电镜虽有很高的分辨本领，但最多只能看到一些经特殊制备的试样中原子与原子晶格平面，而测定晶体结构等通常是采用 X 射线衍射和电子衍射方法，即测定的依据是衍射数据。

X 射线管的结构如图 10-8 所示。在抽真空的玻璃管的一端有阴极，通电加热后产生的电子经聚焦和加速，打到阳极上，把阳极材料的内层电子轰击出来，当较高能态的电子去填补这些电子空位时，就形成了 X 射线。它从铍窗口射出，射到晶体试样上，晶体的每个原子或离子就成为一个小散射波的中心。由于结构分析用的 X 射线波长与晶体中原子间距是

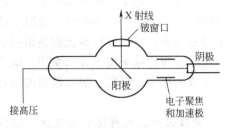

图 10-8　X 射线管的结构

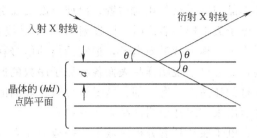

图 10-9　布拉格条件示意图

同一数量级以及晶体内质点排列的周期性，使这些小散射波互相干涉而产生衍射现象。可以证明，一束波长为 λ 的 X 射线，入射到面间距为 d 的 (hkl) 点阵平面上，当满足布拉格条件 $2d\sin\theta = n\lambda$ 时就可能产生衍射线，如图 10-9 所示。

为了达到发生衍射的目的，常采用以下三种方式：①劳埃法，即用一束连续 X 射线以一定方向射入一个固定不动的单晶体。此时 X 射线的 λ 值是连续变化的，许多具有不同入射角 θ 的 X 射线和不同 d 值的点阵平面都可能有一个相应的 λ 使之满足布拉格条件。②转晶法，即用单一波长的 X 射线射入一个单晶体，射线与某晶轴垂直，并使晶体绕此轴旋转或回摆。③粉末法，它用一束单色 X 射线射向块状或粉末状的多晶试样，因其中小晶粒取向各不相同，故有许多小晶粒的晶面满足布拉格条件而产生衍射。记录衍射线的方法主要有照相法和衍射仪法。

五、电子探针

在 X 射线光谱仪中，除 X 射线荧光光谱仪外，还有一种是 X 射线发射光谱分析。它是用高速运动的电子直接打击被分析的样品，而不像 X 射线荧光分析那样是用一次 X 射线打击样品的。高速电子轰击到原子的内层，使各种元素产生对应的特征 X 射线，经过分光，根据波长进行定性分析，根据各种特征波长的强度作定量分析。但是在单纯的 X 射线分析仪器中这一类较少，主要是用在电子探针上。

电子探针又称微区 X 射线光谱分析仪。它实质上是由 X 射线光谱仪和电子显微镜这两种设备组合而成的。图 10-10 是电子探针的原理图，它主要由五个主要部分组成：①电子光学系统，包括电子枪、两对电子透镜、电子束扫描线圈。②X 射线光谱仪部分，包括分光晶体、计数器、X 射线显示装置。③光学显微镜目测系统，它供观察电子束所处的位置和供调

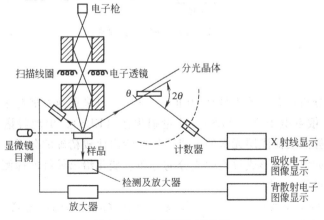

图 10-10　电子探针原理图

整样品与电子束的相对位置，以便对准所需分析的微区。④背散射电子图像显示系统。当高速电子轰击样品表面时，除发射特征X射线光谱外，还有一部分电子被样品表面的原子散射出来，称为背散射电子，把它给出的信号在荧光屏上显示出来，可研究样品表面的组织结构，而且可以说明样品表面各种原子序数的原子分布情况。⑤吸收电子图像显示系统。电子束打到样品上，有一部分电子被分布在表面的各种不同元素的原子所吸收。把它给出的信号显示出来，同样说明样品表面各种不同元素原子的分布状态。

电子探针具有分析区域小（一般为几立方微米），灵敏度较高，可直接观察选区，制样方便，不损坏试样以及可作多种分析等特点，是一种有力的分析工具。电子探针可与扫描电镜结合起来，即在获得高分辨率图像的同时，进行微区成分分析。

六、激光探针

激光在分析仪器中有一系列重要的用途。其中一个用途，是用于发射光谱仪中作激发源，利用高度聚焦的激光束使试样表面被照射点产生局部高温而激发。这点特别适用于非导体试样（例如离子晶体等）的微区分析。缺点是分析体积稍大，灵敏度不很高。

图10-11为激光探针结构（或称激光显微光谱分析仪）的原理图。输出的激光经聚光路的转向棱镜，将激光光束转90°，再经聚焦物镜把激光会聚在焦点处，即在样品上获得功率密度极大的微小光斑，使此处物质气化，当气体云通过辅助电极时放电激发（整个过程约需100s）。激发所产生的样品成分的信息经聚光系统引入摄谱仪（或光电记录光谱仪）分光记录光谱。

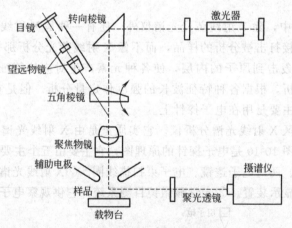

图10-11　激光探针结构原理图

七、电子能谱仪

对表面成分的分析，有效的工具是20世纪70年代以来迅速发展起来的电子能谱仪，如光电子谱（PES）、俄歇电子谱（AES）、能量损失谱（ELS）、出现势谱（APS）和特征X射线谱等。它们对样品表面浅层元素的组成一般能给出比较精确的分析。同时它们还能在动态条件下测量，例如对薄膜形成过程中成分的分布、变化给出较好的探测，使监测制备高质量的薄膜器件成为可能。

AES是以法国科学家俄歇（Auger）发现的俄歇效应为基础而得名。他在1925年用威尔逊云室研究X射线电离稀有气体时，发现除光电子轨迹外，还有1~3条轨迹，根据轨迹的性质，断定它们是由原子内部发射的电子造成的，以后把这种电子发射现象称为俄歇效应。

图 10-12 是俄歇电子谱仪的原理图。电子枪用来发射电子束，以激发试样使之产生包含有俄歇电子的二次电子；电子倍增器用来接收俄歇电子，并将其送到俄歇能量分析器中进行分析；溅射离子枪用来对分析试样进行逐层剥离。

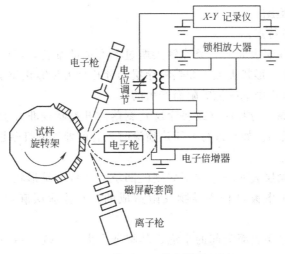

图 10-12　俄歇电子谱仪的原理图

俄歇电子能谱仪（AES）是高速电子打到材料表面上，激发出俄歇电子对微小区域作成分分析的仪器。俄歇电子是一种可以表征元素种类及其化学价态的二次电子。由于俄歇电子的穿透能力很差，故可用来分析距表面 1nm 深处，即几个原子层的成分。如果配上溅射离子枪，则可对试样进行逐层分析，得出杂质成分的剖面分析。现在，扫描电镜上已可附加这种俄歇谱仪，以便有目的地对微小区域作成分分析。俄歇谱仪几乎对所有元素都可分析，尤其对轻元素更为有效。因此，俄歇谱仪对轻元素分析和表面科学研究有重大意义。

第三节　表面检测

材料表面检测项目很多。由于表面技术种类繁杂，每类表面技术都有一定的特殊性，各有特定的检测项目和方法。对一些成熟技术已有相应的国际标准、国家标准或部颁标准，对于尚未列入上述标准的产品，要按产品加工要求或实样对照（许多产品已归入相应的企业标准）予以评定，作为评判产品质量分级以及合格与否的依据。

表面（层）检测大致包括以下内容：外观、厚度、耐蚀性、耐磨性、密度及孔隙率、硬度、结合强度或附着力；涂层的特殊测试性能有耐热性、抗高温氧化性、亲水性、绝缘性、导电性、电磁屏蔽性、抗海洋生物吸附性、生物相容性、脆性、钎焊性，等等。

一、外观检测

这是生产上常用的检测项目。例如对于一般的镀、涂件，在涂覆后首先要用天然散射光或在日光灯下进行目测检验，所有涂层表面都不允许有超过标准规定的表观缺陷，如针孔、起皮、斑点，等等。又如用高真空蒸镀法生产的热反射、防窥和装饰用镀膜玻璃，在镀前要逐张检查原坯浮法玻璃是否有霉点、纸印、气泡、结石、线道、波筋条纹、雾点、光畸变点、彩虹、条纹布、牛眼泡、小波纹、玻璃厚度不均等缺陷，不合格者不能使用，有的必须经过严格的预处理方可流入下道工序；镀后必须逐张玻璃检查膜层有无波纹、线道、色差、手纹、疤斑、霉点、针孔、色点、残缺等，不合格者不能出厂，有的可考虑降级使用。

1. 涂层表面缺陷检测

表面缺陷的种类及特点：

① 针孔。针孔指涂层表面的一类像针尖凿过的类似的细孔，其疏密分布不尽相同，但在放大镜下观察则大小、形状类似。如热喷涂层的针孔是大量雾化粒子堆集时产生的，而电镀层的针孔是由电镀过程中氢气泡吸附而产生的。

② 脱皮。脱皮指涂层与基体（或底涂层）剥落的开裂状或非开裂状缺陷。脱皮通常是由于前处理不彻底造成的。如在进行金属热喷涂时，若前处理的打砂粗糙度不够，则喷涂所得的金属涂层极易脱皮。

③ 麻点。麻点指涂层表面分布的不规则的凹坑，其特征是形状、大小、深浅不一。电镀涂层麻点一般是由于电镀过程中异物黏附造成的。其他涂层麻点大多由基体本身缺陷造成。

④ 鼓泡。鼓泡指涂层表面隆起的小泡。其特征是大小、疏密不一，且与基体分离。鼓泡一般在锌合金、铝合金上的涂层较为明显。

⑤ 疏松。疏松指涂层表面局部呈豆腐渣状结构。在金属热喷涂过程中，由于遮蔽效应，往往产生疏松。

⑥ 斑点。斑点指涂层表面的一类色斑、暗斑等缺陷。在电镀过程中，若沉积不良，异物黏附或钝化液清洗不彻底，易产生斑点。

⑦ 毛刺。毛刺指涂层表面一类凸起的且有刺手感觉的尖锐物。其特点是在电镀向上面或高电流密度区较为明显。

⑧ 雾状。雾状指涂层表面存在程度不一的雾状覆盖物，多数产生于光亮涂层表面。

⑨ 阴阳面。阴阳面指涂层表面局部亮度不一或色泽不一的缺陷。多数情况下在同类产品中表现出一定的规律性。

除上述表面缺陷之外，涂层表面有时还有其他一些缺陷，如擦伤、水迹、丝流、树枝状等。

进行涂层外观检测时，首先，要先将涂层用清洁软布或棉纱揩去表面污物，或用压缩空气吹干净。其次，检测要全面、细微。再次，检测依据是有关标准或技术要求。

2. 涂层表面粗糙度的检测

涂层表面粗糙度指涂层表面具有较小间距和微观峰谷不平度的微观几何特性。涂层表面几何形状误差的特征是凹凸不平。凸起处称为波峰，凹处称为波谷。两相邻波峰或波谷的间距称为波距（L）。相邻波峰与波谷的一半差称为波幅（H）。表面几何形状误差根据涂层波幅及波距的比值大小可分为形状误差、波纹度和粗糙度三类。

一般说来，涂层表面粗糙度越低，光亮度越高，涂层外观质量也就越好。但是粗糙度和光亮度是两个本质不同的概念，不能混为一谈，而且两者不总是一致的。有些涂层可能光亮度很好，但粗糙度可能并不低；有些涂层的光亮度差，但其粗糙度却很低。不仅是装饰涂层，即便是耐磨涂层或减摩涂层，粗糙度也是一个很重要的性能指标。

涂层表面粗糙度测量属于微观长度计量。目前采用的方法主要有比较法（样板对照法）、针描法（接触量法）和光切法等几种。

（1）样板对照法　样板对照法属于比较法，是粗糙度的一种定性测量方法。即将待测涂层表面与标准样板进行比较。若受检涂层与某样板一致，即可认为此样板的粗糙度是此涂层的粗糙度。

（2）轮廓仪测量法　轮廓仪测量法属于针描法（也称之为接触测量法），是一种表面粗糙度的定量测试方法。其类型有机械式、光电式及电动式等几种。常用电动式轮廓仪工作原理是：传动器使测量传感器的金刚石针尖在被测涂层表面平稳移动一段距离时，由金刚石针尖顺着被涂层表面在波峰与波谷间产生位移产生一定振动量。其振动量大小通过压电晶体转化为微弱电能，然后经晶体管放大器放大并整流后，在仪表上直接读出被测涂层表面粗糙度相应的表征参数 R_a 值。此 R_a 值即是该被测涂层的粗糙度。

3. 涂层表面光泽度的检测

涂层表面光泽度是指涂层表面在一定照度和一定角度入射光作用下的反射光比率或强度。涂层反射光的比率或强度越大，涂层光泽度越高。光泽度又称光亮度。

涂层表面光泽度的测量方法有 3 种：目测法、样板对照法、光度计法。前两种检测方法有一定主观性，往往因人而异，测量不够准确。第 3 种方法较客观，尤其是对平面涂层检测效果较好，但也存在一定困难，主要是不能区分各种光亮涂层的差别。

（1）目测法　对涂层光亮度用目测法确定光亮级别的条件是：照度为 300lx（相当于 40W 日光灯在 500mm 处的照度）。目测法分级参考标准如下：

① 1 级（镜面光亮），涂层光亮如镜，能清晰地看出人的五官和眉毛。

② 2 级（光亮），涂层表层光亮，能看出人的五官和眉毛，但眉毛部分不够清晰。

③ 3 级（半光亮），涂层表面光亮较差，但能看出人的五官轮廓，眉毛部分模糊。

④ 4 级（无光亮），涂层基本上无光泽，看不清人的面部五官轮廓。

（2）样板对照法　作为目测法的一种改进，可用标准光亮样板（不同级别）与待测涂层进行比较，标准样板分为 4 级。

（3）光度计测量法　光度计测涂层光泽度在国内较少应用，有待于进一步研究。目前很多涂层光泽度测试还是靠目测或比较法，这样做是不够客观的。而光度计，例如用分光光度计平均波长为 $430\sim490\mu m$ 时，将二氧化钛反射率作为 100 表示"白度"，测定各种锌涂层的"白度"。

二、镀、涂层或表面处理层厚度的测定

由于厚度影响产品的性能、可靠性和使用寿命，因而这种检测通常是需要的。涂层的厚度检验包括局部厚度检验和平均厚度检验两个内容。其检测方法分为非破坏性检验（无损检测）及破坏性检验两种方法，具体方法很多。无损法检验方法有：重量法、磁性法、涡流法、机械量具法、X 射线荧光测厚法、β射线反向散射法、光切显微镜法及能谱法等。破坏性检验方法有：点滴法、液流法、化学溶解法、电量法（库仑法）、金相显微镜法、轮廓法及干涉显微镜法等。

1. 磁性法（详见 GB 4956）

本方法适用于磁性金属基体上非磁性涂层的厚度测量。这种方法简便，在现场中大多用此法。这种方法在测量之前应在标样上进行系统调节，以确保测量精度。对涂层局部厚度测

量一般采用下列惯例进行。对有效表面小于 $1cm^2$ 的工件作 $1\sim3$ 点测量；对有效表面大于 $1cm^2$ 的工件，在选择的基准面内作 $3\sim5$ 点测量；对有效表面大于 $1m^2$ 的表面，在选择的基准面内作 9 点 10 次测量，第 9 次与第 10 次重合。

2. 涡流方法（详见 GB 4957）

本方法适用于非磁性金属基体上非导电涂层的厚度测量。例如，运用任何热喷涂工艺在非磁性金属基体上制备的非导电涂层，均可用此种方法进行无损测厚。同时也要指出，涡流测厚法同样适用于磁性基体上的各种非磁性镀层或化学保护层，也可用来测量阳极氧化膜层的厚度。

将探头（内有高频电流线圈）置于涂层上，在被测涂层内产生高频磁场，由此引起金属内部涡流，此涡流产生的磁场又反作用于探头内线圈，令其阻抗变化。随基体表面涂层厚度的变化，探头与基体金属表面的间距改变，反作用于探头线圈的阻抗亦发生相应改变。由此，测出探头线圈的阻抗值就可间接反映出涂层的厚度。

3. X 射线荧光法

利用 X 射线激发涂层或基体金属材料的特性 X 射线，通过测量被测涂层衰减之后的 X 射线强度来测定涂层的厚度。这种方法可用于测量任何金属或非金属基体上 $15\mu m$ 以下各种金属涂层的厚度，可以对面积极小的试样和极薄（百分之几微米）的涂层、形状极复杂的试样进行测厚。该法也可用于同时测量基体多层涂覆的复合层厚度，还可以在测量二元合金（如 Pb-Sn 合金等涂层）厚度的同时，测出合金涂层的成分（成分分析）。

4. β 射线反向散射法

用放射性同位素（如 ^{147}Pm 等）释放出 β 射线，β 射线射向涂层试样后，一部分进入金属的 β 射线被反射回探测器，被反射的 β 粒子强度是被测涂层种类和厚度的函数。据此，可测得涂层厚度。β 射线反向散射法常用于各种贵金属涂层的厚度测量，也可测量金属或非金属基体上厚度为 $2.5\mu m$ 以下的非金属薄涂层厚度。

5. 溶解法（分析法）

将涂层试样浸入不使基体金属（或涂层金属）溶解的溶液中，直至涂层（或基体）完全溶解并裸露出基体或中间涂层金属为止。取出试样干燥称量。涂层的厚度按其溶解的失重和除去涂层的那一部分表面面积来计算。涂层失量可通过称量法或化学分析法确定。

这种方法适用于受检质量不超过 200g 的试样或试样上的涂层，例如铝的阳极氧化膜层厚度测量。也可用来通过试液溶解基体金属（如锌合金基体上的镀铜和镍层），然后将溶解基体后的涂层称量，计算其平均厚度。这种方法的精确度为 $\pm10\%$。

6. 电量法（库仑法）

电量法（库仑法）又称阳极溶解测厚法，属于电化学溶解，主要适用于测定金属基体上的单金属涂层或多层单金属涂层的局部厚度，例如装饰性薄铬涂层、金涂层等。在多层单金属涂层测厚时，还可更换电解液后连续测厚，故应用范围较广。在涂层厚度 $1\sim50mm$ 范围内，精确度可达 $\pm10\%$ 以内。常用国产电解测厚仪为 DJH 型。

把待测涂层厚度的涂层试样放进试液中，通电并以恒定电流密度令涂层确定面积溶解，当涂层溶解完毕并露出基体金属或中间涂层时，电解电压发生突变指示达到终点。根据库仑定律，以溶解金属涂层消耗的电量、溶解涂层的面积、涂层金属的电化当量、密度以及阳极溶解的电流效率即可计算涂层的局部厚度。

7. 金相显微镜法

将待测涂层试样制成涂层断面试样，然后用带有测微目镜的金相显微镜观察涂层横断面的放大图像，可直接测量涂层的局部厚度的平均厚度。所制备的供测量用涂层试样应进行切割、边缘保护（例如测镀 Ni 层时用 Cu 层保护，测镀 Cu 层时用 Ni 层保护，镀 Zn 层和镀 Cd 层可互相保护）、镶嵌（与一般金相制样镶嵌相同）、研磨、抛光、浸渍（目的是使试样断面的涂层和基体金属的剖面清晰地裸露出各自的色泽和表面特征，便于测量），然后水洗吹干即可测量。对化学保护层经抛磨后不必进行侵蚀。这种方法适用于一般涂层的测厚。其特点是准确度高，判别直观。

8. 气相沉积薄膜厚度的测定

采用各种物理气相沉积（PVD）和化学气相沉积（CVD）在基底表面得到的薄膜，厚度通常只有几微米或更薄，因而需用精密仪器来测定。例如：多光束干涉、位相差显微镜、椭圆仪等光学法；触针式光洁测定器、空气测微器等机械法；石英晶体振荡仪、直流电阻测定仪、涡流电流测定仪等电学法；微量天平测定仪的称量法。实际上测定薄膜厚度的方法还有很多，可以采用各种原理来灵活运用。但是，应当考虑到用气相沉积得到的薄膜，多数是由大小为 $1\sim10^2\text{nm}$ 的大量分子集合体在材料表面沉积和连成一体的，不仅密度和结晶性与块状材料未必一致，而且对同一膜层用不同测定方法得到的厚度也不一定相同。在测定薄膜厚度时要考虑沉积量是以几何学的容积进行测量，还是以质量形式进行测量，如果选择不当，就会得到很不一致的结果。反过来，在完成膜厚测定工作时，为了明确膜厚测定结果表示什么意义上的膜厚，必须注明测定方法。

三、涂层的耐蚀性检验

涂层耐蚀性检验的目的是检查涂层抵抗环境腐蚀的能力，考察其防护基体的寿命。涂层耐蚀性检验包括下述内容：

大气暴露（即户内外曝晒）试验，即将待测涂层试样放在大气环境（介质）中进行各种大气环境下的腐蚀试验，定期观察腐蚀过程的特征，测定腐蚀速度，其目的是评定涂层在大气环境下的耐蚀性；使用环境试验，即将待测涂层试样放在实际使用环境（介质）中，观察其腐蚀过程的特征。其目的是评定涂层在使用环境中的耐蚀性；人工模拟和加速腐蚀试验，即将待测涂层试样放入特定人工模拟介质中，观察腐蚀过程的特征，其目的是评定涂层耐蚀的性能。

1. 盐雾试验

多年来，盐雾试验用以确定金属或涂层的耐蚀性能，并努力研究这些试验与实际使用性能的相关性及这些试验的重现性。盐雾试验包括：中性盐雾（NSS）试验、乙酸盐雾（AASS）试验和铜加速盐雾（CASS）试验。各种盐雾试验用于评价涂层厚度的均匀性和孔隙率。它们被认为是最有用的加速实验室腐蚀试验，特别用于评价不同批（生产质量控制）或不同试样（用于研究开发新涂层）。图 10-13 是盐雾试验装置简图。

中性盐雾试验已改进为酸化的试验。中性盐雾试验期为 $8\sim3000\text{h}$，采用 pH $6.5\sim7.5$ 的 5% NaCl 水溶液，溶液中总的质量分数不超过 2×10^{-4}，盐雾箱的温度为 $35.0℃\pm1.1℃$ 或 $35.0℃\pm1.7℃$。

乙酸盐雾试验期一般为 $144\sim240\text{h}$，或者更长，不过也可短到 16h。采用 5% NaCl 水溶液，但是用乙酸将溶液 pH 值调到 $3.1\sim3.3$，温度也与中性盐雾试验一样。这特别适合于

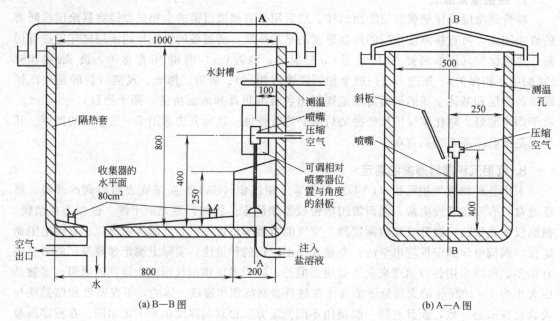

图 10-13　盐雾试验装置简图

装饰镀铬涂层。

铜加速盐雾试验期一般为 6～720h，在每 3.8L 5％ NaCl 水中添加 $CuCl_2 \cdot H_2O$，用乙酸将溶液 pH 值调到 3.1～3.3。试验温度稍高，为 49.0℃±1.1℃或 49.0℃±1.7℃。

2. 腐蚀膏腐蚀试验

腐蚀膏腐蚀试验（CORR 试验）是另一种人工加速腐蚀试验。这种方法是模拟工业城市的污染和雨水的腐蚀条件，对涂层进行快速腐蚀试验。腐蚀试验在高岭土中加入铜、铁等腐蚀盐类配制成腐蚀膏，把这种膏涂覆在待测试样涂层表面，经自然干燥后放入相对湿度较高的潮湿箱中进行，达到规定时间后取出试样并适当清洗干燥后即可检查评定。腐蚀膏中主要腐蚀盐类的腐蚀特征是：三价铁盐使涂层引起应力腐蚀（SCC）；铜盐能使涂层产生点蚀、裂纹和剥落、碎裂等；氯化物的存在令涂层腐蚀加速。

腐蚀膏腐蚀试验的特点是：测试简便、试验周期短、重现性好。腐蚀膏试验的腐蚀效果与大气腐蚀较符合。经研究，腐蚀膏腐蚀试验与工业大气符合率为 93％，与海洋大气符合率为 83％，与乡村大气符合率为 70％。除特殊情况外，规定腐蚀周期为 24h 的腐蚀效果相当于城市大气一年的腐蚀，相当于海洋大气 8～10 个月的腐蚀。CORR 试验适用于在钢铁、锌合金、铝合金基体上的装饰性阴极涂层，如 Cr、Ni-Cr、Cu-Ni-Cr 等腐蚀性能的测定。

3. 二氧化硫工业气体腐蚀试验

二氧化硫工业气体腐蚀试验是以一定浓度的 SO_2 气体，在一定温度和一定相对湿度下对涂层做腐蚀试验，经一定时间后检查并评定涂层腐蚀程度。图 10-14 是 SO_2 气体腐蚀试验装置。

城市工业大气中主要的腐蚀气体是 SO_2，模拟 SO_2 腐蚀试验是一种常用的标准化试验，是一种人工加速腐蚀试验。其测试结果与涂层在工业性大气环境中的实际腐蚀极其接近，同时也与 CASS 试验及 CORR 试验结果大致相同，这种试验方法的适用范围是：钢铁基体上的 Cu-Ni-Cr 涂层或 Cu-Sn 合金上 Cr 涂层的耐蚀性试验。此试验也可以用来测定 Cu-Sn 合金上 Cr 涂层的裂纹，Zn-Cu 合金涂层的污点以及铜或黄铜基体上铬涂层的鼓泡、起壳等缺陷。

4. 湿热试验

利用人造洁净的高温高湿环境，对涂层进行耐蚀性试验。这种涂层耐蚀性测定往往不单独进行，而是作为涂层性能综合测定的一部分。在特定的温度和湿度或经常交变而引起凝露的环境下，涂层加速腐蚀。

湿热试验常有两种试验条件：恒温恒湿条件（温度 40℃±2℃，相对湿度 95％以上，人工模拟高温高湿环境腐蚀条件）和交变温湿度条件。

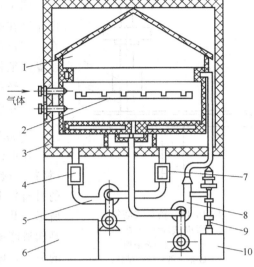

图 10-14 SO$_2$ 气体腐蚀试验装置简图

1 内套，2 样品架；3—夹套；4—夹套电热器；5—夹套风机；6—冷冻系统；7—夹套冷冻器；8—主循环风机；9—蒸汽阀门；10—蒸汽发生器

四、涂层的耐磨性试验

1. 磨料磨损试验

磨料磨损试验一般有两种：一种是橡胶轮磨料磨损试验，另一种是销盘式磨料磨损试验。

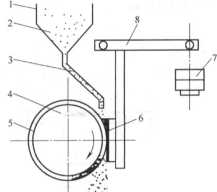

图 10-15 橡胶轮磨料磨损试验原理示意图

1—漏斗；2—席料；3—下料管；4—磨轮；5—橡胶轮缘；6—试样；7—砝码；8—杠杆

橡胶轮磨料磨损试验原理见图 10-15。磨料通过下料管以固定的速度落到旋转着的磨轮与方块形试样之间，磨轮的轮缘为规定硬度的橡胶。试样借助杠杆系统，以一定的压力压在转动的磨轮上。试样的涂层表面与橡胶轮面接触。橡胶轮的转动方向应使接触面的运动方向与磨料流动方向一致。在磨料旋转过程中，磨料对试样产生低应力磨料磨损。经一定摩擦行程后，测定试样磨失质量，即涂层的减少量，并以此评定涂层的耐磨性。典型试样尺寸为 50mm×75mm，厚度为 10mm，在其平面上制备涂层，并用平面磨床将涂层磨平，磨削方向应平行于试样长度方向。涂层表面应无任何附着物或缺陷。试验条件见表10-1。根据涂层失重情况，评价其耐磨性。

表 10-1 橡胶轮磨料磨损试验条件

序号	试验条件	材料或参数	序号	试验条件	材料或参数
1	橡胶轮材料	氯丁橡胶	4	摩擦行程	1000 转，即 550~660m
2	磨料	50~70 目天然石英砂	5	载荷(压力)	130N
3	轮缘线速度	140m/min			

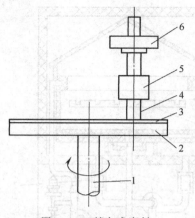

图 10-16 为销盘式磨料磨损试验示意图。将砂纸或砂布装在圆盘上，作为试验机的磨料。试样做销钉式，在一定负荷压力下压在圆盘砂纸上。试样的涂层表面与圆盘砂纸相接触。圆盘转动，试样沿圆盘的径向作直线运动。经一定摩擦行程后测定试样的失重，即涂层的磨损量，并以此来评价涂层的耐磨性。

2. 摩擦磨损试验

环形试样（其外环面的环槽上制备涂层）与配副件（材料一般为 GCr15 或铸铁，或者与实际工况材料一致的材料）形成摩擦副。形成摩擦副的配副件如图 10-17 所示，共有四种。实验过程中，可采取干摩擦，也可以是润滑摩擦。摩擦速度亦可自由选取。试验后测定试样的失重，即涂层的减少量。根据各组摩擦副及条件的试验结果，评价涂层的耐磨性。

图 10-16 销盘式磨料
磨损试验示意图
1—垂直轴；2—金属圆盘；
3—砂布（纸）；4—试样；
5—夹具；6—加载砝码

3. 喷砂试验

如图 10-18 所示，试样放入橡胶保护板上并固定在电磁盘上，在喷砂室内，用射吸式喷砂枪喷砂，喷砂枪用夹具固定，其喷砂角及喷砂距离保持不变。喷砂速率恒定。砂料一般选用刚玉砂。在喷砂过程中，磨料对涂层产生冲蚀磨损，喷砂时间一般选为 1min。试验后测定试样失重，即涂层质量减少量，用以评定涂层的耐冲蚀磨损性能。这种磨损试验特别适用于经受由气体或液体携带一定尖锐度的硬质颗粒冲刷造成的冲蚀磨损。

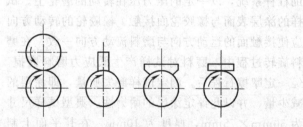

图 10-17 摩擦磨损试验的几种
接触和运动形式

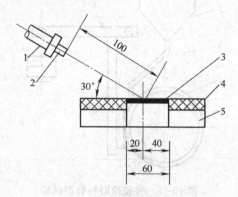

图 10-18 喷砂试验原理示意图
1—喷砂枪；2—喷嘴；3—试样；
4—橡胶保护板；5—电磁盘

五、涂层的孔隙率试验

涂层的孔隙率是涂层材料制备前后的体积相对变化比率，或涂层材料在制备前后的密度相对变化率，孔隙率是表征涂层密实程度的度量。不同功能的涂层对孔隙率的要求不同。用不同方法制备的涂层的孔隙率也不尽相同。例如，用于防腐蚀的耐蚀涂层，严防有害介质透过涂层到达基体，故要求涂层的孔隙率越小越好；同样是热喷涂 NiCr 合金耐磨涂层，若用火焰线材喷涂，其涂层孔隙率必然大于用等离子喷涂的同类材料涂层。从防腐蚀角度看，涂层孔隙率越小，耐蚀性就越好，故希望涂层孔隙率小。但是对于耐磨减摩涂层，涂层中孔隙多，则存储润滑油越多，当然是孔隙率越大越好。故涂层孔隙率大小的评价有赖于其功能的追求。

涂层孔隙率测定方法很多，大致有浮力法、直接称量法、滤纸法、涂膏法、浸渍法、电解显相法、显微镜法。

六、涂层的硬度试验

涂层的硬度是涂层力学性能的重要指标。它关系到涂层的耐磨性、强度及寿命等多种功能。涂层的硬度试验有宏观硬度与显微硬度试验。

涂层的宏观硬度指用一般的布氏或洛氏硬度计，以涂层整体大范围（宏观）压痕为测定对象所测得的硬度值。这里，由于涂层不同于基体，涂层中可能存在的气孔、氧化物等缺陷对所测得的宏观硬度值会产生一定影响。

涂层的显微硬度指用显微硬度计，以涂层中微粒为测定对象所测得的硬度值。

涂层的宏观硬度与显微硬度在本质上是不同的，涂层宏观硬度反映的是涂层的平均硬度，而涂层显微硬度反映的是涂层中颗粒的硬度。两者的意义是不同的。涂层的宏观硬度与显微硬度在数值上也是不同的。一般来讲，对于厚度小于几十微米的涂层，为消除基体材料对涂层硬度的影响和涂层厚度压痕尺寸的限制（若涂层太薄，则易将基体的硬度反映到测定结果中来），可用显微硬度。反之，若涂层较厚（厚度大于几十微米），则可用宏观硬度。

七、涂层的结合强度（附着力）试验

无论采用多么先进的技术，制造出多么优异的镀膜、涂层或者改性层（为简单起见，以下简称为膜，当然它可以很厚，也可以很薄），如果它和基体结合不好，容易剥落，或者容易碎裂，或者容易失效，它的性能再好，也没有使用价值。因此从力学的角度来看，"膜基结合强度"在表面工程技术中是极为重要的一个力学性能参量。

涂层的结合强度（附着力）是指涂层与基体结合力的大小，即单位表面积的涂层从基体（或中间涂层）上剥落下来所需的力。涂层与基体的结合强度是涂层性能的一个重要指标。若结合强度小，轻则会引起涂层寿命降低，过早失效；重则易造成涂层局部起鼓包，或涂层脱落（脱皮）无法使用。

检测镀、涂层或表面处理层结合强度的具体方法很多。例如用来测定电镀层结合强度有摩擦法、切割法、形变法、剥离法、加热法、阴极法、拉力法等。具体选择时，应综合考虑镀层特性、基体材质、镀层厚度、基材状态等因素。又如用各种气相沉积得到的硬质薄膜，通常有压痕法、划痕法、拉伸法、激光剥离法等测量结合强度的方法可供选择。目前划痕法是最常用的一种标准方法。划痕法是以硬度大于膜的材料制成压头，令其在膜面以一定速度划过，同时作用在压头上的垂直压力不断增加（步进式或连续式），直至膜层与基体脱离接触，此时载荷为临界载荷，通过计算求出膜的结合强度。

1. 栅格试验

用硬质钢针或刀片从试样表面交错地将涂层划成一定间距的平行线或方格。由于划痕时使涂层在受力情况下与基体产生作用力，若作用力大于涂层与基体的结合力，涂层将从基体上剥落。以划格后涂层是否起皮或剥落来判断涂层与基体结合力的大小，适用硬度中等、厚度较薄的涂层（如热喷涂锌或铝涂层、涂料涂层等）和塑料涂层等。

热喷涂铝或锌涂层栅格试验：

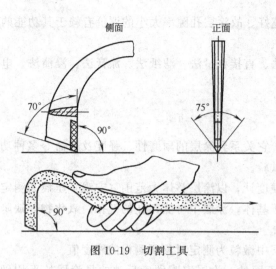

图 10-19　切割工具

① 原理。将涂层切断至基体，使之形成一定尺寸的方形格子，涂层不应产生剥离。

② 工具。图 10-19 为具有硬质刀口的切割工具。

③ 试验过程。使用如图 10-19 规定的刀具，切出规定的格子尺寸。切痕深度要求将涂层切断至基体金属。若有可能，切成格子后采用供需双方协商认可的一种合适胶带，借助一个辊子施以 5N 的载荷将胶带压紧在这部分涂层上，然后沿垂直涂层表面的方向快速将胶带拉开。若不能使用此法，则测量结合强度的方法双方再协商。

④ 结果评价。应无涂层从基体金属上剥离。若在每个方形格子内，涂层的一部分仍然黏附在基体上，而其余部分粘接在胶带上，损坏发生在涂层的层间而不是发生在涂层与基体的界面处，则认为合格。

2. 弯曲试验

试验原理如图 10-20 所示。对矩形试样做三点弯曲试验。涂层与基体受力不同，当两个力之分力大于涂层与基体之结合力时，涂层从基体起皮或剥落。最终以弯曲试验中涂层开裂、剥落情况来评定涂层与基体的结合力。

3. 冲击试验

用锤击或落球对试样表面的涂层反复冲击，涂层在冲击力作用下局部变形、发热、振动、疲劳以至最终导致涂层剥落。以锤击（或落球）次数评价涂层与基体结合强度。

冲击试验方式分下述两种。①锤击试验。将试样装在专用振动器中，使振动器上的扁平冲击锤以每分钟 $500 \sim 1000$ 次的频率对试样表面涂层进行连

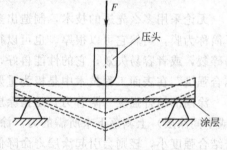

图 10-20　弯曲法测定结合力

续锤击。经一定时间后，若试样涂层锤击部位涂层不分层或不剥落，认为其结合力合格。②落球试验。将试样放在专门的冲击试验机上，用一直径为 $5 \sim 50mm$ 的钢球，从一定高度及一定的倾斜角向试样表面冲击。反复冲击一定次数后，以试样被冲击部位的涂层不分层或不剥落为合格。

4. 拉伸法

拉伸实验有两种形式，一种是作用力垂直于膜基界面，另一种是作用力平行于膜基界面，前者称之为垂直拉伸法，后者称之为平行拉伸法。

垂直拉伸法的原理见图 10-21。实验时，只要测定拉力 F 和试件横截面面积 A 即可。计算出试件的膜基结合强度 P，$P = F/S$。用这种方法 Schmidbauer 等人测定了陶瓷基上真空电弧沉积 Cu 膜，Pischow 等人测定了不锈钢氧化膜上物理气相沉积 TiN 膜，测试的结果一般来讲是可靠的。但是，该法的明显不足是受到粘接剂与膜层间结合强度的限制，目前，环氧树脂的最大拉伸强度为 70MPa，所以，用此粘接剂显然无法测出高于 70MPa 的结合强度。此外，该法易受材料缺陷（孔洞、杂质）、试件尺寸等因素的影响，测得的数值有不稳

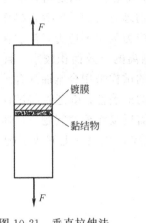

图 10-21 垂直拉伸法

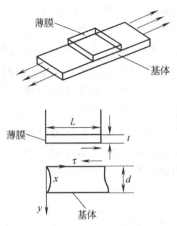

图 10-22 平行拉伸法

定现象。

平行拉伸法的作用力平行于膜基结合界面，界面结合强度定义为薄膜与基体基本上保持不脱落的最大界面剪切应力。

Bond-Yen Ting 等将图 10-22 所示的二维线弹性问题，利用薄膜的厚度 t 较小（相对于基体尺寸）的特点，进行简化处理，即假定膜中的拉伸应力为均匀分布，从而得到了简化的近似分析模型，最终导出最大界面剪切应力与基体均匀应变 e 之间的解析表达式：

$$\tau_{\max} = 3.1e\sqrt{\frac{E_f t G_m}{d}}$$

式中　$\tau_{\max}$——对基体施加一定的应变 e 时界面上的最大剪应力；

　　　　e——没有膜层时基体的应变；

　　　　E_f——膜的弹性模量；

　　　　G_m——基体的剪切模量；

　　　　t——膜层厚度；

　　　　d——基体厚度。

显而易见，如果膜基结合良好，那么界面上涂层与基体的位移必然是相同的，应变也相同。但是由于膜基弹性常数的差异，保持相同应变而所需的应力是不同的，因此界面上必然产生剪切应力，用以维持二者变形的一致性。当此剪切应力超过膜基结合强度时，膜基分离现象将发生。

拉伸法由于具有操作简单灵活且不需要复杂的理论计算等特点，被世界上许多国家如美国、日本、俄罗斯和我国等普遍采用，但这种方法由于受到了胶的抗拉强度（一般不超过 80MPa）的限制，不适合高结合性能涂层结合强度的测试。

5. 试件预埋法

为了突破拉伸法受胶强度限制而不能用于高结合性能检测的局限性，国内外众多专家学者开始关注不采用胶的测试方法。其中，试件预埋法引起了世界各国的重视，如俄罗斯学者提出的顶推法和我国学者提出的双锥法（ZL00107205.6）等，但这些方法普遍存在组合试样不能够充分反应涂层真实状态以及受到涂层自身剪切强度的限制不能用于薄涂层测试等不足。

左敦稳、王宏宇等于 2007 年提出了一种基于压力试验装置的高结合性能涂层结合强度测试方法及试样，如图 10-23 所示。这一方法具有如下特点：①测量结果不受胶的抗拉强度的限制，可用于高结合性能涂层结合强度的测量；②物理意义简单明确，操作简便灵活，而且不需要复杂的理论计算；③在测量过程中涂层以压应力为主要应力，涂层在压应力作用下内聚强度一般为拉应力的 3～5 倍，同时涂层和基体剥离的有效面积较小，且针对薄涂层增加了加强板，测量基本不受涂层厚度的限制；④使用的试样采用全锥面配合结构，消除了推压过程中摩擦力对测量结果的影响，提高了测量结果的准确性；⑤通过将试样设计成锥体加柱体的结构，消除了现有测试方法所存在的过定位及需反复涂覆的问题，且通过常规的机械加工方法即可消除因配合需要而产生的端面不平的现象，从根本上解决了配合面的密封问题，从而使试样更接近于整体试样。

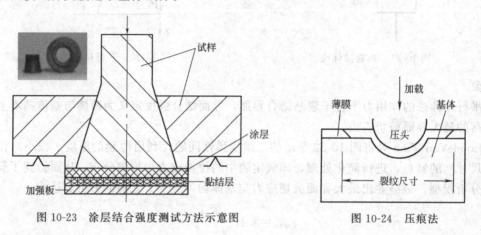

图 10-23　涂层结合强度测试方法示意图　　　　图 10-24　压痕法

6. 压痕法

压痕法是生产实践中用得较为广泛的一种方法，它采用非应力参量来估算膜基间的界面结合强度。试验原理参见图 10-24，与压痕法硬度测试试验相类似，即对试件在不同载荷作用下对膜面进行压痕实验。当载荷不大时，膜层与基体一起变形；但在载荷足够大时，膜层与基体的界面上产生横向裂纹，裂纹扩展到一定的阶段就会使膜层脱落。能够观察到膜层破坏的最小载荷称之为临界载荷，记为 P_{cr}。

压痕实验时，膜层与基体界面上产生应力，当压入载荷足够大时，这种应力就可以导致膜基分离，因此可以用压入载荷的大小来间接反映膜基间结合强度的大小或好坏。但由于压痕实验所用压入载荷是不连续的，且挡数少；同时，薄膜的不同失效形式所对应的应力状态也不一样，显而易见，统统用临界载荷作为压痕实验的膜基结合强度也缺乏可靠性。

Jindal 等在讨论了他人的研究工作之后，提出了"压痕载荷-径向裂纹长度"的斜率（$AG_{li}{}^{-1}$）：

$$K_{li} = \left(\frac{E_c}{1-v_c^2}G_{li}\right)^{\frac{1}{2}} \tag{10-1}$$

计算出 K_{li} 并以 K_{li} 作为膜基结合强度指标（式中 E_c、v_c 为膜层的弹性模量和泊松比）。实验表明：K_{li} 比 P_{cr} 更可信，作为压痕实验膜基结合强度比 P_{cr} 更合适。

由于压痕法测量膜基结合强度可以在一般的硬度实验机或显微硬度计上进行，因此，显示了较大的优越性。它对试件的要求不太高，特别是用显微硬度计做实验时，甚至可以对一般实际零件的膜层与基体的结合力进行测试，并同时得到膜层的显微硬度值，而且试验是非破坏性的。因此，尽管该法有一定的缺陷（即一些机理或理论问题尚未彻底解决），但在工程实际中还常常被采用。

7. 划痕法

划痕法是在上面压痕法的基础上发展起来的，是到目前为止研究得比较广泛的测量膜基结合强度的方法。划痕法中，将半径已知金刚石圆锥压头垂直地放在薄膜表面上，在其上逐渐加大垂直载荷，并使其沿膜面运动，直到把薄膜划下来（图 10-25）。力的加载方式有两种：步进式和连续式。一般把能将表面划下来的最小载荷称之为临界载荷，记为 L_c，并用来作为膜基结合强度的一种量度。

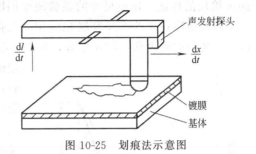

图 10-25　划痕法示意图

关于划痕实验最早的力学分析，是 Benjamin 与 Weaver 用全塑性压痕理论，给出了膜层剥离的临界剪切力与划痕几何形状、基体性能及摩擦力的关系。Langier 认为，可以用表面剥离时应变能释放模型来研究结合力。在临界载荷作用时，膜层在压头前方压应力最大处剥离，通过从基体剥离，压头前方的膜层可以释放出弹性应变能，再应用能量平衡关系式就能得到涂层剥离时应力的大小。Burnett 和 Rickerby 又把划痕中造成膜层破坏的应力分成三部分，即压痕周围的弹塑性应力场、内应力、切向摩擦力，首次将膜基分离时的临界载荷与薄膜的附着强度联系起来。

临界载荷 L_c 跟划头与膜层的摩擦有很大的关系，它不仅与加载速度、划痕速度、划头磨损等实验固有参数有关，而且还与基体性能、摩擦性能、测试环境等非试验参数有关。如何准确地确定它，通常与膜层破坏的确定直接相关。目前，常用以下几种方法来确定薄膜破坏：光学显微镜观察法，以出现开裂或剥落的最小试验力为 L_c；声发射测量法，用声发射监测，划痕时以出现第一个突发性信号时的试验力为 L_c；电子探针法，用电子探针对划痕沟槽进行化学分析，以最先测得基体成分处的试验力为 L_c；切向摩擦力法，划痕时，随着试验力的增加，切向摩擦力明显增加处为 L_c。

划痕法是目前唯一能够有效地测量硬质耐磨膜层界面结合力的一种方法，而且有了商品化仪器，比压痕法用得较多，也较为成熟。但是，一些根本性的问题仍未解决，L_c 也只能定性地反映膜基结合强度的大小。

8. 热震试验（加热骤冷试验）

将试样在一定温度下进行加热，然后骤冷。利用涂层与基体热膨胀系数不同而发生的变形差异来评定涂层与基体的结合力是否合格。当涂层与基体间因温度变形产生的作用力大于其结合力时，涂层剥落，适用于涂层与基体热膨胀系数相差较大的情况。对热喷涂件，适用于使用环境要求受热或温差大的喷涂件，如各种加热设备工件、灯具等。

第四节　薄膜弹性模量的测定——纳米压痕技术

一、问题的提出

传统的硬度测定不考虑压痕过程中的弹性现象，只需记录下最大压痕载荷，并采用金相法测量残余压痕尺寸。在洛氏和维氏硬度测量中，压痕载荷一般在 $10\sim30\mathrm{N}$ 之间。在传统硬度测量方法的基础上，为了研究涂层材料的微观力学性能并进行工艺控制，发展了显微硬度测试方法。在显微硬度测量中载荷范围一般在 $0.1\sim5\mathrm{N}$ 之间，主要用来测定大于厚度 $3\mu\mathrm{m}$ 涂层的性能。压痕尺寸的显微硬度仍用金相方法来测量。

随着薄膜技术的不断发展和应用，人们对薄膜力学性能的测试技术给予越来越多的重视，如薄膜的硬度和弹性模量等，并希望以此对薄膜体系的摩擦性能进行评价，同时指导薄膜体系的设计和优化。但是，由于膜层的厚度一般非常小，常常在亚微米至纳米级，测定薄膜力学性能是非常困难的，因此很难排除基体材料性能的影响。为了对该厚度级薄膜的硬度和弹性模量进行准确的测量，要求压痕尺寸也应在该尺度范围内，同时要求压痕载荷应远远小于显微硬度测定中的载荷值。这导致了载荷-位移连续测量压痕技术——纳米压痕技术的研究和发展。在纳米压痕技术中，以对压入深度和压入载荷的连续测量和记录取代了传统压痕试验中对残余压痕尺寸和最大压入载荷的测量，连续记录下在整个压入和卸载循环过程中的载荷-位移曲线，为研究材料表面的力学性能提供了更加丰富的信息。纳米压入的载荷一般小于 $0.1\mathrm{mN}$，压入深度小于 $100\mathrm{nm}$，而且载荷和位移分辨率分别小于 $0.01\mathrm{mN}$ 和 $1\mathrm{nm}$。图 10-26 是一个典型的纳米压痕载荷-位移（压入深度）曲线。

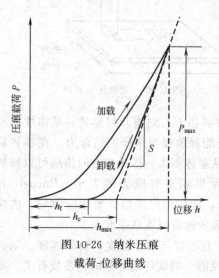

图 10-26　纳米压痕
载荷-位移曲线

二、薄膜弹性模量和硬度的确定

以下考虑刚性压头对线弹性半空间的压入问题，确定薄膜弹性模量。

通过测量材料初始卸载刚度（卸载曲线顶部线性部分的斜率）$S=\mathrm{d}P/\mathrm{d}h$ 确定和弹性接触的投影面积 A，弹性模量可由下式给出：

$$S=\frac{\mathrm{d}P}{\mathrm{d}h}=\frac{2}{\sqrt{\pi}}E_{\mathrm{r}}\sqrt{A} \tag{10-2}$$

式中，E_{r} 是考虑压头的非刚性时的等效弹性模量，且：

$$\frac{1}{E_{\mathrm{r}}}=\frac{(1-\nu^2)}{E}+\frac{(1-\nu_i^2)}{E_i} \tag{10-3}$$

可见，当压头的弹性模量 E_i 和泊松比 ν_i 以及薄膜材料的泊松比 ν 给定时，薄膜材料的弹性模量就很容易被确定。显然，如果认为压头为刚性体（E_i 趋近于无穷大），那么式（10-2）退化为：

$$S=\frac{2}{\sqrt{\pi}}\sqrt{A}\,\frac{E}{(1-\nu^2)} \tag{10-4}$$

式（10-2）最初是根据锥形压头由弹性接触理论导出的。Buylchev 等的研究结果表明，对于球形和柱形压头来说，式（10-2）仍然适用。随后 Pharr、Oliver 和 Brotzen 等指出，式（10-2）适用于任何可由光滑函数曲线的旋转体来描述的压头形状。另外，Buylchev 等的研究还表明，对棱锥体压头来说，比如维氏压头，式（10-2）也不会造成大的误差。King 的有限元计算结果证明了该结论的有效性，对于具有正方形和三角形截面的平头压头来讲，误差只有 1.2% 和 3.4%。

在式(10-2) 中关于压痕投影截面积 A 的测量是一个常常受到关注的问题。采用传统的金相法测定 A 不仅耗时而且也是非常困难的，因此需要发展一种更为简单的方法。Oliver 和 Hutching 等提出了一个基于载荷-位移曲线及压头面积函数的方法。所谓面积函数，就是压头截面积随距压头顶端的距离变化的关系：

$$A = f(d) \tag{10-5}$$

这种方法的一个假定就是，在最大载荷作用时，被压薄膜材料的表面与压头的形状相吻合。这样，当 d 已知时，A 就可以很容易地被求得。关于 d 的确定目前有三种方法。其中第一种方法认为：

$$d = h_{max} \tag{10-6a}$$

式中，h_{max} 是最大载荷下的压头位移。第二种方法认为：

$$d = h_f \tag{10-6b}$$

式中，h_f 是卸载后的残余压痕深度。在这两种方法中，d 都可以很方便地由载荷-位移曲线中得出。Oliver 等发现，式(10-6b) 能给出更好的近似结果。

Doemer 和 Nix 在综合了各种方法结果的基础上提出了确定 d 的另一种方法。通过将卸载曲线的初始线性部分向横轴上延伸插值，得到一个外插的压入深度值 h_c。且认为：

$$d = h_c \tag{10-6c}$$

实验和有限元计算结果均表明，与式(10-6a) 和式(10-6b) 相比，式(10-6c) 能给出更好的近似结果。

当投影接触面积 A 和最大载荷 P 确定后，硬度可由下式计算：

$$H = P_{max}/A \tag{10-7}$$

压痕截面的几何关系如图 10-27 所示。

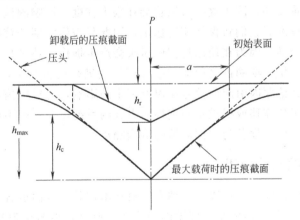

图 10-27　压痕截面的几何关系示意图

三、纳米压痕系统的组成及工作原理

图 10-28 是一个典型的纳米压入系统的原理图。它主要由压头、主滑架、载荷及位移传感器、压电驱动器以及控制电路和计算机等组成。加力杆沿主滑架在压电驱动器的作用下驱动弹性元件向下移动，从而使与弹性元件相连接的竖轴下端的棱锥或球形压头得到向下的位移。固定在机架上的线性可调微分变换器（LVDT）用来记录竖轴的位置。当压头与试件表面接触时，弹性单元将相对于加力杆产生挠曲，挠曲度由第二个 LVDT 进行监测。弹性单

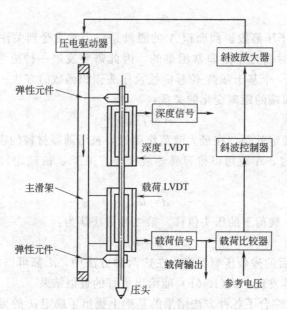

图 10-28　纳米压入系统原理

元的挠曲导致了压痕载荷的产生。当压头接触试件表面时，深度 LVDT 被置零，从而形成深度测量的基准。系统中的加力机构形成了一个反馈闭环，并由计算机产生的参考电压来控制。输出载荷信号与参考电压信号同时深入到载荷比较器中进行比较，其差值被用来控制一个电压斜波发生器。经放大后的电压斜波信号使压电驱动器产生膨胀或收缩，并通过弹性单元向压头施加可变载荷。

在使用纳米压痕设备进行硬度或弹性模量测定时，对载荷、位移、设备柔性以及压头面积函数的校准是十分重要的。因为这些参数将会在很大程度上影响测试结果的精度。一般来说，当位移和载荷被校准后它们将保持相对稳定，因此只需作定期的校准检查。值得注意的是对压头面积函数的校准，因为在使用过程中压头会产生损伤，特别是对硬的被测材料来说更是如此。因此，在开始一项测试之前应在参考试件上进行校核测定，以确定压头的状态。为了减小由于振动和其他原因引起的信号噪声所带来的影响，对模拟信号一般采用多次采样平均的方法。但是由于热漂移或机械不稳定性而引起的系统误差一般不能通过采样措施来消除，因此应特别注意将压痕设备与周围环境的恰当隔离。

四、纳米压痕技术的其他应用

除了进行硬度和弹性模量测定以外，纳米压痕技术在其他方面也有相当广泛的应用，如材料的蠕变抗力以及涂层/基体的结合强度的测定等。此外，纳米压痕技术还被用于如下一些研究领域：

① 纳米加工。纳米系统中的金刚石压头具有极高的强度，用它可以在试样表面进行机械加工，类似纳米刨刀，在超低载荷的作用下通过一定的扫描控制，可以在试样表面上获得所需要的刻痕。

② 多相材料的断裂机理。纳米压痕设备一般具有分辨率在纳米级的机构定位系统，因此借助视频显微镜可以将多相材料中所感兴趣的区域精确地定位到探针下方进行压入试验，以研究脆性相的断裂行为。

③ 摩擦及刮擦试验研究。由于具有极高的位移和载荷分辨率，在可控载荷的作用下使

压头与材料表面轻轻接触，可以进行纳米尺度的摩擦和刮擦试验研究，从而获得有关黏附特性、摩擦特性方面的信息。

④ 复合材料界面特性。由于纳米压痕是通过极细的金刚石探针与材料测试点相接触，并可透过增强相、界面层直至基体。这就使得其可以用来研究复合材料的界面特性，如借助超细探针估测界面摩擦的方法来研究复合材料的韧性。

 复习思考题

1. 表面分析一般包括哪些内容，简述其常用仪器。

2. 电子显微镜有哪几种，其用途有何不同？

3. 表面检测通常包括哪些内容？

4. 结合强度试验方法有哪些？对比各自的优缺点及应用场合。

5. 如何测定薄膜的弹性模量？测量此值的意义何在？

第十一章

表面工程与再制造

随着 21 世纪的到来，以优质、高效、节能、节材为目标的先进制造技术得到了快速发展，节能、节材、降耗、少污染的表面工程技术成为重要课题，以表面工程为主要技术支撑的再制造工程正越来越受到国内外专家的重视。

第一节　再制造工程概论

资源循环型制造和绿色制造是制造业实现循环经济发展目标的具体体现。再制造正好符合可持续发展战略要求的循环经济原则，是知识经济时代对制造业和传统维修业的新突破。再制造将是我国走可持续发展制造业的一种重要模式，是国家作为优先发展的循环经济产业。通过对废旧装备再制造，可实现资源利用最大化、环境污染最小化的生态经济发展模式，它是一个多学科综合交叉的新兴学科，对推动机械工程学科的发展意义重大。

一、再制造工程的技术内涵

产品经过长期的服役后，将会因"到寿"而报废。判定产品是否"到寿"有以下几个原则：①产品的性能是否因落后而丧失使用价值，即是否达到产品的技术寿命；②产品结构、零部件是否因损耗而失去工作能力，即是否达到产品的物理寿命；③产品继续使用或储存是否合算，即是否达到产品的经济寿命；④产品是否危害环境、消耗过量资源，即是否符合可持续发展。目前，对待报废产品处理的方法大多采用再循环处理，但所获得的往往是低级的原材料，同时也造成了一定的资源和能源的浪费。世界各国都在积极研究和探寻有效利用资源、最低限度产生废弃物的处理报废产品的合理方法。在这种形势下，产生了全新概念的再制造工程。

再制造工程是一个以产品全寿命周期设计和管理为指导，以优质、高效、节能、节材、环保为目标，以先进技术和产业化生产为手段，来修复改造废旧产品的一系列技术措施或工程活动的总称。

再制造在产品寿命周期中的地位和作用可用图 11-1 粗略地表示。传统的产品寿命周期是"从研制到坟墓"，即产品使用到报废为止，其物流是一个开环系统，而理想的绿色产品寿命周期是"从研制到再生"，其物流是一个闭环系统。废旧产品经分解、鉴定后可分为 4 类零部件：①可继续使用的；②通过再制造加工可修复或改进的；③因目前无法修复或经济上不合算而通过再循环变成原材料的；④目前只能做环保处理的。

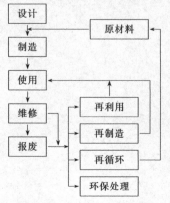

图 11-1　再制造工程在产品全寿命周期中的地位和作用

其中，部分废旧产品经再制造制成合格产品重新投入使用，开始了新的生命周期；而另一部分则经过回炉冶炼等再循环处理变成了原材料。再制造的目标是要尽量加大前两者的比例，即尽量加大废旧零部件的回用次数和回用率，尽量减少再循环和环保处理部分的比例，以便最大限度地利用废旧产品中可利用的资源，延长产品的生命周期，最大限度地减少对环境的污染。

再制造在产品寿命周期中的地位或作用，也可以通过产品的传统寿命周期与理想寿命周期中材料输入和输出流的示意图对比得出。图 11-2 表示在传统的产品寿命周期中，产品设计、制造、使用、处理各个环节中都会产生废物，而在图 11-3 理想的产品寿命周期中，每个环节所产生的废物都被重新制造转变成可用的材料或产品。图 11-3 中的弯形箭头表示重新制造即再制造过程，显然，再制造将大大减少废物的产生和对环境造成的污染，减少资源的消耗，有利于社会的可持续发展。

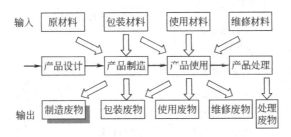

图 11-2　传统的产品寿命周期材料输入与输出流

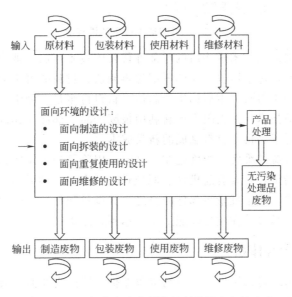

图 11-3　理想的产品寿命周期材料的输入与输出流

再制造的对象——"产品"是广义的。它既可以是设备、系统、设施，也可以是其零部件；既包括硬件，也包括软件。

再制造工程包括以下内容：

再制造加工主要针对达到物质寿命和经济寿命的产品，在失效分析和寿命评估的基础上，把有剩余寿命的废旧零部件作为再制造毛坯，采用先进表面技术、复合表面技术和其他加工技术，使其迅速恢复或超过原技术性能和应用价值的工艺过程。

过时产品的性能升级主要针对已达到技术寿命或经济寿命的产品，通过技术改造更新，特别是通过使用新材料、新技术、新工艺等，改善产品的技术性能。

再制造与传统制造技术最主要的区别在于它们的生产系统的输入不尽相同，传统制造是以新的原材料作为输入，经过加工制成毛坯；而再制造是以废弃产品中那些可以继续使用或修复后再使用的零部件作为毛坯输入。这使再制造工程可以省去矿产的开采、冶炼和毛坯的初级加工，从而实现节约能源、节约资源、缩短制造时间和减轻污染的目标。再制造活动的内容包括收集（回收、运输、储存）、预处理（清洁、拆卸、分类）、回收可重用零件（清洁、检测、翻新、再造、储存、运输）、回收再生材料（碎裂、再生、存储、运输）、废弃物管理等活动。再制造生产模式见图 11-4。

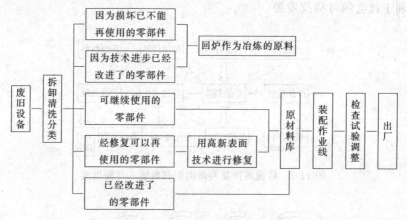

图 11-4　再制造工程生产模式图

再制造生产模式强调用技术进步后的零部件代替因技术落后而被淘汰的零部件。从再制造产品层次的角度来看，包括回收产品的零部件再制造、材料的再制造、产品级再制造等层次。因此，再制造不同于材料再生后的生产制造。材料再生是一种将报废产品返回原材料的形式；再制造是利用新技术，最大限度重新利用报废产品零部件及其再生材料的"回收"方式，其制造成本远远低于用再生材料制成的新品成本。

再制造亦不同于传统的维修。维修是在产品的使用阶段为了保持其良好技术状况及正常的运行而采取的技术措施，常具有随机性、原位性、应急性。维修的对象为有故障的产品，多以换件为主，辅以单个或小批量零部件的修复。其设备和技术一般相对落后，而且形不成批量生产。维修后的产品多数在质量性能上难以达到新品水平。

二、再制造工程的学科体系

再制造工程是为适应可持续发展，节约资源保护环境的需要而形成并正在发展的新兴研究领域和新兴产业。它包含的内容十分广泛，涉及机械工程、力学、材料科学与工程、冶金工程、摩擦学、仪器科学与技术、信息与通信工程、控制科学与工程、计算机科学与技术、环境科学与工程、检测与自动化装置、模式识别与智能系统、军事装备学等。再制造工程的研究领域主要包括设计基础、主要技术、质量控制和技术设计等多种学科的知识和研究成果。可以说它是通过多学科综合、交叉、复合并系统化后而正在形成中的一个新兴学科。由于在国外它仅有 10 年的历史，在我国则刚刚起步，因而再制造工程的研究体系尚在探讨之中，再制造工程可初步概括为由图 11-5 所示的 4 个部分组成。

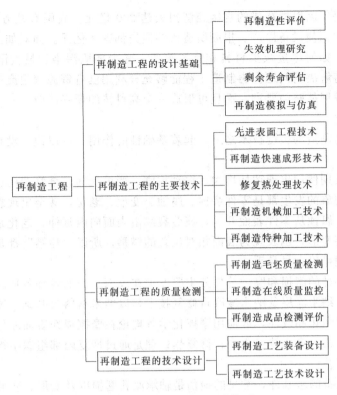

图 11-5　再制造工程的学科体系

　　再制造工程的设计基础包含多方面的理性研究内容，其中产品服役的环境行为及失效机理，是实施再制造过程从而决定产品性能的基本理论依据；产品的再制造性评价是在技术上和经济上综合评定废旧产品的再制造价值；产品寿命预测与剩余寿命评估是在失效分析的基础上，通过建模与实验建立寿命预测与评价系统，评估零部件的剩余寿命和再制造产品的寿命；再制造过程的模拟与仿真用以预览再制造过程，预测再制造产品质量和性能，以便优化再制造工艺。

　　再制造工程技术包含的技术种类非常广泛，其中各种表面技术和复合表面技术主要用来修复和强化废旧零件的失效表面，是实施再制造的主要技术。

　　再制造工程的质量控制中，毛坯的质量检测是检测废旧零部件的内部和外部损伤，在技术和经济上决定其再制造的可行性，为确保再制造产品的质量，要建立全面质量管理体系，尤其是要严格进行再制造过程的在线质量控制和再制造成品的检测。

　　再制造工程的技术设计包括再制造工艺过程设计，工艺装备、设施、车间的设计，再制造技术经济，再制造组织管理等多方面内容。

第二节　再制造技术的应用

一、再制造与表面工程技术

　　据发达国家统计，每年因腐蚀、磨损、疲劳等原因造成的损失约占国民经济总产值的

3‰～5‰，我国每年因腐蚀造成的直接经济损失达 200 亿元。我国有几万亿元的设备资产，每年因磨损和腐蚀而使设备停产、报废所造成的损失都逾千亿元。面对如此大量设备的维修和报废后的回收，如何尽量减少材料和能源浪费、减少环境污染、最大限度地重新利用资源，已经成为亟待解决的问题。再制造工程能够充分利用已有资源（报废产品或其零部件），不仅满足可持续发展战略的要求，而且可形成一个高科技的新兴产业——再制造产业，能创造更大的经济效益。

表面工程是再制造的关键技术之一，起着基础性的作用。可以说，没有表面工程，实现不了再制造。

机械设备经长期使用出现功耗增大、振动加剧、严重泄漏、维修费用过高等问题，一般列为报废。这些现象的发生都是零件磨损、腐蚀、变形、老化，甚至出现裂纹造成的。磨损在零件表面发生，腐蚀从零件表面开始，疲劳裂纹由表面向内延伸，老化是零件表面与介质反应的结果，即使变形，也表现为表面相对位置的错移，所以"症结"都是表面问题。对这些问题，表面工程可以大显身手。

由于废旧零部件的磨损和腐蚀等失效主要发生在表面，因而各种各样的表面涂敷和改性技术应用得最多；纳米涂层及纳米减摩自修复技术是以纳米材料为基础，通过特定涂层工艺对表面进行高性能强化和改性，或应用摩擦化学等理论在摩擦损伤表面原位形成自修复膜层的技术，它也可以归入表面技术之中；修复热处理是通过恢复内部组织结构来恢复零部件的整体性能的特定工艺。

箱体零件是设备的基础件，常见的损伤是轴承座孔磨损以及变形。变形造成轴承座孔中心线的相对位移和结合面的挠曲。对于铝、钢、铸铁箱体这类零件表面损伤的修复，是表面工程中电刷镀技术的"拿手好戏"。

轴类零件上的轴承配合面（无论是静配合面还是动配合面），如发生磨损超标，视磨损量，可选用电刷镀、热喷涂、堆焊、粘涂等多种方法来修复，通过选择材料和工艺可达到需要的耐磨性。轴上的花键，可视情况选用电刷镀、微弧等离子堆焊、微脉冲焊等办法修复。

渗碳齿轮齿面的修复曾是修复中的难题，通过近十年的研究，可采用堆焊和真空熔结方法修复，并已成功研制出了专用堆焊焊条、熔结粉末和配套的电解成型加工技术。

飞机发动机涡轮叶片和导向器叶片是航空发动机的核心部件，工作在高温燃气气氛中，承受复杂多变的热应力和机械应力，工作条件十分恶劣，而且结构和形状十分复杂，但是无论是防护涂层脱落，还是裂纹、烧损、腐蚀、振动磨损，国内外都有完整的工艺进行修复，其中复合表面技术占有重要地位。例如，对波音 727 型飞机的 JT8D 型喷气发动机，通过化学镀镍修复更新后，可使其使用寿命提高 3～4 倍。

飞机起落架油压机活塞杆或机床导轨上的划伤缺陷，可用导电胶和电刷镀的复合技术修复。

造船厂用电刷镀修复铝制的柴油机缸体，可节约几百万美元；刷镀技术可修复大型挤压机柱塞、冷镦机主轴和模具小孔，以及大型挖掘机油缸、汽车发动机汽缸套内表面等；分别采用火焰、电弧、等离子、激光等热喷涂方法，可有效地修复机床导轨、飞机发动机、燃料泵的摇杆、活塞环；粉末喷涂方法可修复汽车发动机曲轴轴颈、缸体主轴承座孔、凸轮轴、转向节等多种零件；采用如离子注入法、激光束、电子束等制备非晶态合金表面层，能节约大量的镍、钴、铬、钼等战略物资，修复各种仪器设备、机件、模具等；对军舰船体钢结构大面积防腐蚀，用高速电弧喷涂技术，选用专门研制的铝稀土丝材进行治理，使耐腐蚀寿命由原来的 5 年延长至 15 年以上。现代表面技术不仅可修复尺寸、形状精度，还可提高表面性能，延长零部件的使用寿命，并且能形成特殊性能的功能材料和新型材料。

二、再制造的其他技术

表面工程是再制造的关键技术，但不是再制造的全部技术，实现再制造还要与其他的工程技术配套进行。

1. 粘接技术

利用各种胶黏剂修复不宜采用其他方法修复的零部件，可收到很好的效果。例如大型制氧设备用氨脂超低温胶进行修复；用环氧类超金属修补胶黏剂修复滑牙内螺纹；采用镗孔镶套配合美特铁高强度胶黏剂粘接修复设备，可节省大量费用。

2. 再制造零部件"毛坯"成型技术

采用铸、锻、焊方法修复零件或形成再制造"毛坯"。例如，采用压铸镶铸法，将原零件处理后，放在压型内，然后将修复材料和原零件铸合在一起；采用离心铸造法，将原零件处理后，处于旋转的铸型，在离心力作用下将熔融的定量修复材料进行浇注并凝固；将废旧零件加热重新模锻或轧、辊压、摆辗等塑性加工方法进行再制造；采用氧-乙炔、焊条电弧、CO_2 气体保护、埋弧自动、等离子弧等的堆焊方法可修复汽车、拖拉机、工程机械、轴类、工模具等易损零部件，节约钢材，节省资金，使用寿命往往比新件还高，经济效益显著。

3. 零部件再加工技术

采用传统常规加工方法：车、钳、铣、刨、钻、镗、拉、磨等及其发展的各种数控、高速、强力、精密等新方法，进行再制造加工；采用传统特种加工方法：电火花、电解、超声波、激光等及其发展的各种自动化、柔性化、精密化、集成化、智能化等新型的高效特种加工技术进行再制造加工；采用更高的高精度、高效率复合加工及组合工艺技术进行再制造加工。

4. 再制造零部件快速成型（RP）技术

快速成型技术不同于传统的去材法和变形法，它是根据要求的零件几何信息，采用积分堆积原理和激光同轴扫描等方法进行金属的熔融堆积快速成型的技术，材料逐层或逐点堆积成型，在不需要工模具的情况下，迅速制造出任意复杂形状又具有一定功能的三维实体模型或零件。采用立体光造型（SLA）、选择性激光烧结（SLS）、分层实体制造（LOM）、熔融沉积制造（FDM）、三维印刷（3D-P）等快速成型方法，进一步使 RP 与 CNC 机床和其他传统加工方式相结合合新的快速成型方法进行再制造加工。

此外，应急修复技术是用来对战伤武器装备或野外现场设备进行应急抢修的各种先进快速修复技术；过时产品的性能升级技术不仅包括通过再制造使产品强化、延寿的各种方法，而且包括产品使用后的改装设计，特别是引进高新技术使产品性能升级的各种方法；纳米涂层及纳米减摩自修复材料和技术、修复热处理技术等也在再制造工程中得到应用。

三、再制造技术的应用实例

回顾再制造工程的应用历程，不难发现，再制造工程最早是在汽车的零部件上得到应用的，而后迅速扩展到其他行业，并在许多领域已经形成相当大的规模。再制造工程技术不仅能够恢复产品原技术性能，而且能够及时引进新技术、新工艺和新材料，改进提高产品的技术性能和可靠性，实现系统升级，从而延长产品的使用寿命。再制造产品的费用仅为新品价格的 $40\%\sim60\%$。

1. 汽车工业再制造的开发与应用

据预测，2010 年我国汽车保有量将达 4350 万～4700 万辆，废旧汽车的回收、利用和处理已经引起国家的高度重视。推行回收工程、再制造工程，发展循环经济，不仅可以促进汽车回收行业的发展，而且是解决废旧汽车引发社会公害问题的重要途径。我国废旧汽车回收利用流程如图 11-6 所示。

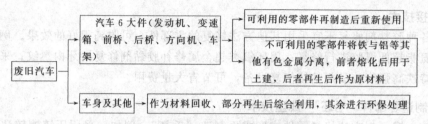

图 11-6　我国废旧汽车回收利用流程图

同一型号的进入大修期或不能继续使用的旧发动机的再制造生产过程是：①经全部拆卸解体；②分类清洗、检查鉴定；③零件再制造加工及更换新配件；④装配系统部件总成及总装配；⑤整机台架试验；⑥包装出厂。再制造发电机生产销售流程见图 11-7。

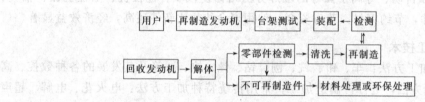

图 11-7　再制造发电机生产销售流程图

目前，旧发电机的再制造过程中，主要更换的零部件有：活塞、气门导管、轴瓦、油封、机油泵等，主要加工的零部件包括缸体、缸盖、曲轴和连杆。在再制造工艺过程中，先进的表面工程技术是重要的技术手段。如采用微电流焊接技术修复主轴颈和连杆轴颈上的划伤和缺陷，保证要求的运转间隙。从零件的修复工艺来看，不少采用的是尺寸修理法。随着技术的进步，如应用纳米电刷镀技术、热喷涂技术、激光快速成形技术、PVD/CVD 技术等，会使再制造产品的质量进一步提高。

下面可以通过重载车辆上的一个重要精密零件的修理，来分析一下技术经济效益。重载车辆行星框架的毛坯是锻造件，锻前坯料质量为 71.3kg，经过开坯、模锻等十几道工序的加工，零件形成的质量只有 19.5kg。新品的使用寿命一般不超过 6000km。损坏的部位只是 $\phi175mm$ 内圆密封环配合面。如果磨损超差后更换新品，则需要 71.3kg 的 38CrSi 钢，需经费 1200 元。采用等离子喷涂修复，只需三道工序仅用了 0.25kg 的铁基合金粉末，而相对耐磨性是新品的 2.55 倍，使用寿命大于 12000km，修理费用只是新品的 1/10，节材率为 99.65%（见表 11-1）。这个例子说明了装备再制造在提高产品性能、节省钢材、电力及环境保护方面具有重要的意义。

表 11-1　重载车辆行星框架的毛坯及修复材料成本

项　　目	质量/kg	质量比	价格/元
毛坯	73.1	100	290
成品零件	19.5	27	1200
再制造投入	0.25	0.35	120

2. 电力及钢铁行业再制造的开发与应用

在我国的电力行业中，火力发电站占据着举足轻重的地位。在火电站中，以解决各种易损部件问题最为急迫。电站每年易损部件失效数以千计，损失巨大，且失效常导致电站重大事故的发生，甚至带来灾难性的后果。

再制造技术在电站的应用按易损部件划分，主要有磨煤机的筒体和轴瓦，风机（送风机、引风机、排粉机）叶轮，大轴及汽轮机叶片，疏水管弯头，受热面管道（炉膛水冷壁、过热器、再热器、省煤器、空气预热器等），高温、高压阀门密封面，缸体结合面等易损部件；按工艺方法划分，主要有堆焊、喷焊、喷涂、刷镀、粘接、粘涂、自蔓延、表面清洗、恢复性热处理等。

再制造的应用为广大电站解决易损部件的失效问题提供了先进的制造技术。邹县电厂利用氧-乙炔喷涂工艺修复轴瓦乌金，操作方便，费用低（1kg 巴氏合金粉价约 155 元），时间短，用工少，特别适合于现场抢修。新浇铸已损坏轴瓦不仅所需时间长，工艺复杂，而且用工多、费用也需几万元；更换 1 个新轴瓦价格更贵，至少也需要十几万元。在阳逻电厂 300MW 发电机组中，引风机叶片采用等离子喷涂，NiWC 涂层，使用近 4 年，叶片仍未受磨损。宜宾发电总厂豆坝发电厂 3 号炉大修期间，对水冷壁进行了防腐防磨超音速电弧喷涂。喷涂完成后，进行外观检查，涂层表面较为致密、均匀，颗粒细小，厚度达到要求，可以保证工程质量。20 世纪 90 年代初以来，国内企业部门对修复热处理已经做了尝试工作，如对长期服役过的发电设备上的主蒸汽管道进行恢复性热处理，取得了显著效果。

首都钢铁公司曾由比利时购买一套报废的 2m 连铸设备，其中有 300 多个大件，如轴承座、轧辊等。装甲兵工程学院派出 20 余名工程技术人员和工人与首都钢铁公司维修人员一起，用电刷镀等表面工程技术，施工了 30 天，使该连铸机"起死回生"，各项技术指标均达到新设备水平，已正常使用了数年。

再制造为广大电力及钢铁行业中易损部件的设计、制造带来了新的思想理念，传统的"从设计到坟墓"的设计思想已难以适应今天的电力及钢铁行业长远发展的需要。今后对易损部件的设计、制造，不但要满足其服役期间的性能要求，还要满足在其失效后具有可再制造性的要求，而且要求整个设计、制造过程要考虑到保护环境、节省资源，并与我国的可持续发展战略相统一。电力及钢铁行业中易损部件的再制造，将为广大电力及钢铁行业带来新的经济增长点。每年我国电力及钢铁行业由于易损部件的失效所造成的直接、间接经济损失数目巨大，而再制造的应用在很大程度上可挽回这些损失。再制造技术不但能恢复报废易损部件的使用性能，而且可对现役的易损部件进行技术改造，赋予其更高的新技术含量，使其在最少的投入下获得最大的经济效益。

3. 军用装备再制造的开发及应用

传统的表面工程关键技术包括热喷涂、电刷镀、激光熔覆、气相沉积以及"三束"（激光束、离子束、电子束）表面改性等。随着纳米技术的发展，纳米材料不断应用于表面工程之中，纳米表面工程应运而生。所谓"纳米表面工程"是指充分利用纳米材料的优异特性提升、改善传统表面工程技术的性能，进一步改变固体材料表面的形态、成分、结构等，从而赋予表面全新功能的系统工程。

（1）高速电弧喷涂技术对军用装备的修复与再制造　高速电弧喷涂（high velocity arc spraying）技术是在传统电弧喷涂（traditional velocity arc spraying）技术基础上发展起来的一种新型电弧喷涂技术。高速电弧喷涂层的组织结构和涂层性能比传统电弧喷涂层有了很大改善，主要表现在涂层组织致密，孔隙率低，结合强度高，涂层耐磨性能明显提高。

高速电弧喷涂层的表面粗糙度和氧化程度都明显比传统电弧喷涂层小。观察与检测发现，传统电弧喷涂层中形变颗粒周围存在较大的破碎氧化物颗粒和连续的氧化物膜，这与普通电弧喷涂过程中雾化颗粒较大、气流速度的加速能力小、颗粒飞行速度较低有关。由此可知，高速电弧喷涂层能够更有效地提高材料的耐磨、耐蚀和抗疲劳性能。

高速电弧喷涂技术成功用于军用装备的修复与再制造。某型猎潜艇在高温、高湿、高盐雾环境下，艇体钢结构 4~5 年即被腐蚀穿孔，7~8 年中维修时的换板率高达 50%。利用高速电弧喷涂对钢结构表面喷涂纯铝及铝合金涂层，实际航行一年后检测发现，钢结构完好无损。据测算，喷涂后的钢结构防腐寿命将超过 15 年。高速电弧喷涂技术还用于解决舰船甲板的防滑问题，通过对甲板表面喷涂 Al_2O_3 防腐、防滑复合粉芯丝材，在甲板表面得到了一层既有优异防腐性能，又有显著抗磨和防滑性能的复合涂层，实际应用后效果非常明显。

（2）纳米电刷镀技术对军用装备的修复与再制造　电刷镀技术具有设备轻便、工艺灵活、镀覆速度快、镀层种类多等优点，被广泛应用于机械零件表面修复与强化，尤其适用于现场及野外抢修。纳米电刷镀就是在镀液中添加了特种纳米颗粒，使得刷镀层性能显著提高的新型电刷镀技术。纳米电刷镀技术的核心难题是纳米颗粒在镀液中的分散与悬浮稳定问题，装备再制造技术国防科技重点实验室通过独创的高能机械化学法成功地解决了这一难题。

图 11-8(a)、(b) 分别为普通快速镍刷镀层和添加了纳米氧化铝（n-Al_2O_3）颗粒的镍基复合刷镀层的表面形貌，可见后者表面更细密，说明纳米颗粒可以显著细化刷镀层组织，大幅度增加刷镀层晶界，从而有效阻碍位错的移动和微裂纹的产生与扩展，使得刷镀层得到强化。图 11-8(c) 给出了 n-Al_2O_3/Ni 复合刷镀层的 TEM 组织，箭头所指颗粒为 n-Al_2O_3 颗粒。可见纳米颗粒均匀弥散分布在复合刷镀层中，并与镀层中其他物质紧密结合。这样，在复合刷镀层受载变形时纳米颗粒可以起到明显的阻碍位错运动和微裂纹扩展的作用。在服役温度升高时，纳米颗粒可以有效阻碍晶粒长大和再结晶。

 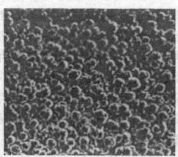 

(a) 普通快镍刷镀层　　　　　(b) 纳米 Al_2O_3/Ni 复合刷镀层　　　　(c) 纳米刷镀层的 TEM 组织

图 11-8　纳米电刷镀层的表面形貌及 TEM 组织

图 11-9 为镍基纳米 Al_2O_3 电刷镀层与普通快镍镀层硬度随温度的变化图，可见前者的高温硬性明显优于后者。普通快镍镀层当温度超过 200℃时硬度即迅速下降，而镍基纳米 Al_2O_3 镀层当温度升至 400℃时依然保持稳定的硬度，且在 600℃高温下仍具有较好的硬度，说明纳米电刷镀层在高温下可持续发挥耐磨作用。

纳米电刷镀技术成功地用于进口飞机发动机关键零部件的失效修复。300h 的台架试验表明，修复效果完全满足考核要求，扭转了该零部件维修技术和维修材料完全依赖进口的被动局面，每修复 100 台发动机将节省维修经费 5000 余万元，创造了巨大的军用和经济效益。

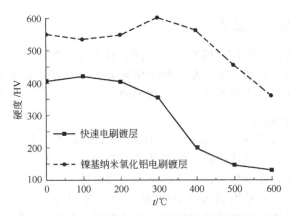

图 11-9　纳米电刷镀层与快镍镀层硬度随温度的变化

纳米电刷镀技术还解决了舰船、潜艇等关键零部件的维修难题，修复了某型舰艇进口设备中直径达 470mm 的密封装置滑环内表面，使其防腐、耐磨性能大幅度提高。纳米电刷镀技术还在主战坦克关键零部件的修复及军用机床再制造方面发挥了重大作用，使得坦克侧减速器主、被动轴等关键零部件的寿命显著延长，并使军用机床的工作性能明显提高。

（3）纳米减摩自修复添加剂技术对军用装备的修复与再制造　纳米减摩自修复添加剂技术是一种通过摩擦化学作用来实现材料减摩、自强化、自愈合、自修复的技术。将含有纳米颗粒的复合添加剂加入到润滑油中，纳米颗粒随润滑油分散于各个摩擦副接触面，在一定温度、压力、摩擦力作用下，摩擦副表面产生剧烈摩擦和塑性变形，发生摩擦化学作用，添加剂中的纳米颗粒就会在摩擦表面沉积，并与表面作用，填补表面微观沟谷，从而形成一层具有抗磨减摩作用的液态或固态自修复微区膜。

装备再制造技术国防科技重点实验室首先开发出了微米减摩自修复添加剂 M3，在其基础上，通过配加纳米金属 Cu 颗粒又开发成功了具有自主知识产权的纳米减摩自修复添加剂 M6。M6 的减摩、抗磨性能好，成本低，污染少，自修复效果明显，被总装备部指定为军用车辆装备自修复的首选添加剂之一。

纳米减摩自修复添加剂技术已用于军事装备的修复与再制造，取得了良好的效果。某型主战坦克，常年满负荷训练使用，由于零部件老化，气候恶劣，加之操作不当等人为因素，发动机经常发生故障，影响了正常的训练任务。使用纳米减摩自修复添加剂 M6 以后，发动机的润滑状态明显改善，磨损降低，动力性提高，机油消耗减少。

在国外，减摩自修复添加剂技术也已得到广泛应用。俄罗斯将该技术用于舰船、坦克、装甲车动力装置上，节省了燃油，延长了寿命，降低了潜艇运行噪声。应用于火炮后，炮膛来复线和内表面的晶格结构发生变化，弹膛阻力减小，内表面的耐磨性提高，炮管的使用寿命增加一倍，炮弹射程增加 20%。

以纳米电刷镀技术、纳米减摩自修复添加剂技术为代表的纳米表面工程技术已取得了很大进步，虽然涂层中加入的纳米颗粒数量并不多，但维修与再制造效果非常显著，说明纳米材料对提升表面工程技术具有重要作用。尽管如此，纳米表面工程技术还只处在初级阶段，通过纳米表面工程得到的表面复合涂层，还不是真正意义上的纳米涂层，而只能称为纳米结构涂层。不过，这些纳米结构涂层还是具备了一定意义上的纳米特征，如涂层中复合有弥散分布的单质纳米颗粒，涂层的某些局部由纳米晶构成，或者涂层的部分最小组成单元为纳米级团聚物等。

四、再制造工程的发展与意义

世界发达国家，尤其是美国、俄罗斯、德国、日本等大型机械设备拥有量较多的国家，都对再制造工程技术高度重视。无论是在理论研究方面还是在产业化方面都做了许多工作，在各类科技期刊上每年都有许多论文发表。我国的再制造工程研究也已经起步。

1. 国外研究和发展现状

再制造工程在美国发展迅速。据统计，1996 年美国专业再制造公司已超过 73000 家，雇员 48 万人，生产 46 种再制造产品，每年的销售额超过 520 亿美元。其中汽车再制造业最大，公司总数达 5 万家，年销售总额 365 亿美元，总雇员 34 万人。2005 年美国计划再制造业雇佣员工超过 100 万，年销售额达到 1000 亿美元。图 11-10（a）、（b）分别为美国 1996 年再制造业与钢铁业销售额与雇员数的比较，可见再制造业的销售额与钢铁业相当，但雇员数却高于钢铁业一倍，说明再制造业既能拉动国民经济，又能提高就业率。

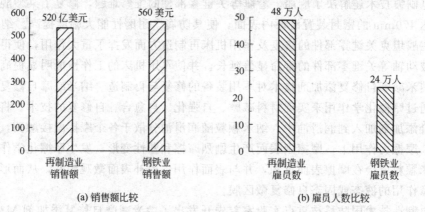

(a) 销售额比较　　　　　　　(b) 雇员人数比较

图 11-10　美国再制造业与钢铁制造业的比较

汽车零部件的再制造是研究最早的领域，并已经形成了规模相当大的产业。美国汽车工程师协会（SAE）多次举办以"全寿命周期管理"和"再制造"为主题的学术会议；并对一些具体零部件（如启动器线圈、转子、离合器、发动机、转向器、水泵、变速箱等）的再制造制定了标准。

再制造工程的快速发展受到了美国国防决策部门的重视。美国国防科学研究委员会在制定 2010 年国防工业制造技术框架时，将"新的再制造技术"和"有利于装备延寿的设计方法"列为重点发展的核心研究方向之一。

1996 年，在美国 Argonne 国家实验室的资助下，波士顿大学制造工程学教授 Robert T. Lnnd 领导下的一个研究小组，对美国的再制造业进行了深入的调查，撰写了研究报告《再制造业：潜在的巨人》。他们建立了一个有 9903 个再制造公司的数据库，并随机抽选调查了其中的 1003 个，获得了大量的有关年销售额、雇员人数、再制造产品种类等信息，其范围涉及到汽车、压缩机、电子仪器、机械制造、办公设备、轮胎、墨盒、阀门等 8 个工业领域，见表 11-2。在这些数据的基础上，研究小组对整个美国再制造业的规模进行了评价：美国专业化再制造公司数量超过 73000 个，每年的销售额超过 520 亿美元，直接雇员 48 万人，生产 46 种主要再制造产品。再制造业已经成为美国经济中的支柱产业之一。

此外，美国的许多大学正在进行再制造技术研究和教学。美国罗切斯特理工学院有一个专门从事再制造工程研究的全国再制造和资源恢复中心；田纳西大学无污染产品和技术研究中心将进行汽车行业的再制造技术研究；北卡罗来纳大学凯南-弗拉格勒商学院进行逆向后

表 11-2　美国再制造公司调查情况

工 业 领 域	产 品 种 类	数据库中公司数	调查的公司数
汽车	转向器、启动机、水泵、离合器、发动机	4536	405
压缩机	A/C 压缩机、冰箱压缩机	55	21
电子仪器	转换装置、电动机、开关装置	2231	216
机械制造	各种工业领域的机械和设备	90	23
办公用具	办公桌、文件夹	220	24
轮胎	卡车和轿车	1210	127
墨盒	激光墨盒、喷墨盒	1401	134
阀门	控制阀门、减压阀门	110	30
其他	各种类型零部件	50	23
总　　计		9903	1003

勤学的教学。逆向后勤学是把产品收回，然后对其进行再制造。许多学校在工业设计课程中讲授再制造技术，要求在工业产品设计中考虑设备部件的再制造性，认为在设计产品时只考虑一次性使用是不合理的。有报道，福特汽车公司正在建立一个旧部件交流中心，从环保出发，充分利用回收再制造的部件，一年将实现 10 亿美元的营业额。1993 年，美国福特、通用、克莱斯勒等人汽车公司结成回收联盟，在密歇根建立汽车拆卸中心，专门研究开发汽车零部件的拆卸、再制造和再循环利用。

德国《商报》1999 年 1 月文章《未来 10 年的科技》中认为，2006～2007 年全球将普及节能汽车，这种汽车材料和部件的 90％均可以重新使用。2000 年 2 月初，欧盟委员会通过了一项有利于环境保护的新规定，未来所有欧盟的汽车用户，将享受免费旧车回收。从2002 年起，废旧汽车的可再生利用率达到 85％，到 2015 年将达到 95％。德国奔驰汽车公司在汽车的整个寿命周期（包括设计、制造、使用、维修和报废）都体现回收利用的概念，从设计开始就注重汽车的可回收性，到报废时再拆卸回收利用。大众汽车公司已将可回收设计法应用于新一代汽车开发。日本丰田、本田、马自达等大汽车公司也都积极开展了汽车的可回收性设计，开发回收利用新技术。

2. 国内研究和发展现状

国内有许多单位正在进行再制造领域的研究。全军装备表面工程研究中心、西安交通大学等单位使用表面工程技术进行设备零部件的再制造研究和应用；装甲兵工程学院、空军某研究所和海军工程学院对军用飞机、装甲车辆、舰艇的延寿作了大量的试验和研究工作；20世纪 90 年代初以来，国内一些部门对修复热处理已经作了尝试工作，如对长期服役过的发电设备上的某些重要零件进行修复热处理。

再制造工程的研究应用已经受到了我国政府有关部门的重视，并将其列入"十五"先进制造技术发展前瞻和国家自然科学基金机械学科的优先发展领域。国家自然科学基金会机械学科已将再制造设计和成形技术基础列为"十五"重点资助领域。国家级再制造技术重点实验室已获批准建立。应该看到，再制造工程在我国的研究应用尚处于起步阶段，很多项目主要集中在再制造单项技术的研究，以及以概念与结构框架为主的研究上，很少深入到再制造的生产实践中去，远没有形成产业化。

由于我国对再制造的研究开展较晚，还有许多问题需要探讨，包括市场运作方面的许多问题及法律、法规、标准的配套问题等等。但是，再制造肯定是发展方向，科技人员肯定可以大有作为。再制造工程在我国有广阔的应用前景，必将在国民经济发展中发挥重要作用。

再制造工程是在报废的或过时的产品上进行的一系列修复或改造活动，要恢复、保持其至提高产品的技术性能，有很大的技术难度和特殊的约束条件。这就要求在再制造过程中必须采用比原始产品制造更先进的高新技术。

3. 发展再制造工程的意义

20 世纪是人类物质文明飞速发展的时期，也是地球环境和自然资源遭受最严重破坏的时期。环境污染和生态失衡在 20 世纪末已经成为显性危机，成为制约世界经济可持续性发展，威胁人类健康的主要因素之一。保护地球环境、实现可持续发展，已成为世界各国共同关心的问题。

可持续发展包括以下重要原则：①发展的持续性，即现代的发展不能影响、损坏未来的发展能力；②发展的整体性和协调性，即人的繁衍、物质的生产、自然界对于人类生活资源和生产资源的产出等几方面构成一个巨型系统，任何一方面不畅通都会危害世界的持续发展。而我国目前的工业生产模式不符合可持续发展的方针，主要表现为：①环境意识淡薄，回收、再利用意识差，大多是"先污染，后治理"；②只注重降低成本，而不重视产品的耐用性和可再利用性，浪费严重。我国面临的资源和环境问题更为突出，一是资源能源短缺，地下矿产等资源的人均拥有量只相当于世界人均水平的 1/4～1/3；二是环境污染严重。据世界银行专家估计，我国由于水、空气污染造成的经济损失每年为 540 亿元，相当于 1995 年国民生产总值的 8%。发展生产和保护环境、节省资源已经成为日益激化的矛盾，解决这一矛盾的惟一途径就是从传统的制造模式向可持续发展的模式转变，即从高投入、高消耗、高污染的传统发展模式向提高生产效率、最高限度地利用资源和最低限度地产出废物的可持续发展模式转变。再制造工程就是实现这种发展模式的重要技术途径之一。

再制造工程在生态环境保护和可持续发展中的作用，主要体现在以下几个方面：

① 通过再制造性设计，在设计阶段就赋予产品减少环境污染和利于可持续发展的结构、性能特征；

② 再制造过程本身不产生或产生很少的环境污染；

③ 再制造产品比制造同样的新产品消耗更少的资源和能源。

使用再制造产品将使制造业降低成本、节约资源、减少污染，是提高产品竞争能力的重要途径。与此同时，随着产品更新换代和企业重组，我国数十年建设所积累的价值数万亿元的设备、设施，正在经历着或面临着改造更新的过程，尤其是我国 20 世纪 70 年代末以来引进的大量成套设备也面临或接近到寿、报废的问题。再制造工程不仅能够延长现役设备的使用寿命，最大限度发挥设备的作用，也能够对报废或即将报废的设备进行高技术改造、整体翻新，赋予旧设备更多的高新技术含量，使其赶上时代前进的步伐；它是以最少的投入而获得最大的效益的回收再利用方法。同时，发展再制造产业，也能够为专业技术人员和工人创造更多的就业机会，减轻下岗人员对社会的压力。再制造工程在 21 世纪将为国民经济发展带来巨大的效益，可望成为新世纪新的经济增长点。

 复习思考题

1. 简述再制造工程的定义及其内容。
2. 再制造工程的组成部分有哪些？
3. 简述表面处理技术在再制造工程中的地位及作用。
4. 再制造工程中除采用表面处理技术外，还采用了哪些技术？
5. 简述再制造工程的发展及其意义。

参考文献

REFERENCE

1 董鄂．近代表面技术．北京：国防工业出版社，1993

2 董允等．现代表面工程技术．北京：机械工业出版社，2001

3 师昌绪，徐滨士，张平，刘世参．21世纪表面工程的发展趋势．中国表面工程，2001，（1）：1～11

4 闻立时，黄荣芳．先进表面工程技术发展前沿．真空，2004，（5）：1～5

5 徐滨士，马世宁，刘世参，张振学，张伟．表面工程技术的发展和应用．物理，1999，（8）：494～499

6 谭昌瑶，沈思特．表面工程技术的内涵．四川工业学院学报，1998，（4）：6～10

7 李争显．表面技术的现状及新工艺．稀有金属快报，2001，（8）：1～5

8 张博，朱有兰．表面技术在电子器件生产中的应用．广东工业大学学报，2001，（3）：67～71

9 孙宜华．材料的表面工程技术．中国资源综合利用，2002，（11）：42～44

10 崔福斋，郑传林．等离子体表面工程新进展．中国表面工程，2003，（4）：7～11

11 梁永政，郝远，张汉茹，贺睿．镁合金表面技术的研究近况．铸造设备研究，2003，（5）：48～51

12 王振东．我国表面工程技术的发展．江苏煤炭，1998，（4）：38～42

13 李金桂．现代表面工程的重大进展．材料保护，2000，（1）：9～11

14 顾迅．现代表面技术的涵义、分类和内容．金属热处理，1999，（2）：1～4

15 顾惕人等．表面化学．北京：科学出版社，1994

16 丘思畴．半导体表面与界面物理．武汉：华中理工大学出版社，1995

17 方俊想，陆栋主编．固体物理学（上、下册）．上海：上海科学技术出版社，1981

18 熊欣，宋常立，仲玉林．表面物理．沈阳：辽宁科学技术出版社，1985

19 恽正中主编．表面与界面物理．成都：电子科技大学出版社，1993

20 华中一，罗维昂．表面分析．上海：复旦大学出版社，1992

21 朱履冰主编．表面与界面物理．天津：天津大学出版社，1992

22 闻立时．固体材料界面研究的物理基础．北京：科学出版社，1987

23 钱苗根．材料科学及其新技术．北京：机械工业出版社，1986

24 徐亚伯．表面物理导论．杭州：浙江大学出版社，1992

25 吕世骁，范印哲．固体物理教程．北京：北京大学出版社，1990

26 杨宗绵．固体导论．上海：上海交通大学出版社，1993

27 陈洪诗．表面改性．材料科学与工程，1986，（2）：18～25

28 廖用初．材料科学中表面技术的进展和有关表面研究的问题．材料科学与工程，1988，（1）：28～34

29 周庆韬．离子注入在材料科学与工程中的应用．材料科学与工程，1988，（4）：35～41

30 沈志刚．材料表面改性的一个新构思．材料科学与工程，1989，（1）：39～41

31 徐锦芬．气相沉积润滑和耐磨镀层．材料科学与工程，1989，（1）：20～25

32 叶志鲜．磁控溅射技术及其在材料科学中的应用．材料科学与工程，1989，（1）：26～32

33 唐华生．各种表面超硬薄膜涂层的技术发展和应用．材料科学与工程，1989，（4）：37～42

34 毕饭．表面工程技术发展综述，材料保护，1990，（1）：1～5

35 刘家進，徐滨士．表面工程在促进新技术及高技术发展中的作用．表面工程，1989，（1）

36 印仁和，陈汉芳．PVD镀膜技术研究及进展．安徽工学院学报，1993，（4）：7～13

37 于动，胡如南．表面改性与合金化技术展望．材料保护，1990，（2）：1～4

38 师昌绪主编．材料大辞典．北京：化学工业出版社，1994

39 田民波，刘德令编译．薄膜科学与技术手册（上、下册）．北京：机械工业出版社，1991

40 纪委会．材料可抗磨性及其表面技术概论．北京：机械工业出版社，1986

41 朱光亚．当代工程技术的发展态势．中国科学报，北京：1995-05-29（2）

42 ［日］御子柴宣夫．电子材料．袁健畴译．北京：电子工业出版社，1988

43 胡耀志，黄光周，于继荣．机电产品微细加工技术与工艺．广州：广东科技出版社，1993

44 中国科学技术协会主编，王守觉等编著．微电子技术．上海：上海科学技术出版社，1994

45 黄运添，郑德修．电子材料与工艺学．西安：西安交通大学出版社，1990

46 汪泓宏，田民波．离子束表面强化．北京：机械工业出版社，1992

47 胡传炘，宋幼慧．涂层技术原理及应用．北京：化学工业出版社，2000

48 余拱信．激光全息技术及其工业应用．北京：航空工业出版社，1992

49 潭昌瑶，王均石．实用表面工程技术．北京：新时代出版社，1997

50 钱苗根，姚寿山，张少宗主编．现代表面技术．北京：机械工业出版社，1999

51 钱苗根主编．材料表面技术及其应用手册．北京：机械工业出版社，1998

52 冯端，师昌绪，刘治国．材料科学导论．北京：化学工业出版社，2002

53 赵文珍．材料表面工程导论．西安：西安交通大学出版社，1998

54 葡允，张延森，林晓娉．现代表面工程技术．北京：机械工业出版社，2000

55 李志忠．激光表面强化．北京：机械工业出版社，1992

56 恽正中主编．表面与界面物理．成都：电子科技大学出版社，1993

57 熊欣，宋常立，仲玉林．表面物理．沈阳：辽宁科学技术出版社，1985

58 赵文珍．金属材料表面新技术．西安：西安交通大学出版社，1992

59 R. 戈默著．金属表面上的相互作用．张维诚等译．北京：科学出版社，1985

60 徐滨士主编．表面工程与维修．北京：机械工业出版社，1996

61 程传煊．表面物理化学．北京：科学技术文献出版社，1995

62 史锦珊，郑绳楫．光电子学及其应用．北京：机械工业出版社，1991

63 陈鸿海．金属腐蚀学．北京：北京理工大学出版社，1995

64 中国科学技术协会主编，王守觉等编著．微电子技术．上海：上海科学技术出版社，1994

65 中国腐蚀与防护学会组编，曹楚南编著．腐蚀与防护全书——腐蚀电化学．北京：化学工业出版社，1991

66 卢春生．光电探测技术及应用．北京：机械工业出版社，1992

67 袁正光，刘学谦，张锡玲主编．现代科学技术知识辞典．北京：科学出版社，1994

68 徐滨士，刘世参．表面工程新技术．北京：国防工业出版社，2002.1

69 Robert Boboian. Corrosion tests and standards：application and interpretation. Philadephia PA：American Society for testing and Materials，1995

70 李启中主编．金属电化学保护．北京：中国电力出版社，1997

71 阎洪．金属表面处理新技术．北京：冶金工业出版社，1996

72 薛增泉，吴全德，李浩．薄膜物理．北京：电子工业出版社，1991

73 Burwell J T. Survey of possible wear mechanisms. Wear，1957，(1)：119~141

74 马鸣图，沙维．材料科学和工程研究进展．北京：机械工业出版社，2000

75 孙秋霞主编．材料腐蚀与防护．北京：冶金工业出版社．2001

76 梁成浩主编．金属腐蚀学导论．北京：机械工业出版社，1999

77 刘秀晨，安成强主编．金属腐蚀学．北京：国防工业出版社，2002

78 Seymour K Cnbum. Corrosion Source Book. American Society for Metals，1994

79 中国腐蚀与防护学会主编，肖纪美编著．腐蚀总论—材料的腐蚀及其控制方法．北京：化学工业出版社，1994

80 肖纪美，忭楚南编著．材料腐蚀学原理．北京：化学工业出版社，2002

81 陈海鸿编．金属腐蚀学．北京：北京理工大学出版社，1996

82 ［美］Sudarshan T S. 表面改性技术：工程师指南．范玉殿等译．北京：清华大学出版社，1992

83 E. 马特松著．腐蚀基础．钟积礼，王正樵译．北京：冶金工业出版社，1990

84 刘永辉，张佩芬编．金属腐蚀学原理．北京：航空工业出版社，1993

85 赵麦群，雷阿丽编著．金属的腐蚀与防护．北京：国防工业出版社，2002

86 叶康卑编．金属腐蚀与防护概论．北京：高等教育出版社，1993

87 ［美］H. H. 尤里克，R. W. 瑞维亚著．腐蚀与腐蚀控制—腐蚀科学和腐蚀工程导论．翁永基译．北京：石油工业出版社，1994

88 伍学高，李铭华等编著．化学镀技术．成都：四川科学技术出版社，1985

89 中国腐蚀与防护学会组编，王光雍编著．自然环境的腐蚀与防护．北京：化学工业出版社．1997

90 J. K. 丹尼斯，T. E. 萨奇著．镀镍和镀铬新技术．孙大梁，张玉华等译．北京：科学技术文献出版社，1990

91　胡传炘主编. 表面处理技术手册. 北京：北京工业大学出版社，2001

92　Moniz R J，Pollnck W I. Process industries corrosion. Houston：National Assnciation of Corrosion Engineers，1986

93　田水奎编. 金属腐蚀与防护. 北京：机械工业出版社，1995

94　柳玉波主编. 表面处理工艺大全. 北京：中国计量出版社，1996

95　林春华，葛祥荣编著. 电刷镀技术便览. 北京：机械工业出版社，1991

96　侯保荣等著. 海洋腐蚀环境理论及其应用. 北京：科学出版社，1999

97　李金桂主编. 现代表面工程设计手册. 北京：国防工业出版社，2000

98　方景礼，惠文华编. 刷镀技术. 北京：国防工业出版社，1987

99　曾华梁. 吴仲达等编著. 电镀工艺手册. 北京：机械工业出版社，1990

100　李鸿年，张绍恭等编著. 实用电镀工艺. 北京：国防工业出版社，1990

101　郭鹤桐，陈建勋等编著. 电镀工艺学. 天津：天津科学技术出版社，1985

102　吴纯素. 化学转化膜. 北京：化学工业出版社，1988

103　李国英. 表面工程手册. 北京：机械工业出版社，1997

104　刘江南. 金属表面工程学. 北京：兵器工业出版社，1995

105　雷作钺，胡梦珍编译. 金属的磷化处理. 北京：机械工业出版社，1992

106　陈钟蟒. 电火花表面强化工艺. 北京：机械工业出版社，1987

107　乍忠忠. 激光表面强化. 北京：机械工业出版社，1992

108　怅继世，刘江. 金属表面工艺. 北京：机械工业出版社，1995

109　许强龄等. 现代表面处理新技术. 上海：上海科学技术文献出版社，1994

110　赵家萍等. 高能率热处理. 北京：兵器工业出版社，1992

111　张通和，吴瑜光. 离子注入表面优化技术. 北京：冶金工业出版社，1993

112　熊剑. 国外热处理新技术. 北京：冶金工业出版社，1990

113　刘江龙，邹至荣，苏宝嫌. 高能束热处理. 北京：机械工业出版社，1997

114　王力衡，黄运添，郑海涛. 薄膜技术. 北京：清华大学出版社，1991

115　田民波，刘德令. 薄膜科学与技术手册（上、下册）. 北京：机械工业出版社，1991

116　王毛魁，朱英臣，陈宝清，王斐杰. 真空应用，1986，(3)：26

117　李恒德，肖纪美. 材料表面与界面. 北京：清华大学出版社，1990

118　李鹏兴，林行方. 表面工程. 上海：上海交通大学出版社，1989

119　于福贞，闻立时. 真空沉积技术. 北京：机械工业出版社，1989

120　李学丹，万英超，姜祥祺. 真空沉积技术. 杭州：浙江大学出版社，1994

121　陆家和，陈长彦等. 表面分析技术. 北京：电子工业出版社，1987

122　熊欣，宋常立，仲玉林等. 表面物理. 沈阳：辽宁科学技术出版社，1985

123　徐滨士，张伟，梁秀兵. 21世纪的机械维修——绿色再制造. 航空制造技术，2000，(6)：45～61

124　徐滨士，马世宁，刘世参等. 表面工程的应用和再制造工程. 材料保护，2000，33 (1)：1～3

125　徐滨士，马世宁，朱绍华等. 表面工程与再制造工程的进展. 中国表面工程，2001，(1)：8～14

126　朱子新，刘世参，马世宁等. 资源环境与经济效益巨大的绿色再制造工程. 中国表面工程，2001，(2)：8～11

127　谢家平，陈荣秋. 基于时间竞争的绿色再制造运作管理模式研究. 中国流通经济，2003，(8)：61～64

128　徐滨士，易新乾，石来德. 经济结构调整中一个不可忽视的重要方面——绿色再制造工程. 机械工程与维修，2002，(12)：73～74

129　徐润生，徐滨士，刘晓明. 绿色再制造工程的发展与应用. 内蒙古电力技术，2003，21 (4)：1～4

130　徐滨士，梁秀兵，李仁涵. 绿色再制造工程的进展. 中国表面工程，2001，(2)：1～5

131　甘茂治，周红. 绿色再制造工程及应用发展中的若干问题. 中国表面工程，2001，(2)：16～19

132　徐滨士，马世宁，刘世参等. 绿色再制造工程在军用装备中的应用. 空军工程大学学报（自然科学版），2004，5 (1)：1～5

133　徐滨士，梁秀兵，朱胜. 汽车工业绿色再制造的开发与应用. 装甲兵工程学院学报，2003，17 (1)：2～3

134　朱绍华，刘世参，朱胜. 谈绿色再制造工程的内涵和学科构架. 中国表面工程，2001，(2)：6～11

135　徐滨士，张伟，马世宁等. 面向21世纪的绿色再制造. 中国表面工程，1999，(4)：1～4

136　顾兆林，王艳晖，蒋立本. 再制造、再制造产品设计及支持系统. 现代机械，2000，(2)：20～23

137　王宏宇，许晓静，陈康敏，等. 镍基喷焊涂层与钛合金基体界面特征的研究，材料科学与工艺，2007，15 (4)：564～

568

138 王宏宇，赵玉凤，许晓静，等. 强韧热处理对 65Mn 钢表面渗硼层组织和性能的影响. 材料热处理学报，2012，33
（12）：142～146

139 袁晓明，王宏宇，赵玉凤，缪宏，张瑞宏. 大耕深旋耕刀的制造工艺及其耐磨性研究. 扬州大学学报（自然科学版）. 2012，15（1）：33～37

140 左敦稳，王宏宇，黎向锋，等. 基于压力试验装置的高结合性能涂层结合强度测试方法及试样. 中国，ZL200710024610.5

141 王海云，陈铁，谢黎. 脉冲 NdBYAG 激光刻蚀牙釉质对牙釉质形态及其抗剪切强度的影响. 暨南大学学报（医学版），2010（4）：403～406

142 杨建平. 激光刻蚀技术及其在航天器天线制造中的应用. 航天制造技术，2011（3）：51～55

143 刘院省. 金属材料脉冲激光刻蚀微加工的基础研究. 硕士学位论文，北京：北京工业大学，2007

144 余国虎. 大型三维零部件激光精密刻蚀微结构技术研究. 硕士学位论文，武汉：华中科技大学，2011

145 冯丽彬. 激光掺杂晶体硅太阳电池电镀工艺的研究. 硕士学位论文，北京：北京交通大学，2013

146 孙金坛. 激光掺杂和退火的研究. 1982：47～49

147 李涛. 激光掺杂制备晶体硅太阳电池研究进展. 电工技术学报. 2011（12）：141～146

148 段金鹏. 皮秒激光加工系统与精细钻孔工艺的研究. 硕士学位论文，北京：北京工业大学，2012

149 刘会霞. 激光驱动飞片加载金属箔板间接冲击微成形研究. 博士学位论文，江苏：江苏大学，2011

150 廖常锐. 飞秒激光微细加工金属材料的理论与实验研究. 硕士学位论文，武汉：华中科技大学，2007